LES
SCIENCES PHYSIQUES
ET
NATURELLES

AVEC LEURS APPLICATIONS

A L'HYGIÈNE — A L'AGRICULTURE — A L'INDUSTRIE
ET A L'ENSEIGNEMENT MÉNAGER

PAR

Alcide LEMOINE & **Eugène FOURNIER**

Inspecteur primaire à Paris | Professeur d'École primaire supérieure
Chevalier de la Légion d'Honneur | Officier de l'Instruction publique

Cours Moyen et Supérieur

PARIS
LIBRAIRIE CLASSIQUE FERNAND NATHAN
16 ET 18, RUE DE CONDÉ (6ᵉ)

—

1911

LES
SCIENCES PHYSIQUES

ET

NATURELLES

AVEC LEURS APPLICATIONS

A L'HYGIÈNE — A L'AGRICULTURE — A L'INDUSTRIE ET A L'ENSEIGNEMENT MÉNAGER

PAR

Alcide LEMOINE   &   **Eugène FOURNIER**

Inspecteur primaire à Paris | Professeur d'École primaire supérieure
Chevalier de la Légion d'Honneur | Officier de l'Instruction publique

Cours Moyen et Supérieur

PARIS
LIBRAIRIE CLASSIQUE FERNAND NATHAN
16 ET 18, RUE DE CONDÉ (6ᵉ)

—

1911

Tout exemplaire de cet ouvrage non revêtu de ma griffe sera réputé contrefait.

Fernand Nathan

EN VENTE A NOTRE LIBRAIRIE

Envoi franco contre timbres ou mandat

———

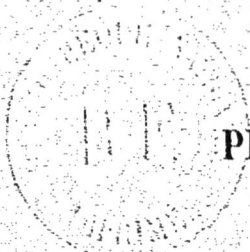

PRÉFACE

En rédigeant ce Manuel de Sciences physiques et naturelles, à l'usage des élèves des Cours moyen et supérieur, nous nous sommes proposé de leur inculquer des notions indispensables sur lesquelles s'appuieront l'enseignement *agricole*, l'enseignement *ménager* et les règles d'*hygiène*.

C'est ainsi que, chaque mois, nous commençons par l'exposition d'une leçon de sciences et qu'à la suite nous nous occupons des **applications**.

Prenons le mois d'octobre. Nous étudions l'*air*, ses propriétés, sa composition, etc. Aussitôt après, nous passons à ses applications ; d'abord au point de vue *agricole* : rôle de l'air dans la vie des animaux et des plantes, etc. ; puis à l'enseignement *ménager* et à l'*hygiène* : nécessité de l'air pur, aération des appartements, etc.

D'autre part, pour rendre les leçons plus *concrètes*, nous les avons fait concorder avec les *saisons*.

Naturellement, elles sont accompagnées d'**expériences**, qu'on peut réaliser avec un matériel fort simple.

Quant aux nombreuses **gravures** qui illustrent l'ouvrage, elles ont été choisies avec le plus grand soin, afin de bien éclairer le texte.

On remarquera que, pour attirer l'attention des élèves sur les idées principales que comporte chaque leçon, nous les avons fait imprimer en *caractères gras*.

Le résumé constitue le *fonds scientifique* qu'il y a lieu de confier à la mémoire.

Après ce résumé, nous avons ajouté :

1° Un exercice d'intelligence dont l'importance n'échappera pas aux instituteurs et aux institutrices ;

2° Un problème et une rédaction se rapportant à la leçon.

Tout, dans notre Manuel, est combiné pour donner un enseignement non de mots, mais d'*idées* et de *faits*, un enseignement qui incite l'enfant à observer, à réfléchir, à chercher le *pourquoi* et le *comment* des choses au milieu desquelles il vit.

LES AUTEURS.

SCIENCES
PHYSIQUES ET NATURELLES

LA MATIÈRE. — SES PROPRIÉTÉS GÉNÉRALES.
LES TROIS ÉTATS DES CORPS

Corps. — Voici une pierre, un morceau de bois, de l'eau dans un vase; voici encore une allumette que nous enflammons: elle produit de la fumée qui s'élève dans l'air.

La pierre, le bois, l'eau, la fumée existent; nous pouvons les voir, les toucher; ils sont formés d'une substance appelée *matière*, ils occupent une *place*. Ce sont des *corps*.

Une portion de matière est un corps.

La pierre et le bois sont résistants, l'eau est mobile, la fumée est légère et de forme changeante; ces corps ont donc des *propriétés*, c'est-à-dire des qualités particulières, qui les révèlent à nos sens comme la *forme*, la *consistance*, la *couleur*...; mais une seule propriété suffit pour définir la matière: c'est le *poids*.

Tout ce qui est matière est pesant.

Atomes. — Nous pouvons briser la pierre et la réduire en fragments de plus en plus petits; de même nous pouvons diviser le bois, éparpiller l'eau et la fumée, et il en serait de même pour tous les autres corps.

En procédant ainsi, le corps sur lequel nous agissons devient de plus en plus petit, mais on admet, qu'à un moment donné, et alors qu'il est devenu *infiniment petit*, on ne peut plus le diviser.

La dernière portion obtenue se nomme *atome*.

L'atome ressemble au corps entier dont il provient; il en diffère seulement parce qu'il est *beaucoup plus petit*.

L'atome est donc la portion la plus petite sous laquelle peut exister un corps.

Pores. — Les atomes d'un corps ne se touchent pas exactement. Les vides qu'ils laissent entre eux se nomment *pores*.

Ces vides n'ont pas de dimensions plus considérables que les atomes; ils sont *infiniment petits*, mais leur *volume n'est pas fixe*.

Les pores peuvent grandir ou diminuer suivant certaines circonstances.

Ainsi, par exemple, la chaleur appliquée à un corps écarte ses atomes sans les *modifier*; mais elle *agrandit* ses pores.

Si nous chauffons un métal il *augmente de volume*, mais il *conserve le même poids*. Ses atomes ne font donc que s'écarter davantage.

Le refroidissement produit l'effet contraire et le volume *diminue*.

Suivant que la chaleur augmente ou diminue, les atomes des corps s'écartent ou se rapprochent.

Tous les corps sont poreux, mais à des degrés différents.

La craie, le sucre, le bois, la terre cuite sont des corps *très poreux*.

Le verre, la porcelaine, les métaux sont des corps *peu poreux*.

Les pores sont *invisibles*; il ne faut donc pas prendre pour des pores ces espaces vides que l'on constate dans certains corps comme le coke, la pierre ponce, l'éponge (*fig* 1).

Ces espaces se nomment des lacunes.

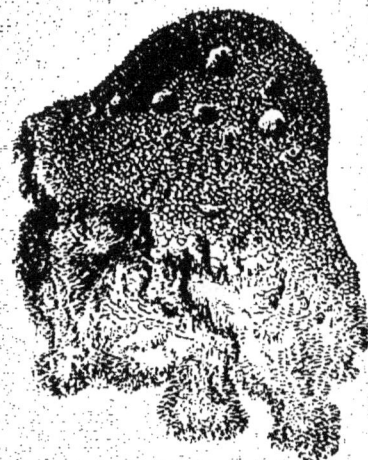

Fig. 1. — L'éponge présente des lacunes.

Les trois états physiques.

— La matière ne se présente pas toujours à nous sous la même forme.

L'aspect sous lequel un corps se présente s'appelle son état physique.

Ces états sont au nombre de trois : *solide*, *liquide*, *gazeux*.

Solides. — Le granite (*fig*. 2), le fer, l'or, sont des *corps solides*; les particules qui les constituent se tiennent et il faut exercer un effort souvent assez grand pour les diviser, pour les séparer.

Un solide est une portion de matière qui a une forme et un volume.

Liquides. — L'eau, le vin, le mercure sont des *corps liquides*. Les particules qui les constituent glissent et roulent facilement. On exprime ce

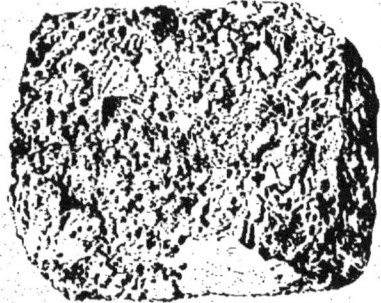

Fig. 2. — Échantillon de granite, roche solide fort dure

fait en disant que les liquides *coulent*, qu'ils sont *fluides* (*fig.* 3).

De plus les liquides *prennent la forme* des vases dans lesquels on les met.

Un liquide est une portion de matière qui a un volume, mais qui n'a pas de forme.

Les Gaz. — Examinons la fumée, elle a pour caractère d'être très mobile; sa forme est imprécise et changeante : c'est un gaz (*fig.* 4).

Les atomes d'un gaz sont en perpétuel mouvement; *ils tendent à s'écarter* les uns des autres de sorte que le gaz remplit toujours le récipient dans lequel on l'enferme.

Fig. 3. — Chute d'eau. Les liquides coulent.

Un gaz est une portion de matière sans volume et sans forme.

Pores. — Les atomes d'un corps ne se touchent pas exactement. Les vides qu'ils laissent entre eux se nomment *pores*.

Ces vides n'ont pas de dimensions plus considérables que les atomes; ils sont *infiniment petits*, mais leur *volume n'est pas fixe*.

Les pores peuvent grandir ou diminuer suivant certaines circonstances.

Ainsi, par exemple, la chaleur appliquée à un corps écarte ses atomes sans les *modifier*; mais elle *agrandit* ses pores.

Si nous chauffons un métal il *augmente de volume*, mais il *conserve le même poids*. Ses atomes ne font donc que s'écarter davantage.

Le refroidissement produit l'effet contraire et le volume *diminue*.

Suivant que la chaleur augmente ou diminue, les atomes des corps s'écartent ou se rapprochent.

Tous les corps sont poreux, mais à des degrés différents.

La craie, le sucre, le bois, la terre cuite sont des corps *très poreux*.

Le verre, la porcelaine, les métaux sont des corps *peu poreux*.

Les pores sont *invisibles*; il ne faut donc pas prendre pour des pores ces espaces vides que l'on constate dans certains corps comme le coke, la pierre ponce, l'éponge (*fig* 1).

Ces espaces se nomment des lacunes.

Fig. 1. — L'éponge présente des lacunes.

Les trois états physiques. — La matière ne se présente pas toujours à nous sous la même forme.

L'aspect sous lequel un corps se présente s'appelle son état physique.

Ces états sont au nombre de trois : *solide*, *liquide*, *gazeux*.

Solides. — Le granite (*fig*. 2), le fer, l'or, sont des *corps solides*; les particules qui les constituent se tiennent et il faut exercer un effort souvent assez grand pour les diviser, pour les séparer.

Un solide est une portion de matière qui a une forme et un volume.

Liquides. — L'eau, le vin, le mercure sont des *corps liquides*. Les particules qui les constituent glissent et roulent facilement. On exprime ce fait en disant que les liquides *coulent*, qu'ils sont *fluides* (*fig.* 3).

Fig. 2. — Échantillon de granite, roche solide fort dure.

De plus les liquides *prennent la forme* des vases dans lesquels on les met.

Un liquide est une portion de matière qui a un volume, mais qui n'a pas de forme.

Les Gaz. — Examinons la fumée, elle a pour caractère d'être très mobile; sa forme est imprécise et changeante : c'est un gaz (*fig.* 4).

Les atomes d'un gaz sont en perpétuel mouvement; *ils tendent à s'écarter* les uns des autres de sorte que le gaz remplit toujours le récipient dans lequel on l'enferme.

Fig. 3. — Chute d'eau. Les liquides coulent.

Un gaz est une portion de matière sans volume et sans forme.

Changements d'état. — Selon les circonstances, un même corps peut se présenter à nous sous plusieurs états. Ainsi, en temps ordinaire, l'eau est *liquide*; mais si elle refroidit assez, elle gèle et devient *solide*.

Enfin, si on la fait bouillir elle passe à l'état de *gaz* (*fig.* 5).

L'eau se présente donc sous les *trois états*, et il en est de même pour beaucoup d'autres corps.

Fig. 4. — La fumée est un gaz; elle est légère et de forme changeante.

Fig. 5. — L'eau, en bouillant, passe à l'état gazeux.

Questions. — Qu'est-ce qu'un corps? — Comment les corps se révèlent-ils à nos sens? — Quelle est la propriété qui est commune à tous les corps? — Qu'est-ce que l'atome? — En quoi diffère-t-il du corps entier? — En quoi tous les atomes d'un corps se ressemblent-ils? — Qu'appelle-t-on pores? — En quoi diffèrent-ils des atomes? — Que produit la chaleur sur les pores d'un corps? — Citez des corps très poreux; peu poreux. — Qu'est-ce que l'état physique d'un corps? — Nommez les trois états physiques. — Qu'est-ce qu'un solide? un liquide? un gaz? Donnez des exemples. — Un même corps peut-il se présenter sous des états physiques différents? — Exemples.

RÉSUMÉ. — La matière est ce qui existe, ce qui a un poids.
Un corps est une portion de matière.
Tout corps est formé par la réunion d'atomes semblables et infiniment petits.
Les atomes qui forment un corps ne se touchent pas et les espaces vides qui s'observent entre eux se nomment pores.
Tous les corps sont poreux, à des degrés différents.
Il existe trois espèces de corps : solides, liquides, gaz.
Les solides ont une forme et un volume.

Les liquides ont un volume, mais ils n'ont pas de forme.

Les gaz n'ont ni volume ni forme.

Suivant les circonstances, un même corps peut être solide, liquide ou gazeux.

Exercices d'observation. — A l'approche de l'hiver le cantonnier étale sur la route des pierres ou des cailloux; pourquoi recommence-t-il souvent ce travail? — L'automobile passe, filant à toute vitesse, d'où provient le nuage de poussière qu'elle soulève? — Pour apprêter les fraises, que l'on servira au dessert, votre mère ne dispose que de sucre en morceaux; que fait-elle? — Au lieu d'arroser la classe, on répand sur le plancher de la sciure mouillée, puis on procède au balayage; quel avantage voyez-vous à ce procédé?

Rédactions. — 1. Indiquez comment les corps sont formés et les différents états sous lesquels nous les observons.

2. Exposez comment l'eau peut passer d'un état à un autre.

Problème. — Dans un lieu humide on a placé 60 paquets de charbon de bois pesant chacun 4 kilogrammes à l'état sec. Le charbon prend l'humidité et augmente du 1/6 de son poids. Combien perdrait-on si on achetait ce charbon sous cette forme? Le kilogramme de charbon sec coûte 0 fr. 17.

L'AIR ATMOSPHÉRIQUE

L'air est la couche gazeuse qui entoure la Terre et qui l'accompagne dans son mouvement de rotation.

Ce milieu, dans lequel nous vivons, est léger, mobile. Sans cesse il se meut et se déplace.

Propriétés. — L'air est transparent; la lumière et la chaleur qui nous viennent du soleil le traversent aisément et arrivent jusqu'à nous.

La chaleur, en particulier, traverse l'air sans l'échauffer sensiblement. Aussi fait-il toujours froid dans les hautes régions atmosphériques.

L'air n'est jamais absolument pur; il contient toujours de la *vapeur d'eau* produite par l'évaporation des eaux marines et continentales.

Ces vapeurs troublent la transparence de l'atmosphère; souvent elles s'amassent, se groupent dans les hautes régions et prennent des formes curieuses et changeantes (*fig.* 6).

Ce sont les *nuages* dont la course, ou paisible ou folle, a de tout temps excité vivement l'imagination des hommes.

Quand elle est limpide, l'atmosphère est d'une belle couleur bleue. La lumière du soleil, surtout à son lever ou à son coucher, y produit des effets de coloris vraiment merveilleux.

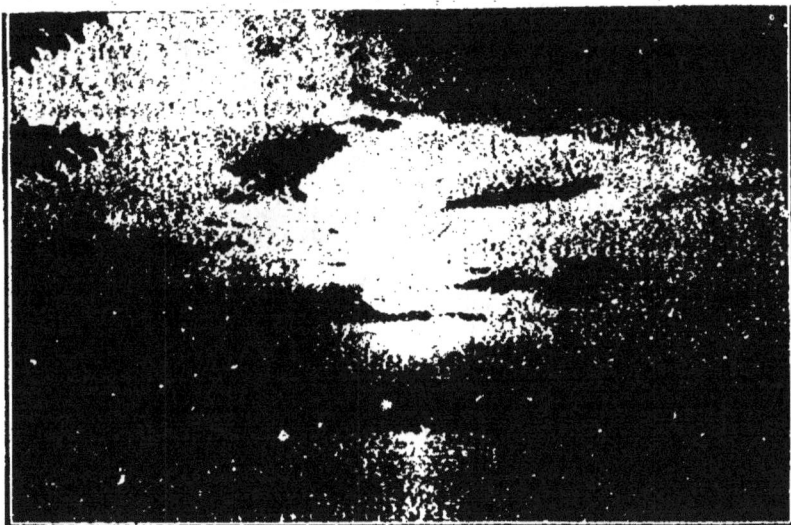

Fig. 6. — Les nuages ont des formes curieuses.

Composition. — L'air n'est pas un gaz, mais un *mélange gazeux.*

Il est formé en grande partie par l'*oxygène* et l'*azote* dont nous étudierons bientôt les propriétés.

L'air contient un peu moins de 79 *parties d'azote* contre 21 *parties d'oxygène.* Les quelques millièmes qui manquent pour former le total de 100 parties sont occupés par la *vapeur d'eau,* le *gaz carbonique* et un gaz appelé *argon.*

On a puisé de l'air sur tous les points du globe, au sommet des montagnes, au fond des vallées, à la surface des plaines et des mers : il a partout la même composition.

La composition de l'air est invariable; elle est la même en tous temps et en tous lieux.

Poussières de l'air. — Vous avez observé sans doute, dans une chambre dont les volets étaient clos, un mince rayon de soleil passant par une petite ouverture.

Ce rayon traçait, dans le demi-jour de l'appartement, une raie lumineuse dans laquelle venaient danser et tourbillonner de fines poussières (*fig.* 7).

Fig. 7. — Poussières dans un rayon lumineux.

Examinées au microscope, qui en grossit l'image, ces poussières sont d'une variété inouïe. Les trois règnes de la nature y sont représentés : matières terreuses et minérales, fines semences de plantes et de champignons, êtres microscopiques (*fig.* 8), germes et microbes que l'air, dans son perpétuel mouvement, peut transporter fort loin.

Ces infiniment petits ou microbes causent souvent de terribles épidémies. L'air peut, en effet, *propager l'influenza*, la *tuberculose*, la *variole*, la *diphtérie*, etc.

Fig. 8. — Poussières vues au microscope.

Hauteur de l'atmosphère. — Quand on gravit une montagne ou qu'on s'élève en aérostat, on constate que la respiration devient de plus en plus pénible ; d'autre part, le froid et la sécheresse deviennent excessifs.

On ne pourra donc jamais atteindre les limites supérieures de l'air et en mesurer directement la hauteur que les savants estiment à 60 kilomètres environ.

La hauteur de l'atmosphère paraît comprise entre 60 et 80 kilomètres.

L'air est pesant. — On a admis longtemps que l'air ne pesait rien. C'était une grave erreur et il n'en saurait être ainsi puisque la propriété fondamentale de la matière est d'*être pesante*.

C'est Galilée qui montra le premier que l'air *est pesant*.

Un litre d'air, à la surface de la terre, pèse 1ᵍʳ,3 environ.

Mais, à mesure que l'on s'élève, le poids de l'air va décroissant : c'est ce que l'on exprime en disant que l'air se *raréfie*.

L'air est élastique. — Dans un cylindre de verre, fermé par le bas, enfonçons un piston ; l'air emprisonné sous le piston se resserre : on dit que l'air se *comprime*. Si nous cessons d'agir sur la tige du piston, celui-ci remonte : on dit que l'air est *élastique (fig. 9)*.

Appuyons sur la poire de caoutchouc d'une sirène de bicyclette ; l'air est chassé et fait vibrer la lame sonore logée dans l'embouchure de la trompe et celle-ci résonne.

L'air, en effet, transmet les pressions qu'il reçoit.

L'air est donc un *ressort parfait* ; il se tend et se détend suivant le poids dont on le charge.

L'air est compressible ; il est aussi élastique.

Fig. 9. — Tube servant à comprimer l'air.

Questions. — Quelle position l'air occupe-t-il par rapport à la Terre ? — L'air est-il immobile ? — Que signifie l'expression : l'air est transparent ? — Quelle est la couleur de l'air ? — D'où provient la vapeur d'eau que l'air renferme ? — Indiquez la composition de l'air. — D'où proviennent les poussières que l'air renferme ? — Peuvent-elles présenter un danger ? — Quelle est la hauteur probable de l'atmosphère ? — Combien pèse un litre d'air ? — Que signifient les expressions : l'air est compressible ? l'air est élastique ?

RÉSUMÉ. — L'air entoure la terre. Il est sans cesse en mouvement. La chaleur et la lumière le traversent. Suivant son épaisseur, il est incolore ou bleu ; il contient de la vapeur d'eau. L'air contient aussi des poussières d'origines diverses, des germes, des microbes. Ces derniers peuvent transmettre certaines maladies. L'air est pesant ; 1 litre pèse 1ᵍʳ,3.

La hauteur de l'atmosphère est de 60 kilomètres environ.
L'air est compressible, élastique.

Exercices d'observation. — Vous êtes allé faire une promenade matinale le long de la rivière, d'où provenaient les vapeurs que vous avez vu s'élever au-dessus des prairies? — Votre coiffure, vos vêtements, se sont alors trouvés couverts de fines gouttelettes d'eau, pourquoi? — Vous observez un paysage éloigné, à quoi est due la fumée bleuâtre qui semble l'entourer? — Un aéronaute se dispose à faire une ascension élevée, pourquoi emporte-t-il avec lui des fourrures et des couvertures épaisses?

Rédactions. — **1.** Indiquez les propriétés de l'air et sa composition.
2. Outre l'oxygène et l'azote, quels sont les corps que l'air peut encore contenir? En quoi les poussières de l'air peuvent-elles présenter un danger?

Problème. — Une salle de classe mesure 8 mètres de longueur, 6 mètres de largeur et 4 mètres de hauteur. Quel est le poids de l'air qu'elle contient si 1 litre d'air pèse 1^{gr},3?

RÔLE DE L'AIR DANS LA VIE DE L'HOMME, DES ANIMAUX
ET DES VÉGÉTAUX

Vous savez peut-être qu'il existe des appareils qui servent à épuiser l'air contenu dans un récipient clos comme on épuise l'eau d'un réservoir à l'aide d'une pompe. Ces appareils se nomment des *machines pneumatiques*. Une souris, placée dans un récipient où on fait le *vide*, ne tarde pas à périr.

Voici, d'autre part, de l'eau bouillie, puis refroidie. L'*ébullition a chassé l'air* que cette eau contenait dissous; aussi, un poisson rouge que nous y plongeons meurt rapidement.

C'est que la souris, comme le poisson, ne sauraient vivre dans un milieu où l'air fait défaut.

L'air est indispensable à tout être vivant: l'oxygène qu'il renferme est le principe vivifiant par excellence.

A l'air libre, la respiration est toujours assurée, grâce à la réserve considérable d'oxygène que l'atmosphère renferme; mais il n'en est plus de même quand l'homme ou l'animal se

confinent dans un milieu où l'air ne se renouvelle pas librement.

La respiration modifie les propriétés de l'air. — L'air que nous rejetons de nos poumons est différent de celui que nous y avons introduit dans l'instant précédent.

Une *partie de son oxygène* a disparu. Ce dernier est remplacé par du *gaz carbonique* impropre à la vie.

D'autre part, des gaz, plus dangereux encore que le gaz carbonique et qui proviennent des tissus formant la substance même de notre corps, s'échappent par les *pores de la peau*.

La peau, en effet, est le siège d'une respiration spéciale que les savants ont nommée *respiration cutanée*.

Un renouvellement ininterrompu de l'air de nos appartements s'impose donc. Ce renouvellement méthodique se nomme aération ou ventilation.

Aération. — Le moyen le plus simple d'aérer un appartement consiste à ouvrir toutes grandes et de temps à autre les portes et fenêtres de cet appartement.

Malheureusement cette méthode si commode et si peu compliquée n'est pas toujours applicable.

Ainsi, la nuit, nous tenons clos nos appartements; de même le jour, lorsqu'il fait froid ou que le temps est mauvais.

Il nous faut donc rechercher d'autres procédés.

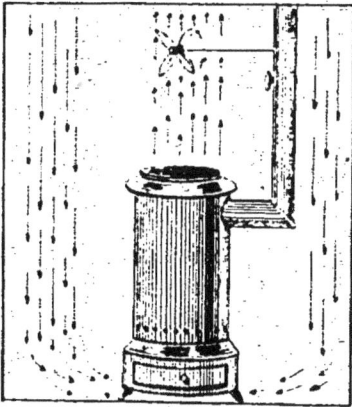

Fig. 10. — La spirale de papier tourne sous l'influence de l'air chaud.

Expériences. — I. Prenons un papier mousseline comme ceux que l'on trouve dans les paquets de cigarettes; roulons ce papier en cylindre, posons-le sur une table bien sèche et allumons-le par la partie supérieure; en se carbonisant, le papier forme une trame légère qui enferme *l'air chaud* à l'intérieur et bientôt le léger ballon s'enlève dans l'air.

11. Découpons une spirale de papier (*fig.* 10) et suspendons-la au-dessus du poêle allumé ; *l'air chaud* qui monte la fait tourner.

L'air chaud est plus léger que l'air froid.

Ce principe établi, remarquons que les gaz rejetés par la respiration, lesquels gaz vicient l'air, sont plus *chauds* que cet air même et par conséquent plus *légers*.

Ils ont donc une tendance à monter.

Toute la méthode de ventilation tient dans cette remarque. Pour ventiler une salle, il faut puiser l'air au dehors de l'appartement. Cet air *neuf*, plus froid et plus lourd, sera introduit par des *bouches d'arrivée* ménagées dans les parties basses des murs de la salle (*fig.* 11). En s'échauffant il gagnera les parties supérieures d'où il sera évacué par des *bouches de sortie* placées au ras des plafonds.

Il est bon que le courant d'arrivée ne soit pas trop vif. On peut le régler soit avec une clef que l'on fait tourner soit avec un moulinet que l'air met en mouvement.

Fig. 11 — Bouches pour l'entrée et la sortie de l'air.

Autres modes d'aération. — Lorsqu'une salle possède un *appareil de chauffage*, la ventilation est assurée si ce dernier fonctionne bien. Le calorifère, le poêle, la cheminée dans lesquels on brûle un combustible font un *appel d'air*. L'atmosphère de la salle se renouvelle sans cesse. La *cheminée* large et bien ouverte est, à ce point de vue, particulièrement hygiénique.

Dans les mines et dans les carrières souterraines, à bord des grands navires, dans les cloches à plongeur, l'air est renouvelé par des engins puissants, espèces de pompes que l'on nomme *ventilateurs* ou *machines soufflantes*.

Les *écuries*, les *étables* et tous les bâtiments où l'on abrite les animaux domestiques doivent aussi présenter une aération convenable.

L'agriculteur avisé doit abandonner entièrement ces constructions malsaines, *sans air* et *sans lumière*, où trop longtemps la routine et l'ignorance ont tenu les modestes compagnons de son travail.

Il faut aussi renouveler l'atmosphère des *serres* où l'on tient les plantes délicates.

Partout où vivent l'homme et l'animal, il faut de l'air, beaucoup d'air: la santé est à ce prix.

Questions. — Pourquoi la souris meurt-elle dans un récipient clos, vide d'air? — Pourquoi en est-il de même du poisson placé dans l'eau privée d'air? — Pourquoi l'air de nos appartements peut-il perdre ses propriétés vivifiantes? — Qu'est-ce que la ventilation? — Quelle est la méthode d'aération la plus simple? — Est-elle toujours possible? — Quelle méthode rationnelle emploie-t-on? — Quels sont les appareils qui règlent la prise d'air? — En quoi le chauffage est-il un mode de ventilation? — Comment peut-on aérer les mines, les bateaux? — Pourquoi faut-il aérer les étables, les écuries, les serres?

RESUME. — L'air est indispensable à la vie. — Dans les appartements où nous vivons, l'air se trouve altéré. Renouveler cet air est le but de la ventilation. La méthode rationnelle de ventilation est basée sur le fait que l'air chaud est plus léger que l'air froid. On puise l'air frais au dehors. Les bouches d'entrée sont placées en bas des appartements, les bouches de sortie en haut.

Le chauffage est un mode de ventilation. On doit aérer les habitations où séjournent les animaux.

Exercices d'observation. — Vous avez fait brûler du papier en le jetant sur le feu, pourquoi de fines particules à moitié carbonisées s'élèvent-elles en tourbillonnant dans la cheminée? — Louis a pris des épinoches dans la rivière et les a mises dans une bouteille pleine d'eau qu'il a fermée à l'aide d'un bouchon; le lendemain les poissons étaient morts, pourquoi ne pouvait-il en être autrement? — Vous pénétrez dans une salle où se tiennent de nombreuses personnes, une odeur âcre, désagréable, vous saisit à la gorge, quelle conclusion en tirez-vous? — Le poêle de la classe chauffe trop fortement, faut-il fermer complètement la clef du tirage? — Pourquoi?

Rédactions. — 1. Quelles sont les différentes méthodes que l'on peut employer pour renouveler l'air d'une salle?
2. Montrez que l'air est indispensable à la vie.

Problème. — Dans une caserne, un dortoir contenant 30 hommes a 30 mètres de long, 12 mètres de large et 4 mètres de haut; les hommes y séjournent de 9 heures du soir à 5 heures du matin. Combien chacun d'eux a-t-il d'air à dépenser par heure?

LES VENTS

Le vent est l'état de l'air qui se déplace.

La vitesse de déplacement est très variable; elle est comprise entre 0 mètre et 35 mètres par seconde.

Quand la vitesse du vent est nulle, la fumée monte verticalement dans le ciel, le drapeau pend le long du mât, le feuillage des arbres est immobile, la forêt est silencieuse.

Mais voici le vent : les branches des arbres s'agitent, un bruit puissant monte du fond des bois, la fumée incline son panache, le drapeau déploie son étamine, la voile du navire se gonfle, les cordages vibrent et chantent.

Sur la mer, tout à l'heure tranquille et comme endormie, se forment des franges d'écume et les vagues battent les rochers.

Au calme majestueux de la nature succède un bruit assourdissant : grandes voix de l'océan et de la forêt, de la plaine et de la montagne qui vont emplissant le ciel.

Ainsi tout change d'aspect suivant que l'atmosphère est calme ou agitée.

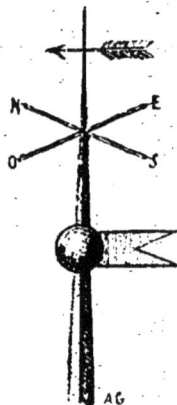

Fig. 12. — Une girouette.

Vitesses. — Un vent *très faible* correspond à une vitesse de 1 mètre à 2 mètres par seconde; *modéré*, il franchit 4 mètres dans le même temps; il est *fort* avec 6 mètres; *très fort* avec 8 à 10 mètres.

La navigation devient dure et la manœuvre difficile pour une vitesse de 15 mètres.

Pour des vitesses de 20 à 30 mètres, c'est la *tempête;* de 30 à 40 mètres, l'*ouragan*, semant derrière lui la désolation et la mort.

On trouve la *direction* des vents à l'aide des *girouettes*, appareils tournants dont le pivot est placé au sommet des édifices (*fig.* 12).

Quant à la *vitesse*, on la détermine au moyen de *moulinets* dont les ailes tournent d'autant plus rapidement que le vent souffle plus fort.

Chaque moulinet est pourvu d'un *compteur de tours* qui fait avancer une aiguille sur un cadran gradué.

Causes qui produisent le vent. — Nous avons déjà vu dans une leçon précédente que l'air chaud est *plus léger* que l'air froid; cette cause suffit à elle seule pour expliquer le vent.

Fig. 13. — Brise de mer soufflant tout à coup.

Nous en ajouterons une seconde. Quand sur une grande étendue les vapeurs que l'air contient viennent à se transformer en pluie, elles se resserrent et il se produit un vide que les couches d'air plus éloignées viennent combler. Il y a encore production de vent.

Diverses espèces de vents. — Certains vents soufflent toujours dans les mêmes directions et aux mêmes époques, ce sont les *vents réguliers*. Tels sont les *alizés* et les *brises*.

Alizés. — Ce sont des vents qui soufflent des pôles vers l'équateur.

Dans nos climats, ils ont la direction du nord-est.

Ils sont secs et froids ; et ils proviennent de la grande différence de température qui existe entre les régions polaires et les régions équatoriales.

Brises. — Les brises soufflent journellement sur les bords de la mer (*fig.* 13), tantôt du continent vers la mer (*brises de terre*), tantôt à l'opposé (*brises de mer*). Les premières s'observent le *soir*, les secondes le *matin*. Elles sont dues à ce que la terre s'échauffe et se refroidit plus vite que l'eau (*fig.* 14 et 15).

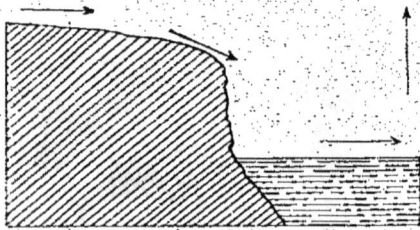

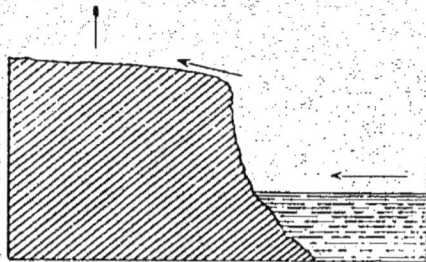

FIG. 14 — Brise de terre.   FIG. 15. — Brise de mer.

Les vents dont la direction est inégale et changeante et dont l'origine est encore mal connue ont reçu le nom de *vents irréguliers*.

De ce nombre sont les *trombes* et les *cyclones*. Les trombes sont des masses de vapeurs et d'eau qui prennent la forme de cônes et tournent à la surface de la mer.

Les cyclones sont des vents tournants animés d'une grande vitesse ; ils soufflent toujours en tempête et causent de nombreux dégâts sur terre et sur mer (*fig.* 16).

Certaines de nos colonies, comme les Comores, au nord de Madagascar, et les îles des Antilles, en Amérique, sont souvent dévastées par des cyclones.

Utilité des vents. — Les dommages causés par les tempêtes sont incontestables et les vents produisent parfois de véritables catastrophes ; ils ont toutefois leur utilité.

En mettant l'air en perpétuel mouvement, le vent éparpille, dans les vastes étendues de l'atmosphère, les vapeurs, gaz,

fumées et poussières qui sans cesse s'élèvent de la terre; il
balaie l'air vicié des villes et le remplace par un air pur.

D'autre part le vent chasse les brouillards qu'il dissipe; il
pousse les nuages de la mer vers la terre et, avec eux, la vapeur d'eau qui deviendra la pluie bienfaisante.

Fig. 16. — Ravages causés par un cyclone traversant une ville.

Enfin il gonfle les voiles des navires; il fait tourner les ailes
des moulins et il facilite la fécondation végétale en transpor-
tant au loin le pollen et les graines.

Questions. — Qu'est-ce que le vent? — Dites l'aspect différent que présente la nature suivant qu'il y a ou qu'il n'y a pas de vent. — Citez
quelques vitesses du vent, suivant qu'il est faible, modéré, fort, très
fort. — Qu'appelle-t-on tempête? ouragan? — Comment trouve-t-on la
direction du vent, sa vitesse? — Quelle est la cause du vent? — Que
nomme-t-on vents réguliers? vents irréguliers? — Qu'est-ce que la brise?
l'alizé? la trombe?

RÉSUMÉ. — Le vent est l'état de l'air qui se déplace. Sa direction et sa
vitesse sont très variables. On trouve la première avec les girouettes

et la seconde avec des moulinets. Le vent est faible avec 2 mètres, modéré avec 4 mètres, fort avec 8 mètres, très fort avec 12 à 15 mètres.

Il y a tempête entre 20 et 30 mètres et ouragan de 30 mètres à 40.

Les vents réguliers sont les alizés et les brises.

Les vents irréguliers sont les trombes et les cyclones.

Exercices d'observation. — Si on ouvre la porte de la classe, que ressentent les élèves placés à proximité? — Pourquoi le feuillage d'une plante verte placée sur une cheminée s'agite-t-il dès qu'on allume le feu? — Pourquoi en est-il de même pour les feuilles d'un arbre placé en espalier quand le soleil frappe le mur? — Pourquoi, pendant l'hiver, met-on des bourrelets au bas des portes? — Pourquoi, sur le littoral de l'océan, les arbres s'inclinent-ils vers l'est? — Pourquoi la clochette de porcelaine placée au-dessus du bec de gaz allumé se balance-t-elle continuellement?

Rédactions. — 1. Causes qui produisent le vent. Différentes espèces de vents.

2. Aspect de la nature, suivant qu'il fait ou qu'il ne fait pas de vent.

Problème. — Un ballon s'élève dans l'air à 10 h. 1/2 du matin; la vitesse du vent est de 8ᵐ,45 à la seconde. Quelle distance aura-t-il parcourue quand il sera 3 h. 1/2 de l'après-midi?

PRESSION ATMOSPHÉRIQUE

Voici une petite boîte qui contient des pièces de 10 centimes. Chaque pièce pèse 10 grammes.

Je prends une première pièce et je la pose sur la table; elle appuie sur cette dernière de *tout son poids*, c'est-à-dire de 10 grammes. Sur le premier décime j'en pose un second, puis un troisième, et ainsi jusqu'à 10 pièces par exemple.

Pour 2 décimes, la table supporte un poids de 20 grammes; un poids de 30 grammes correspondra à 3 décimes superposés. Enfin, quand la pile comprenant 10 pièces sera achevée, la table supportera un poids de 100 grammes.

Remarquons que chaque décime formant la petite colonne n'est pas également pressé, chacun d'eux n'ayant à porter que le poids des décimes placés au-dessus de lui. De cette expérience nous concluons :

Que la pièce la plus pressée est celle qui est placée à la base de la pile et que la moins pressée est celle qui en occupe le faîte.

Or, tout ce qui est matière *a un poids*. Les solides ne sont pas les seuls corps pesants ; les liquides et les gaz, eux aussi, sont pesants. Si donc nous considérons ces derniers comme disposés en colonnes, les tranches qui les formeront auront à supporter le poids des tranches placées au-dessus.

En conséquence :

Le poids total des couches d'air, qui vont se superposant depuis la surface de la terre jusqu'aux limites supérieures de l'atmosphère, détermine la valeur de la pression atmosphérique.

Toutefois il est bon de remarquer que la pression atmosphérique ne s'exerce pas seulement de haut en bas comme il est normal, mais aussi de bas en haut et, en général, dans toutes les directions.

Les savants ont en effet démontré que *les liquides et les gaz* transmettent *dans tous les sens* les pressions qu'ils reçoivent.

Expérience. — Prenons une pipe dont le fourneau, tourné en haut, est fermé par une membrane souple et bien assujettie. Aspirons maintenant par le tuyau l'air intérieur : **la membrane, qui était plane, s'affaisse et se creuse.**

Tournons le fourneau l'ouverture en bas et aspirons à nouveau : **la membrane se creuse encore.**

Il en serait d'ailleurs de même dans tout autre position.

Donc : **La pression atmosphérique s'exerce dans tous les sens.**

Valeur de la pression atmosphérique. — Un litre d'air pèse 1gr,3. C'est un poids très faible, aussi notre esprit est-il porté à n'en tenir aucun compte.

Ce serait pourtant une grave erreur, car si la matière est légère, la colonne est haute : 60 kilomètres environ.

La science nous apprend qu'une pareille colonne d'air ayant 1 centimètre carré à la base pèse 1kg,033.

Telle est la *valeur numérique* de la pression atmosphérique que, faute de réflexion, nous étions portés à croire quantité négligeable.

Quelques petites expériences, faciles à réaliser, nous montreront avec évidence l'existence de la pression atmosphérique. Voici quelques-unes de ces expériences :

I. A l'aide d'une aiguille, fixons une gomme élastique à une petite règle d'écolier; mouillons légèrement la gomme et appuyons-la sur le fond d'un godet bien plan. *L'air est chassé;* en prenant la règle, nous soulevons le godet *(fig. 17).*

II. Même expérience en remplaçant la gomme et la règle par un fruit coupé, une pomme par exemple.

III. Remplissons d'eau un verre, appliquons une feuille de papier à l'orifice et, la maintenant, renversons le verre. Si on abandonne le papier, l'eau ne tombe pas *(fig. 18 et 18 bis).*

IV. Faisons durcir un œuf, enlevons la coquille et prenons un flacon à goulot assez large dans lequel nous allumons du papier imbibé d'alcool. L'air chaud s'échappe du vase. Plaçons l'œuf sur le goulot et bientôt la pression atmosphérique le chassera dans le vase où un vide partiel s'est établi *(fig. 19).*

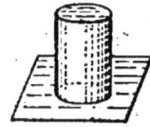

V. Mouillons un cuir portant un fil, appliquons-le fortement sur un petit pavé placé à terre. En tirant sur le fil, nous soulevons le pavé.

VI. Procurons-nous un jouet bien connu sous le nom de « Tir Eureka » *(fig. 20).* Le projectile se compose d'une petite tige de bois terminée par une calotte élastique maintenue humide. A l'aide du fusil, lançons le projectile. Il s'aplatit sur la cible et chasse l'air. La pression atmosphérique le maintient sur le carton.

FIG. 17. — Expérience de la gomme élastique.

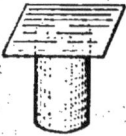

FIG. 18. — Expérience du verre d'eau (1re position).

FIG. 18 bis. — Expérience du verre d'eau (2e position).

FIG. 19. - Expérience de l'œuf.

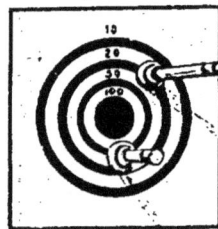

FIG. 20. — Cible Eureka et son projectile.

VII. Aspirons dans une clef creuse l'air qui s'y trouve enfermé ; la pression atmosphérique fixe la clef sur la lèvre et nous aurons peine à la détacher.

Questions. — Dans une pile de pièces, quelle est la plus pressée? la moins pressée? — Si on imagine des tranches liquides ou gazeuses superposées, qu'arrivera-t-il pour le plan qui les supporte? — Qu'est-ce que la pression atmosphérique? Quelle est la valeur de cette pression pour un centimètre carré? Expériences qui montrent l'existence de la pression atmosphérique. Citez-les en les expliquant.

RÉSUMÉ. — Des pièces mises en pile appuient de tout leur poids sur le plan qui les supporte.

Il en serait de même si les pièces étaient remplacées par des tranches liquides ou gazeuses.

La pression atmosphérique est le poids des tranches d'air qui vont se superposant à partir du sol jusqu'aux limites supérieures de l'atmosphère.

Cette pression s'exerce dans tous les sens et elle est de $1^{k}{,}033$ par centimètre carré.

On peut mettre en évidence la pression atmosphérique au moyen de petites expériences comme celles du verre d'eau renversé, de l'œuf et la carafe, de la clef creuse, etc.

Exercices d'observation. — On vient de mettre en perce une barrique de vin bien pleine, d'où vient que le liquide ne s'écoule pas par le robinet ouvert, tant que l'on n'a pas fait une petite ouverture au voisinage de la bonde? — Vous trempez une paille dans un verre d'eau, qu'arrive-t-il si vous aspirez par l'autre extrémité de la paille ? — Sur le tableau noir très lisse vous glissez un sou bien propre, pourquoi reste-t-il adhérent au tableau ? — Sur l'eau vous placez un verre renversé et avec une paille courbée vous aspirez l'air enfermé sous le verre, qu'arrive-t-il ?

Rédactions. — 1. Citez des expériences simples qui mettent en évidence l'existence de la pression atmosphérique.
2. Qu'est-ce que la pression atmosphérique? Quelle est sa valeur?

Problème. — La surface totale de la peau chez l'homme est en moyenne de 1 mètre carré et demi. Quel effort la pression atmosphérique exerce-t-elle sur la peau, cette pression étant de $1^{k}{,}033$ par centimètre carré?

APPLICATIONS DE LA PRESSION ATMOSPHÉRIQUE

Changements qui surviennent dans la valeur de la pression atmosphérique. — Si la surface de la terre était régulière et l'atmosphère immobile, tous les points, pris sur le sol, seraient également distants des limites supérieures de l'air.

Il en résulterait que tous ces points seraient soumis à la même *pression atmosphérique*, puisqu'ils auraient à supporter le poids de colonnes d'air de *hauteurs identiques.*

Or, il n'en est pas ainsi, car la terre présente des inégalités superficielles de deux ordres :

1° **Des creux ou dépressions dans lesquelles se sont amassées les eaux des mers et des océans;**

Fig. 21. — La pression atmosphérique varie avec l'altitude.

2° **Des saillies ou reliefs qui ont formé les continents et les montagnes.**

Il en résulte qu'une colonne d'air qui s'appuie sur la mer a une hauteur plus grande que celle qui aura sa base sur le continent voisin et à plus forte raison sur la montagne s'il en existe une.

La pression atmosphérique ira donc décroissant de la mer à la montagne en passant par le continent.

D'autre part, l'atmosphère est loin d'être immobile, et le vent n'est autre chose que de l'air qui se transporte d'un point à un autre.

Donc, il y a *diminution de pression* (dépression) au point où l'air est enlevé et *augmentation de pression* (forte pression) là où il se transporte.

La pression atmosphérique n'a pas, à tous les points du globe, la même valeur et celle-ci varie suivant l'altitude du point considéré et aussi suivant l'état de repos ou d'agitation de l'air.

Baromètre. — Le baromètre est un instrument destiné à mesurer les *variations* qui surviennent dans la valeur de la pression atmosphérique. Les plus anciens modèles sont à mercure (*fig. 22*).

L'instrument se compose d'un *tube de verre* fermé à sa partie supérieure. Ce tube a une longueur moyenne de 0^m,90. Il plonge par sa base dans une *cuvette* contenant également du mercure et, comme la partie inférieure de ce tube est ouverte, le mercure que ce dernier contient communique librement avec celui de la cuvette.

Enfin, la colonne mercurielle laisse entre sa partie supérieure et le haut du tube un espace complètement *vide d'air*. Suivant que la pression atmosphérique *augmente ou diminue*, le mercure monte ou descend dans le tube.

Les mouvements du mercure correspondent aux variations de la pression atmosphérique et la hauteur du liquide dans le tube en indique la valeur.

En temps ordinaire, la hauteur de la colonne mercurielle est de 0^m,76. On la nomme pression normale.

On pourrait construire un baromètre en prenant de l'eau au lieu du mercure; mais, comme ce dernier est 13 fois et demie plus lourd que l'eau, la colonne d'eau du baromètre aurait comme hauteur 0^m,76 × 13,5 = 10^m,30 environ.

Fig. 22.
Baromètre
à mercure.

La pression atmosphérique équivaut donc à une colonne d'eau de 10^m,30 de hauteur.

Les baromètres modernes *(fig.* 23) sont *des boîtes métalliques* dans lesquelles on a fait le vide. La pression de l'air agit sur le fond très mobile de ces boîtes, lequel fait ressort, et, par l'intermédiaire de leviers, communique le mouvement à une *aiguille* qui se meut sur un *cadran*.

Il existe une relation entre l'état de l'atmosphère et les variations du baromètre.

Il fait *beau temps* quand le baromètre est en *hausse*; il fait *mauvais temps* quand il *descend*. Toutefois les variations *brusques*

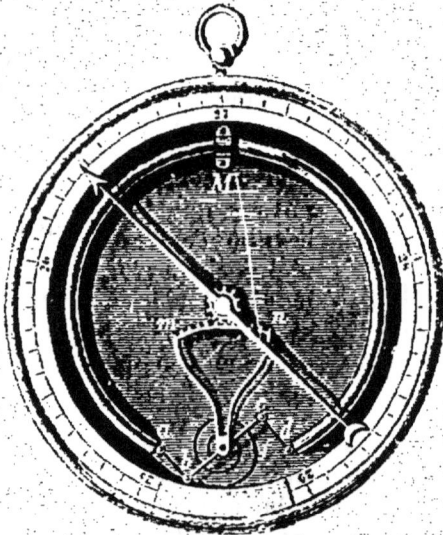

Fig. 23. — Baromètre métallique.

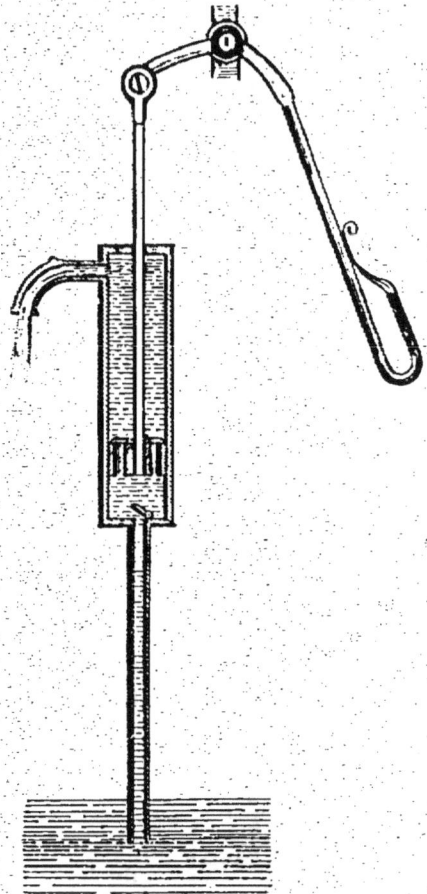

Fig. 24. — Pompe à eau.

du baromètre donnent des indications *incertaines* et, le plus souvent, les changements de temps sont de peu de durée.

Pompes. — Les pompes *(fig.* 24) sont des instruments destinés à élever l'eau. C'est aussi la pression atmosphérique qui produit l'ascension de l'eau dans ces appareils.

Une pompe comprend :

1° Un cylindre ou *corps de pompe* dans lequel se meut un piston;

2° Un *tube d'aspiration* placé au bas du corps de pompe et qui descend au *réservoir* où l'on puise l'eau;

3° Un *tube de déversement* placé en haut du corps de pompe et destiné à laisser écouler l'eau quand l'appareil fonctionne;

4° Des organes mobiles nommés *soupapes*. Les soupapes s'ouvrent de bas en haut; le piston en porte une; le corps de pompe en présente une autre à sa base.

Enfin un *levier*, qui met le piston en mouvement, achève l'appareil.

Fonctionnement. — Supposons que la pompe et le tube d'aspiration soient pleins d'eau (*fig.* A) et que le piston soit en haut de sa course. Voici ce qui se passe si nous faisons manœuvrer le levier (*fig.* 25).

PREMIER TEMPS : *Le piston descend.* — Dans ce mouvement le piston appuie sur l'eau, la soupape inférieure se ferme, celle du piston s'ouvre et l'eau passe au-dessus de celui-ci.

DEUXIÈME TEMPS : *Le piston remonte.* — Dans ce mouvement, la soupape du piston retombe, sous le poids de l'eau placée au-dessus. Le piston, en s'élevant, fait le vide au-dessous de lui et la pression atmosphérique qui appuie sur l'eau du réservoir la fait monter dans le tube d'aspiration. Cette eau soulève la soupape du fond et envahit le corps de pompe. D'autre part, l'eau qui avait pénétré au-dessus du piston se trouve soulevée et s'écoule par le tube de déversement.

A partir de ce moment, les mêmes phases se succèdent pendant toute la durée de la manœuvre.

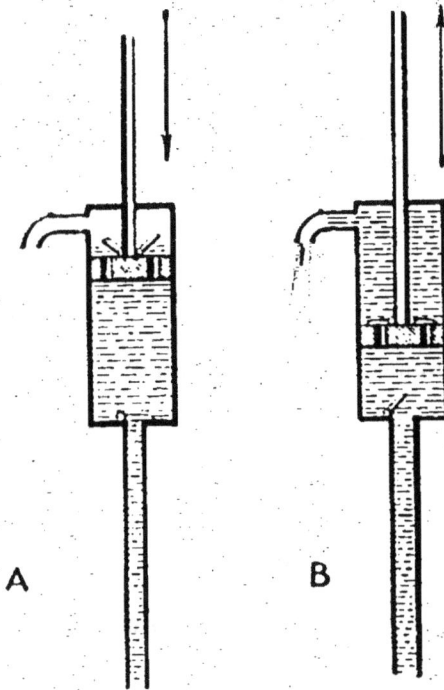

FIG. 25. — A, le piston descend;
B, le piston remonte.

Siphons. — Les *siphons* (*fig.* 26) sont des appareils qui servent à transvaser un liquide d'un récipient élevé dans un autre *situé plus bas.*

Ils fonctionnent aussi grâce à la pression atmosphérique.

On emploie les siphons dans les usines de produits chimiques, dans les entrepôts, les laboratoires, les appareils de distribution d'eau.

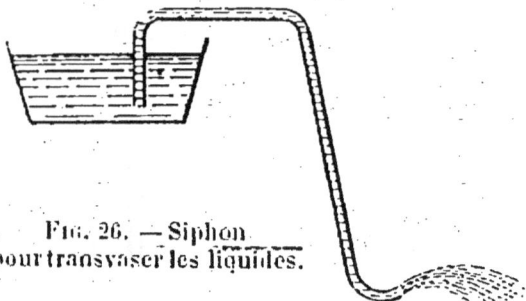

Fig. 26. — Siphon pour transvaser les liquides.

Questions. — Quelles sont les circonstances qui font varier la pression atmosphérique? — Qu'arrive-t-il pour cette pression : 1° si on s'élève sur une montagne? 2° si on descend dans un puits? — Qu'est-ce que le baromètre? — Quand dit-on que le baromètre monte ou descend? — Y a-t-il une relation entre l'état de l'atmosphère et les variations du baromètre? — Quelles sont les parties principales d'une pompe? — La pompe étant pleine d'eau, qu'arrive-t-il si le piston descend? s'il remonte? — A quoi servent les siphons?

RÉSUMÉ. — La valeur de la pression atmosphérique est variable. Elle est plus grande à la surface de la mer que dans la plaine voisine, plus grande aussi dans la plaine que dans la montagne.

Elle grandit ou diminue suivant qu'on s'abaisse ou qu'on s'élève dans l'atmosphère.

Elle varie aussi quand l'air se déplace. Les baromètres servent à mesurer cette pression; ils servent aussi à la prévision du temps. Le temps est beau quand le baromètre monte, mauvais quand il descend. Les pompes et les siphons sont des applications de la pression atmosphérique.

Exercices d'observation. — On s'est servi devant vous d'un compte-gouttes, expliquez-en le fonctionnement. — La pompe de la cour présente une petite ouverture au tuyau d'aspiration; pourquoi le doigt que vous posez à ce point y reste-t-il attaché pendant la manœuvre de l'appareil? — Le tube d'aspiration d'une pompe se termine en bas par une boule percillée de trous, en voyez-vous l'utilité? — L'aéronaute partant pour une ascension emporte un baromètre avec lui; à quoi lui servira cet instrument? — Vous buvez avec une paille, comment le liquide arrive-t-il à votre bouche?

Rédactions. — 1. Description et usages du baromètre à mercure.
2. Faites la description et expliquez le fonctionnement d'une pompe de citerne.

Problème. — Quand on s'élève ou qu'on s'abaisse de 10ᵐ,46 dans l'atmosphère, le mercure descend ou monte de 1 millimètre dans le tube. Trouver d'après cela :

1° La hauteur d'une colline si le baromètre marque à son pied 778 millimètres et à son sommet 752 millimètres ;

2° La profondeur d'un puits si le baromètre varie de 10 millimètres 3/4 de l'orifice au fond du puits.

LE SOL ET LE SOUS-SOL

Le sol. — Pour l'agriculteur, le sol est la partie superficielle de la terre où la plante peut naître, grandir et fructifier.

Cette partie n'est jamais bien profonde ; une terre moyenne n'a guère que 20 centimètres d'épaisseur. La couche supérieure se nomme *couche arable*, celle qui la suit, *couche végétale*.

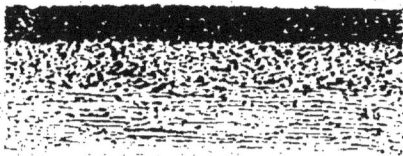

FIG. 27. — Sol et sous-sol : au-dessus la couche arable, au-dessous le sous-sol.

Quant à la couche plus profonde qui supporte les deux précédentes, elle est beaucoup plus épaisse. C'est le *sous-sol* (*fig.* 27).

Toutes les terres ne sont pas cultivables : elles doivent, pour cela, avoir des propriétés et une composition convenables.

On ne saurait cultiver sur la pierre dure, sur le caillou nu, sur le sable aride. De pareils sols sont frappés de *stérilité*. Des plantes sans valeur pour l'homme peuvent seules y croître chétivement.

Qualités que doit présenter le sol. — Pour qu'on arrive à cultiver la terre avec profit, il faut : 1° qu'elle soit assez *profonde* afin que les racines du végétal puissent s'y fixer et s'y développer facilement (*fig.* 28) ; 2° qu'elle soit *fixe*, les végétaux ne pouvant se déplacer ; 3° qu'elle soit *meuble* afin de pouvoir la travailler avec les instruments agricoles ; 4° qu'elle soit *pénétrable* à l'air et à l'eau dont le concours est indispensable pour toute végétation.

Composition du sol. — Enfin, le sol doit contenir en quantité convenable quatre éléments essentiels : l'argile, le *sable*, la *calcaire* et l'*humus*.

1° *Argile*. — C'est une roche pâteuse, jaune ou rousse, douce au toucher, formant avec l'eau une boue épaisse. En séchant, l'argile se fendille et se resserre.

Les terrains très argileux sont froids, difficiles à travailler, le *fumier s'y décompose lentement*.

L'industrie utilise l'argile, dite glaise, pour faire des briques, des

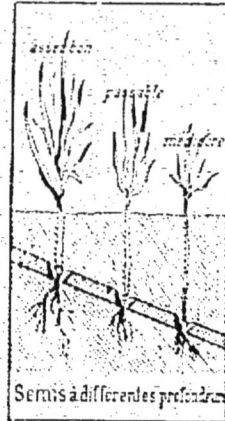

Fig. 28. — Le sol doit être profond.

tuiles, des poteries. Un bon sol cultivable doit en renfermer 25 0/0.

2° *Sable*. — C'est une roche à grains durs et plus ou moins grossiers. Le sable de mer et des cours d'eau est fin et mobile ; celui des routes, nommé *gravier*, est plus gros.

Fig. 29. — Désert. Les sols sablonneux sont stériles.

Les sols où le sable domine sont légers, faciles à travailler, les *engrais s'y décomposent assez vite*, mais ces terres se dessèchent facilement et, dans les pays chauds, les sols sablonneux sont souvent *stériles* (*fig.* 29). La terre de culture doit en renfermer au moins 50 0/0.

3° *Calcaire.* — Ce troisième élément a des propriétés contraires à celles de l'argile. Le sol où il domine est chaud, perméable, et *décompose très vite les fumiers.* Comme le sol sablonneux le sol calcaire craint la sécheresse.

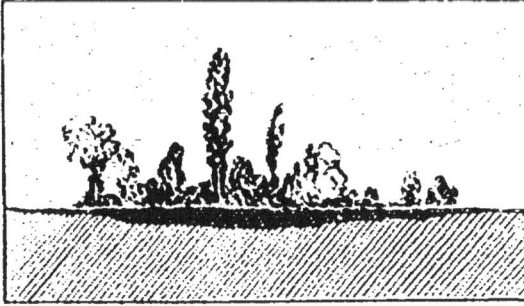

Fig. 30. — Sur les terres couvertes l'humus va croissant.

Une bonne terre renferme 15 C/0 de calcaire.

4° *Humus.* — C'est l'élément le plus important du sol. Il provient de la décomposition incomplète de matières végétales et animales.

Soumis à l'action du feu, il brûle et disparaît sous forme de gaz.

L'humus est de couleur brune, il est odorant ; on le nomme encore *terreau, terre végétale.*

Sa proportion dans la terre de culture est variable: 2 à 3 0/0 dans les terres pauvres, 5 à 6 0/0 dans les terres moyennes, 10 à 12 0/0 dans les terres riches.

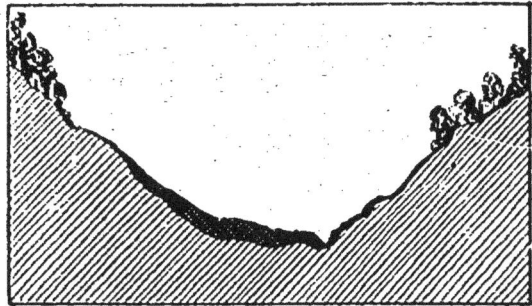

Fig. 31. — Sur les terres dénudées l'humus va décroissant.

On renouvelle incessamment l'humus par l'apport continuel de fumier et d'engrais.

Sur les terres couvertes, bois, forêts, la couche d'humus va croissant (*fig.* 30); elle diminue sur les sols en pente et dénudés (*fig.* 31).

Enfin les cours d'eau charrient de la terre végétale qu'ils déposent ensuite sur leurs bords (alluvions) (*fig.* 32).

L'agriculteur doit connaître la terre qu'il cultive. — Si le cultivateur veut améliorer le sol qu'il est appelé à travailler, il faut qu'il en connaisse la *nature* et les *qualités*. Il se rendra donc compte de *l'épaisseur* de la *couche végétale*, de la *profondeur* du *sous-sol*, de sa *perméabilité* plus ou moins grande; il recherchera encore s'il est *chaud* ou *froid*, *lourd* ou *léger*.

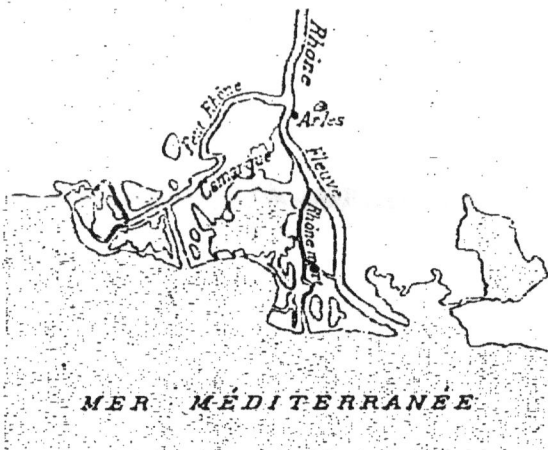

Fig. 32. — Les fleuves déposent de l'humus sur leurs bords.

Il devra aussi avoir une idée assez exacte de sa composition en *argile*, en *sable*, en *calcaire* et en *humus*.

Ces connaissances une fois acquises, l'agriculteur avisé saura donner alors, aux terres confiées à ses soins, les *façons culturales* qu'elles réclament et qui varient suivant la nature et les qualités originelles qu'elles présentent.

Questions. — Qu'est-ce que le sol? le sous-sol? — Dans quelles circonstances la terre est-elle frappée de stérilité? — Qualités que doit présenter le sol. — Pourquoi doit-il être profond, meuble, fixe, pénétrable? — Citez les quatre éléments principaux du sol. — Quelles sont les propriétés de l'argile, du sable, du calcaire, de l'humus? — Le cultivateur doit-il connaître les propriétés et la composition du sol qu'il est appelé à cultiver? Pourquoi?

RÉSUMÉ. — Le sol est la partie de la terre où la plante peut vivre. Le sous-sol est la couche placée immédiatement au-dessous.

Le sol doit être fixe, meuble, assez profond. Le sous-sol doit être perméable. Le sol doit contenir environ 25 o/o d'argile, 50 o/o de sable, 15 o/o de calcaire et 8 à 10 o/o d'humus.

L'humus est la partie la plus importante, il est de nature organique ; on le renouvelle par les fumiers et les engrais.

L'agriculteur doit bien connaître la terre confiée à ses soins.

Exercices d'observation. — Sur les talus de la route neuve, on a planté des genêts et des joncs marins, voyez-vous l'utilité de ces plantations ? — Savez-vous pourquoi il est mauvais de déboiser trop les pentes des montagnes ? — Pourriez-vous dire pourquoi la terre végétale est plus épaisse à la base d'un terrain en pente qu'au sommet, dans un lieu encaissé que sur une butte ? — Pourquoi le jardinier, qui a besoin de bonne terre végétale pour cultiver les fleurs va-t-il chercher cette dernière dans le bois ou la forêt ? — Après l'orage, les eaux de la rivière sont troubles, d'où vient cela ? — Savez-vous pourquoi les terres placées sur les rives d'un cours d'eau et à proximité de son embouchure sont toujours très fertiles ? — Votre père est cultivateur et il possède un champ très en pente, pourquoi met-il plus de fumier à la partie supérieure du champ que dans la partie basse ?

Rédactions. — 1. Le sol et le sous-sol. Leurs propriétés physiques.
2. Composition chimique des sols. Propriétés des éléments constituants.

Problèmes. — 1. On a trouvé sur un échantillon de terre analysée et pesant 5 grammes une fois sèche les quantités suivantes : argile, 1gr,25 ; sable, 2gr,75 ; calcaire, 0gr,60 ; humus, 0gr,40. Établir le tant pour 100 pour chaque matière.
2. Sur un champ de 2ha,35a,25ca, on a mis 30 mètres cubes de calcaire à 2fr,30 le mètre cube. Calculer la dépense, l'épandage revenant à 0fr,12 l'are.

LE JARDIN. — CRÉATION. — DISPOSITION. — ENTRETIEN

Un jardin est une portion de terre cultivable, souvent peu étendue.

On y cultive les végétaux qui entrent dans l'*alimentation journalière*, soit sous le nom de *légumes*, soit sous celui de *fruits* (*fig.* 33).

Pour joindre l'agréable à l'utile, on réserve une petite portion du jardin pour la culture des *fleurs*.

Emplacement. — S'il est possible, le terrain destiné au jardin sera uni, bien exposé à la lumière et à l'abri des grands vents.

La forme *rectangulaire* est celle qui convient le mieux. Un terrain en pente douce a des avantages, mais aussi des inconvénients ; la culture et l'entretien en sont plus difficiles.

FIG. 33. — Un jardin.

L'exposition au *midi* est la meilleure, celle au *nord* est très mauvaise.

Les terrains trop humides et ombragés ne conviennent pas.

Travaux préliminaires. Clôtures. — Une bonne terre franche, meuble et profonde, est désirable. A son défaut, on améliorera d'abord le terrain dont on dispose.

Un peu de travail et de patience suffiront, car le jardin a toujours des dimensions restreintes.

Si le sol est envahi par les mauvaises herbes, s'il renferme des pierres et des cailloux, un *nettoyage* et un *épierrement* sérieux s'imposent d'abord.

Il faut que le jardin soit clos. La meilleure clôture est celle qui est faite de *murs en maçonnerie*.

Les *haies vives* conviennent moins ; elles abritent toujours des animaux nuisibles, ennemis du jardin.

A défaut de murs, qui coûtent assez cher, on emploiera des *pals*, faits de planches injectées ou goudronnées.

La hauteur de ces clôtures ne sera pas inférieure à 2 mètres.

Travaux d'appropriation. — Voici le jardin clos et le terrain nettoyé ; il nous faut maintenant retourner le sol, *le labourer.*

Nous faisons ce travail en automne pour le continuer en hiver ; de cette façon notre jardin sera prêt pour le printemps suivant. Le labourage se fait à la *bêche*, sur une profondeur moyenne de 0^m,25. On laisse la terre en *grosses mottes*, que les gelées d'hiver brisent et émiettent.

Il faut que l'eau et l'air pénètrent dans le sous-sol.

On trace ensuite les *allées* principales et secondaires le long desquelles on fait régner des *plates-bandes* (*fig.* 34).

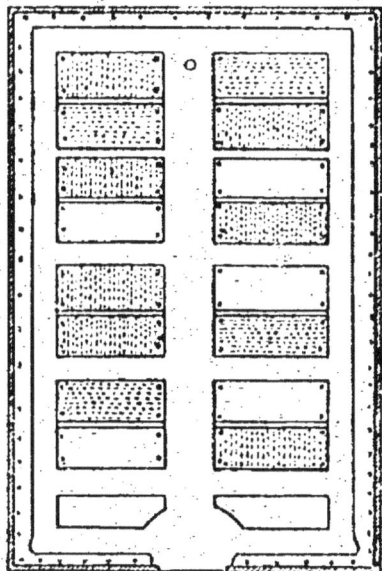

Fig. 34. — Plan d'un jardin.

Ces allées seront assez larges pour qu'on puisse y circuler facilement avec une brouette.

Le sol en sera un peu plus bas que celui du reste du terrain et une légère pente facilitera l'écoulement des eaux.

Les grands espaces que limitent les allées seront divisés en *planches.*

Les planches seront séparées par de *petits sentiers.*

La disposition et l'étendue des planches varieront suivant l'importance des cultures que l'on désire faire et aussi suivant leur nombre.

Arbres fruitiers. — Contre les murs, on plantera les arbres dits *en espalier ;* l'*exposition au midi* sera réservée à ceux qui demandent le plus de chaleur; les espèces plus robustes occuperont les murs de côté.

Quant aux plates-bandes qui suivent ces murs, on les réservera pour la culture des *fleurs*.

Il nous restera encore les plates-bandes qui longent l'allée principale ; nous pourrons les utiliser pour la plantation des arbres dits de *plein vent* (*fig.* 35). Dans les intervalles qu'ils laisseront entre eux, nous cultiverons les petites plantes pour

Fig. 35. — Arbres fruitiers de plein vent.

lesquelles il n'est point d'emplacement particulier: persil, cerfeuil, thym, estragon, etc.

Les jeunes plants d'arbres fruitiers se plantent *avant l'hiver*, lorsqu'ils n'ont plus de feuilles. On ne plante que de bonnes espèces, et une heureuse variété d'arbres hâtifs, moyens et tardifs est ce qu'il y a de plus pratique.

Potager. — Des carrés spéciaux seront réservés aux végétaux qui séjournent plusieurs années au même endroit: fraisiers, artichauts, asperges. Les autres plantes passent moins d'une année sur le terrain qui leur est départi ; l'ordre suivant lequel elles se succèdent n'est pas absolument fixe, mais il est bon de s'inspirer des principes suivants :

1° A une plante cultivée pour ses parties souterraines (carottes, navets, pommes de terre, salsifis), faire succéder une autre plante cultivée pour ses parties aériennes (laitues, choux, pois, haricots);

2° Faire qu'une plante ne revienne au même endroit que tous les deux ans.

Jardin d'agrément. — Dans les grandes propriétés il existe des jardins d'agrément : parcs, pelouses, avenues. Toutes possèdent

Fig. 36. — Serre pour plantes exotiques ou délicates.

des serres où, grâce à la température constante que l'on y entretient, on cultive les plantes délicates des climats chauds (*fig. 36*).

Questions. — Qu'est-ce que le jardin? — Quel emplacement faut-il lui donner? Quelle orientation? Quelle forme géométrique? — Quels travaux préparatoires faut-il y faire ? — Parlez des clôtures du jardin. — Comment faut-il préparer la terre? — A quelle époque? pourquoi? — Comment utiliser les murs? les plates-bandes? — Comment disposer les planches? Faut-il cultiver des fleurs? — Dans quel ordre les légumes du potager doivent-ils se succéder? — Qu'est-ce qu'un jardin d'agrément?

RÉSUMÉ. — Dans le jardin on cultive les légumes, les fruits, les fleurs. L'exposition la meilleure pour un jardin est celle au midi et la forme géométrique préférable est la forme rectangulaire. Le terrain sera uni, épierré, défriché. Le jardin sera clos et la meilleure clôture est celle faite de murs.

On retourne le terrain en grosses mottes et on trace les allées ; puis on plante les arbres. Tout ce travail se fera avant l'hiver. Au printemps, on dispose les planches et on donne au jardin sa forme définitive.

La succession des plantes potagères suivra un ordre raisonné et le même végétal ne reviendra au même endroit que tous les deux ans.

Exercices d'observation. — Le jardin de Pierre est clos de murs et celui de Jean est entouré de haies vives, quel est à votre avis le meilleur système de clôture? Dites pourquoi. — Vous avez remarqué que les semis faits à proximité des arbres fruitiers ne réussissent pas aussi bien que ceux faits dans les parties découvertes, quelle en est la raison ? — Votre voisin sème ses radis, oignons, carottes en éparpillant les graines sur le sol ; un autre les sème en lignes, lequel emploie la meilleure méthode ? Dites pourquoi.

Rédactions. — 1. Comment faut-il choisir l'emplacement du jardin? Quels travaux préliminaires faut-il d'abord y exécuter?

2. Indiquez comment vous distribuerez les différentes cultures du jardin.

Problèmes. — 1. Une partie de jardin de forme rectangulaire mesure 20 mètres de longueur sur $9^m,30$ de largeur. On la couvre d'une couche uniforme de terreau de $0^m,03$ d'épaisseur. Quel sera le volume du terreau employé et quel sera le prix de revient à raison de 1fr. 80 le mètre cube?

2. Le mur d'un jardin mesure 30 mètres de longueur sur 3 mètres de hauteur. Afin d'attacher les arbres cultivés contre ce mur, on tend des fils galvanisés dans le sens de la longueur et distants les uns des autres de $0^m,30$. Trouver la longueur du fil nécessaire et le prix à raison de 0 fr. 12 le mètre courant.

L'EAU SOUS LES TROIS ÉTATS

Premier état. — C'est sous la forme *liquide* que l'eau se présente le plus souvent. Elle est alors incolore, transparente et à saveur faible. Vue en grande masse, elle paraît bleue.

Un litre d'eau pure pèse 1 *kilogramme*.

L'eau liquide s'évapore. — Plaçons de l'eau dans un vase ouvert, regardons au bout de quelques jours ; nous constatons que son niveau s'est abaissé: elle s'est transformée en vapeurs invisibles qui se sont perdues dans l'air. On dit qu'*elle s'évapore*.

Remarquons que l'eau s'évapore plus vite dans une assiette que dans une bouteille, au soleil qu'à l'ombre, l'été que l'hiver. De même, du linge mouillé, étalé et exposé dans un courant d'air, sèche rapidement (fig. 37).

Fig. 37. — Le linge étendu exposé au vent sèche vite.

Il est donc des circonstances qui favorisent l'évaporation.

L'eau liquide bout. — Plaçons de l'eau sur le feu et jetons dans le liquide une pincée de sciure de bois. Voici ce que nous observons : quelques petites colonnes de sciure se forment bientôt : celles occupant le milieu du vase renferment des grains qui se meuvent de bas en haut pendant que les grains des colonnes latérales sont animés d'un mouvement contraire (fig. 38).

Le courant qui va du fond du vase à la surface est formé par l'eau déjà échauffée et devenue *plus légère*. Les courants contraires des côtés renferment l'eau plus froide et *plus lourde*.

Or, dans ce mouvement, l'eau du vase passe tour à tour sur le fond ; elle s'échauffe donc par *déplacement* ; c'est une vraie circulation et la température du liquide va croissant.

Bientôt un bruissement particulier se fait entendre ; on dit que *l'eau chante* : la surface

Fig. 38. — Les mouvements de la sciure indiquent le sens des courants.

liquide s'agite et de grosses bulles de vapeur s'échappent dans l'air : *l'eau bout*.

Le *thermomètre*, instrument qui sert à mesurer les températures, étant placé dans les vapeurs de l'eau qui bout, *marque* 100° ; il reste à ce point tant que dure l'ébullition.

Maintenant, plaçons une assiette froide à l'orifice du vase, elle se couvre de buée et bientôt l'eau ruisselle. C'est la *condensation*.

En se refroidissant l'eau en vapeur reprend i'état liquide.

L'eau obtenue ainsi se nomme *eau distillée*. Dans l'industrie, on distille toutes sortes de liquides. On se sert pour cela d'un appareil qui nous vient des Arabes et qu'on nomme *alambic*.

Deuxième état. — Nous savons déjà que l'eau existe toujours dans l'air sous forme de vapeur, c'est l'eau à *l'état gazeux*.

Les brouillards et les nuages (*fig.* 39) ne sont

Fig. 39. — Vapeur d'eau de l'air.

autre chose que de l'eau en vapeur; en se refroidissant, cette dernière se condense et produit la *pluie*.

La *buée*, qui subitement couvre la carafe d'eau fraîche, celle qui se dépose sur les carreaux, la *rosée* qui, dans la belle saison, couvre les plantes aux heures matinales, sont dues à la vapeur d'eau de l'atmosphère.

Troisième état. — Dans un vase, mettons un mélange de sel de cuisine et de glace pilée dans lequel nous enfonçons un tube contenant de l'eau.

Ce mélange refroidit considérablement l'eau du tube qui bientôt se congèle.

C'est la *glace*, c'est-à-dire l'eau solide.

La glace est compacte, dure, cristalline.

En masses épaisses, elle est transparente.

En feuilles minces, elle est blanche et ressemble à du verre dépoli.

L'hiver, elle forme sur les carreaux des dessins curieux que l'on nomme *fleurs de glace* (fig. 40).

Elle se forme quand le thermomètre marque *zéro degré*.

Choisissons un jour d'hiver où il gèle et remplissons d'eau un petit obus. Si nous

Fig. 40. — Fleurs de glace.

Fig. 41. — Obus brisé par le gel.

l'abandonnons à l'action du froid, il y a de grandes chances pour que nous le retrouvions brisé (fig. 41).

C'est que l'eau, en se congelant, *augmente de volume*. Aussi est-elle plus légère qu'à l'état liquide ; *elle flotte*, et la partie qui surnage est beaucoup moins haute que celle qui plonge dans l'eau (fig. 42).

Un décimètre cube de glace pèse 916 grammes et un glaçon de 10 mètres d'épaisseur ne dépasse le niveau de la mer que de 1 mètre seulement.

Fig. 42. — Glace flottante.

Questions. — Quelle est la forme sous laquelle l'eau se trouve le plus souvent? — Quels sont les caractères de l'eau sous cette forme? — Qu'arrive-t-il si on laisse de l'eau exposée longtemps à l'action de l'air? — Quelles circonstances favorisent l'évaporation? Expliquez le mouvement de l'eau que l'on chauffe. — Que remarque-t-on à la surface de l'eau qui bout? — Où vont les vapeurs qui s'échappent? — Qu'arrive-t-il si on les refroidit? Qu'est-ce que l'alambic? — Quelle est la deuxième forme de l'eau? — Qu'est-ce que la glace? — Pourquoi flotte-t-elle? — Que devient le flacon plein d'eau quand celle-ci se gèle?

RÉSUMÉ. — L'eau liquide est incolore, transparente et presque sans goût. Abandonnée à l'air libre, elle s'évapore plus ou moins vite suivant les circonstances. Placée sur le feu, l'eau liquide s'échauffe, chante et bout. C'est l'ébullition. Si on refroidit les vapeurs de l'eau qui bout, celles-ci se condensent et donnent de l'eau distillée.

La deuxième forme de l'eau est la forme gazeuse.

A la température de 0°, l'eau gèle ; c'est la glace solide, compacte et cristalline.

L'eau, en se congelant, augmente de volume et la glace formée est plus légère que l'eau liquide.

Exercices d'observation. — Vous n'avez pas de papier buvard ; pourquoi agitez-vous la feuille sur laquelle vous venez d'écrire et que vous désirez sécher ? — Pourquoi, en d'autres circonstances, l'approchez-vous du poêle allumé ? — Certain encrier ne présente qu'une petite ouverture, est-ce un avantage ? Pourquoi ? — La ménagère suspend le linge à sécher dans un courant d'air, pourquoi ? — On a placé sur le feu un chaudron plein d'eau, d'où vient que le couvercle remue quand l'eau bout ? — Soulevons maintenant ce couvercle, d'où viennent les gouttelettes d'eau que nous observons à la partie intérieure de ce couvercle ?

Rédactions. — 1. Une goutte d'eau est tombée des nuages. Dites ce qu'elle peut devenir.
2. Propriétés de l'eau sous les trois états.

Problèmes. — Un bloc de glace a pour volume 4.084 décimètres cubes. Combien donnera-t-il d'eau en fondant ? Le décimètre cube de glace pèse 916 grammes.

LES PROPRIÉTÉS DE L'EAU

L'eau et les corps solides. — Dans un premier verre d'eau, jetons un caillou ; dans un second, un morceau de sucre ; dans un troisième, de l'amidon. Remuons le liquide dans chaque verre ; voici ce que nous observons :

1° Le *caillou* conserve sa forme et son volume, l'eau est sans action sur lui : nous dirons donc que *le caillou ne se dissout pas* dans l'eau ;

2° Le *sucre* disparaît entièrement dans le liquide, nous dirons que *le sucre se dissout* dans l'eau :

3° L'eau contenant l'*amidon* devient blanche, mais elle s'éclaircit par le repos (*fig.* 13); ce corps ne se dissout donc pas dans l'eau; seulement il s'y maintient quelque temps en *sus-pension*.

Beaucoup de corps solides, mis en présence de l'eau, feront comme le caillou : tels le soufre, le sable, le marbre ; ce sont des *corps inso-lubles*.

D'autres feront comme le sucre : l'alun, le sel marin, le savon : ce sont des *corps solubles*.

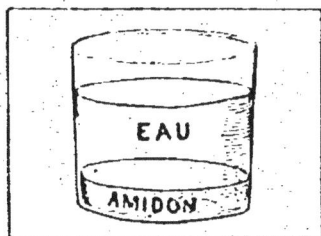

FIG. 13. — L'amidon se dépose par le repos.

Enfin certains corps, tels que l'argile, la chaux, feront comme l'amidon: ils resteront plus ou moins longtemps en *suspen-sion* dans l'eau.

Pouvoir dissolvant de l'eau. — Cette propriété que l'eau possède de dissoudre certains corps se nomme *pouvoir dis-solvant*. Nous voyons, par les expériences précédentes, que ce pouvoir ne s'étend pas à tous les corps. Une observation plus attentive va nous montrer que même pour les corps qui sont solubles, ce pouvoir a une limite.

Dans un verre d'eau jetons une pincée de sel marin; ce corps disparaît : une nouvelle pincée ajoutée ensuite disparaît de même, puis une troisième...., mais il arrive un moment où *le sel ne disparaît plus*. Cet état particulier du liquide se nomme *saturation*.

L'eau est donc saturée pour un corps quand elle ne peut plus dis-soudre aucune parcelle de ce corps, si petite soit-elle.

La chaleur augmente souvent le pouvoir dissolvant de l'eau. Ainsi 100 grammes d'eau froide dissolvent jusqu'à 250 grammes de sucre ; mais 100 grammes d'eau bouillante en dissolvent 500 grammes.

Les corps dissous ne sont pas disparus. — Il est tou-jours facile de retrouver les corps que l'on a dissous dans un liquide.

Dans une assiette versons de l'eau de mer, ou à son défaut

de l'eau fortement salée. Abandonnons le liquide à l'évaporation. Au bout de quelques jours, *l'eau a disparu* et l'assiette
est couverte d'une fine *couche de sel*.

**L'eau abandonne donc en s'évaporant tous les corps solides qu'elle
avait dissous.**

Les *marais salants* (*fig.* 44) ne sont autre chose que d'im-
menses bassins
de peu de pro-
fondeur dans
lesquels l'eau de
mer s'évapore en
laissant sous
forme de cris-
taux le sel qu'elle
contenait.

**L'eau dissout
aussi des gaz.**
— Avez-vous re-
marqué que,
lorsqu'on com-
mence à chauffer
de l'eau sur le
feu, de petites
bulles gazeuses

Fig. 44. — Marais salant.

montent de toutes parts vers la surface du liquide ?
Ces bulles ne sont pas autre chose que des *gaz* et particu-
lièrement de l'*air* que l'eau contenait en dissolution.
Les gaz se dissolvent dans l'eau d'une manière *très inégale*.
Il en est *d'insolubles*.
Il faut 25 litres d'eau pour dissoudre 1 litre d'oxygène, il
en faudrait davantage encore pour dissoudre 1 litre d'azote.

L'oxygène, l'azote sont peu solubles.

Un litre d'eau dissout 1 litre de gaz carbonique ; mais, si
on comprime l'eau, elle en dissout davantage comme on peut
l'observer dans les *siphons d'eau de Seltz* (*fig.* 45).

Le gaz carbonique est assez soluble.

Vous savez, que lorsqu'on brûle une allumette ou une mèche soufrée il se dégage un gaz suffocant qui prend à la gorge : c'est le *gaz sulfureux*. Un autre gaz également piquant se dégage des fumiers qui fermentent, c'est le *gaz ammoniac*. Or 1 litre d'eau dissout 50 litres du premier gaz et 800 du deuxième.

Le gaz sulfureux et le gaz ammoniac sont excessivement solubles.

Fig. 45. — Siphon d'eau de Selz.

Questions. — Que peut-il arriver si on plonge un corps solide dans l'eau? Citez des corps solubles, des corps insolubles. Le pouvoir dissolvant de l'eau a-t-il une limite? — Quand dit-on que l'eau est saturée? — La chaleur a-t-elle un effet sur la dissolution? — Les corps dissous sont-ils disparus? — Qu'est-ce qu'un marais salant? — L'eau ne contient-elle que des corps solides en dissolution? — Citez des gaz peu solubles, très solubles.

RÉSUMÉ. — Certains corps, tel le sucre, disparaissent dans l'eau, ils sont dits solubles. D'autres, comme la pierre, sont insolubles.

L'argile reste quelque temps en suspension dans l'eau.

Le pouvoir dissolvant de l'eau pour un corps a une limite ; quand elle est atteinte, l'eau est saturée.

La chaleur favorise la dissolution. En s'évaporant, l'eau abandonne les corps qu'elle avait dissous. Si l'évaporation est lente et se fait dans un milieu tranquille, le corps peut quelquefois prendre des formes régulières, on dit qu'il cristallise.

Les gaz se dissolvent aussi dans l'eau et à des degrés différents. Les gaz comprimés en présence de l'eau se dissolvent davantage.

Exercices d'observation. — Vous venez de sucrer une tasse de thé en jetant quelques morceaux de sucre dans le liquide bouillant ; d'où provient l'écume blanche que l'on observe à la surface de la liqueur? — A son retour de la mer, le pêcheur met sécher ses filets sur la grève ; d'où vient-il que ces derniers blanchissent et se couvrent d'une fine poussière cristalline ? — On dit que les eaux du Rhône qui proviennent de la Suisse sont jaunes et limoneuses à leur arrivée dans le lac de Genève et qu'à leur sortie de ce même lac elles sont de nouveau claires et limpides ; comment expliquer ce fait ? — La mare communale s'est desséchée complètement à la fin de l'été ; d'où provenaient les mauvaises odeurs qui s'en échappaient ? —

Vous appuyez sur le levier d'un siphon à eau de Seltz, l'eau s'échappe avec bruit ; d'où provient la mousse que l'on observe ?

Rédactions. — 1. Quels sont les différents effets de l'eau sur les corps solides ?

2. Racontez comment on obtient le sel marin.

Problème. — Un litre d'eau de mer renferme 28 grammes de sel. Quel volume d'eau de mer faudra-t-il évaporer pour obtenir une tonne de sel ?

L'EAU DANS L'ATMOSPHÈRE

Les nuages, nous le savons déjà, ne sont autre chose que de l'eau en vapeur qui, flottant dans l'atmosphère, intercepte plus ou moins la lumière du soleil.

Fig. 46. — Brouillards à la surface de la terre.

La hauteur à laquelle ils se tiennent est variable. Plus grande en été qu'en hiver, elle est comprise souvent entre 1 et 2 kilomètres. Les brouillards ne sont autre chose que des nuages qui rampent sur le sol (*fig.* 46).

Quant aux formes des nuages, elles sont aussi variées que changeantes ; on en reconnaît quatre fondamentales :

Première forme. — Les nuages sont *fins et d'un blanc pur* ; ils se dessinent sur un fond bleu.

Arrondis et mousseux, ils rappellent la toison des moutons ou le lait caillé.

Fig. 47. — Cirrus.

En filaments ténus et déliés, ils forment les *queues de chat* des marins.

Leur apparition dans le ciel indique souvent un *changement de temps*, ce qui explique le vieux dicton : « A ciel moutonné, pas de durée. » On les nomme *cirrus* (*fig.* 47).

Deuxième forme. — Les nuages ont l'aspect de longues *bandes étroites* étagées, à travers lesquelles on aperçoit le fond du ciel. Ils se montrent plus souvent le soir et le matin et sont plus communs en automne qu'en toute autre saison.

Ils se teignent souvent de couleurs fort vives. La coloration rouge indique le *beau temps*, mais il y a probabilité de *vent* s'ils sont jaunes ou de couleur fauve. On les nomme *stratus* (*fig.* 48).

Fig. 48. — Stratus.

Troisième forme. — Ces nuages ont des contours arrondis, et ils se présentent en grosses masses imposantes.

Ce sont les *balles de coton* des marins.

L'ensemble est d'une teinte sombre, limité par des franges d'une blancheur éblouissante.

Vus à l'horizon, ils ressemblent à des montagnes couronnées de neiges.

Souvent ils disparaissent aux heures chaudes de la journée, ce qui explique l'expression vulgaire : « Le soleil mange les nuées. »

Cependant, quand ils envahissent le ciel et se font plus *denses* et *plus noirs*, ils indiquent l'*orage*.

On les nomme *cumulus* (fig. 49).

Quatrième forme. — Les nuages sont d'une teinte *uniforme* qui est le gris ; ils font dire que le *temps est couvert*.

Fig. 49. — Cumulus.

Ils indiquent la *neige* en hiver, la *pluie* en été.

On les nomme *nimbus* (fig. 50).

Fig. 50. — Nimbus.

La pluie. — Quand la vapeur d'eau qui forme les nuages vient à se refroidir, elle se *resserre*, se *condense* pour prendre la forme liquide, c'est la *pluie*.

La chute de la pluie est inégale ; beaucoup de circonstances en font varier la fréquence.

Certaines années sont *pluvieuses*, d'autres *sèches* et les règles qui président à la rareté ou à l'abondance de la pluie sont peu connues.

Mais, en général, il pleut davantage dans une île que dans un continent ; sur les bords de la mer que dans l'intérieur des terres; dans la montagne que dans la plaine; sous les climats chauds que sous les climats froids.

À Paris, il tombe en moyenne 0m.55 de pluie par an, et pendant qu'il en tombe 16 centimètres en été, il n'en tombe que 10 centimètres en hiver.

On mesure la quantité de pluie qui tombe en un lieu à l'aide d'un instrument nommé *pluviomètre* (*fig.* 51).

La neige. — Quand la température est inférieure à 0°, la chute de la pluie est remplacée par la chute de la neige.

La neige est de l'eau cristallisée en petites *étoiles à six pointes* (*fig.* 52), et si la trame du dessin est toujours la même, il en est autrement de l'ornementation qui varie à l'infini.

FIG. 51.
Pluviomètre.

Il neige d'autant plus qu'on s'approche des pôles ou qu'on s'élève dans les montagnes.

En hiver, la neige protège la terre contre un refroidissement trop intense : c'est un manteau froid, mais un *manteau protecteur*.

Les plantes comme le blé poussent vigoureusement sous la couche de neige qui les couvre.

Le **grésil** est de la neige en petits grains blancs et peu denses. Il se forme quand l'air est agité ; il tombe par averses et sa chute est de peu de durée.

FIG. 52. — Étoiles de neige.

La **grêle** paraît due à la congélation de gouttelettes d'eau dans un milieu très froid. Le *noyau primitif* s'enrichit de toutes les particules liquides qui à son contact se gèlent à sa surface. La grêle est plus fréquente en été qu'en hiver, le jour que la nuit. Elle est souvent accompagnée de manifestations électriques.

C'est un *fléau redoutable*.

La **rosée** est un dépôt nocturne de vapeur d'eau qui se fait surtout sur les plantes. Elle provient de ce que la nuit les couches d'air voisines du sol sont plus chaudes que ce dernier. Elle se dépose à la façon de la buée qui couvre nos carreaux quand ils sont plus froids que l'air qui les touche. L'été, la rosée est abondante par les nuits claires et calmes; elle se dépose davantage sur les corps de couleur foncée; si elle se congèle, on la nomme *gelée blanche*.

Le **verglas** (*fig.* 53) se forme quand une petite pluie tombe sur le sol durci par la gelée. La couche de glace constitue un vernis très glissant qui entrave la circulation. Quand le verglas couvre les branches des arbres, on le nomme *givre*.

Fig. 53. — Verglas.

Questions. — Qu'appelle-t-on nuages? — Quel nom donne-t-on à ceux qui ressemblent à du lait caillé? — Qu'indique leur apparition? — Comment nomme-t-on les nuages disposés en bandes superposées? — Quelles indications tire-t-on de leurs couleurs? — Quelle est la forme des nuages orageux? — Quels sont les nuages de la pluie ou de la neige? — Comment mesure-t-on la pluie tombée? — Qu'est-ce que le grésil? la grêle? la rosée? le verglas? le givre?

RÉSUMÉ. — Les nuages sont formés par la vapeur d'eau en suspension dans l'air. Leurs formes sont variées et changeantes. On en compte quatre principales : cirrus, stratus, cumulus, nimbus. L'inspection des nuages sert à la prévision du temps.

Quand la vapeur d'eau atmosphérique se condense, elle donne, suivant les circonstances, de la pluie, de la neige, du grésil, de la grêle, de la rosée, de la gelée blanche, du verglas, du givre.

Exercices d'observation. — Le climat des Îles Britanniques est plus humide que celui des autres contrées de l'Europe, pourquoi? — Quelques personnes ont fait une excursion en montagnes par un temps couvert; à leur retour leurs vêtements sont complètement mouillés et cependant il n'est pas tombé d'eau; peut-on expliquer ce phénomène? — Le marin, l'agriculteur ont l'habitude d'observer le ciel, la direction du vent, la couleur des nuages, etc., quel profit retirent-ils de ces observations? — Sur le bord de l'océan les arbres s'inclinent vers l'est. Pourquoi?   Il est bon de laver les pavages et les trottoirs; pourquoi faut-il s'en abstenir en temps de gelée?

Rédaction. — **1.** Parlez des nuages, de leurs formes, des avantages que l'on a de les observer.

2. Quelles sont les diverses formes que la vapeur d'eau atmosphérique peut prendre en se refroidissant?

Problèmes. — Chacune des deux pentes d'un toit a la forme d'un rectangle qui mesure 20 mètres sur 8 mètres; ce toit est couvert d'une couche de neige de 0m,13 d'épaisseur. Trouver la charge supportée par le toit, la densité de la neige étant 0,21.

L'EAU DANS L'ALIMENTATION. — USAGES DE L'EAU

On appelle eau potable l'eau que nous pouvons boire sans aucun danger.

Cette eau doit être *limpide*, *fraîche*, *inodore* et à *saveur faible*.

Fig. 54. — Source.

Nous rejetterons donc les eaux *troubles*, *odorantes*, à *saveur prononcée*.

Toutefois, un examen superficiel est insuffisant, et une recherche plus approfondie s'impose.

1° *Il faut que l'eau renferme :*

De l'air, du gaz carbonique et une petite quantité de matières minérales;

2° *Il faut que l'eau ne renferme pas :*

Des microbes, des germes vivants, des matières organiques.

L'*eau pure*, l'eau distillée, n'est pas potable. Elle ne contient ni gaz, ni sels. L'eau provenant de la fonte des neiges et des glaces est dans le même cas.

L'eau de pluie est meilleure, mais elle ne contient pas de sels. *L'eau de citerne*, qui n'est d'ailleurs que de l'eau pluviale, présente le même inconvénient ; de plus, elle se trouve salie par son passage sur les toits.

L'eau vraiment potable est l'eau de source prise à l'endroit où elle jaillit du sol *(fig. 54)*.

Mais, en dehors des grandes villes qui font souvent des frais considérables pour se procurer des eaux de source, de nombreuses petites localités en sont totalement dépourvues. Il faut donc chercher ailleurs.

Or, n'oublions pas que les sources s'alimentent aux nappes souterraines, lesquelles sont formées elles-mêmes par les eaux pluviales qui se sont infiltrées dans les profondeurs du sol.

C'est là qu'il faut aller chercher l'eau potable.

Pour cela, on creuse des *puits (fig. 55)*.

Après l'eau de source, l'eau de puits est la meilleure.

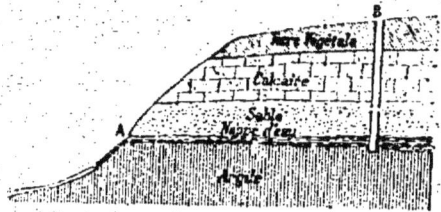

Fig. 55. — Coupe d'un puits.

Si les eaux ont une autre origine, comme les *eaux de mare*, dont on fait usage dans les campagnes, on doit leur faire subir le *filtrage*.

Dans la pratique, on reconnaît que l'eau est potable aux trois caractères suivants :

1° Elle doit cuire les légumes sans les durcir;
2° Elle doit faire mousser le savon sans former de grumeaux;
3° Elle ne doit dégager aucune odeur.

Matières dangereuses contenues dans l'eau. — L'eau qui renferme des *matières organiques*, comme l'eau des mares, est éminemment *malsaine*.

Les chimistes reconnaissent la présence de ces matières en faisant bouillir l'eau avec de la *couleur de campêche*, qui de *rouge* devient *violacée* si l'eau est suspecte.

Quant aux *germes* et aux *microbes*, ils ne peuvent être déterminés que par des praticiens, après des recherches d'ailleurs longues et difficiles.

Aussi est-il sage d'observer les deux principes d'hygiène suivants :

1° **Ne jamais boire d'eau sur laquelle on a quelques doutes;**

2° **En temps d'épidémie, ne se servir que d'eau bouillie pour couper les boissons, pour laver les fruits et les légumes et même pour les soins de toilette et de propreté.**

Fig. 56. — Filtre de papier.

L'ébullition, en effet, *tue les microbes* comme ceux qui propagent la *fièvre typhoïde*, par exemple.

Purification des eaux. — Voici de l'eau dans laquelle ont séjourné des fleurs : elle est trouble, elle a une odeur infecte; sans doute, elle est *mauvaise*.

Après l'avoir fait bouillir, versons-la sur un filtre de papier contenant du *charbon de bois* (*fig. 56*). L'eau est devenue claire en passant à travers le filtre, elle n'a plus d'odeur.

Voici ce qui s'est passé :

1° *L'ébullition* a tué tous les *germes* et *microbes*;

2° *Le charbon de bois* a supprimé toute odeur;

3° Le filtre a retenu les *corps en suspension* dans le liquide.

L'eau a cessé d'être *dangereuse*, nous l'avons *assainie*.

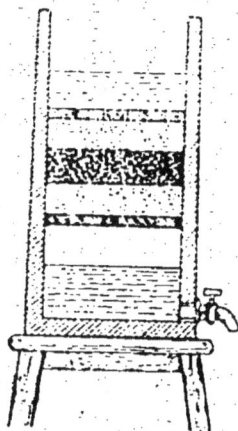

Fig. 57. — Filtre à sable et charbon.

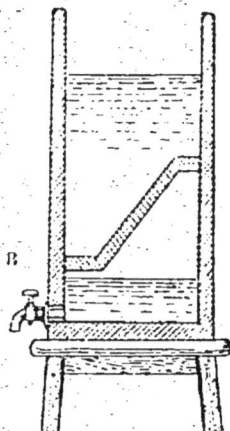

Fig. 58. — Filtre avec dalle poreuse B.

Filtres. — Dans la pratique, on filtre les eaux en les faisant passer à travers des couches de *sable* et de *charbon de bois*, disposées les unes au-dessus des autres dans un même récipient (*fig. 57*).

On peut encore verser l'eau dans un vase à deux compartiments séparés par une *dalle poreuse* B (*fig. 58*).

Ces filtres sont très utiles, notamment à la campagne.

Il est bon de ne pas oublier que, si les animaux ont des goûts plus grossiers que les nôtres, ils s'accommodent mal d'avoir comme boisson une eau boueuse et malsaine.

Il faut souvent nettoyer les filtres et renouveler le charbon de bois.

Il existe d'autres filtres plus perfectionnés que ceux à charbon; tels sont les filtres *Chamberland* (*fig.* 59). L'eau arrive d'un réservoir élevé dans une sorte de manchon dont l'intérieur est occupé par un cylindre creux A fait de porcelaine poreuse et nommé *bougie*. L'eau se filtre en passant à travers la bougie de porcelaine.

Questions. — A quels caractères physiques reconnaît-on que l'eau est ou n'est pas potable? — Quels sont les éléments étrangers que l'eau doit contenir pour être bonne? — Quels éléments ne doit-elle pas contenir? — Dites ce que vous pensez de l'eau pure, de l'eau de pluie, de l'eau de citerne. — Quelle est la meilleure eau potable? — Après l'eau de source, pourquoi l'eau de puits est-elle la meilleure? — Quelle action l'eau potable doit-elle avoir sur les légumes? sur le savon? sur la solution de campêche? — Citez le principe d'hygiène dont il faut toujours s'inspirer. — En quoi l'ébullition purifie-t-elle l'eau? — Quel est l'effet du charbon de bois? du papier à filtre? — Qu'arrive-t-il si l'eau traverse une pierre poreuse, une couche de sable? — Dans quelles conditions l'eau des mares peut-elle être donnée comme boisson aux animaux de la ferme?

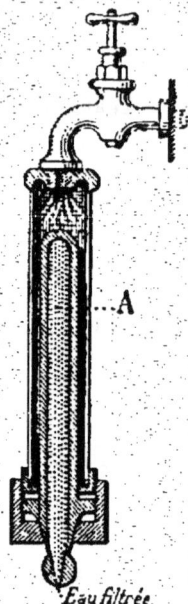

Fig. 59. — Filtre à bougie poreuse.

RÉSUMÉ. — L'eau potable doit être fraîche, limpide, inodore et à saveur faible. Elle doit contenir de l'air, du gaz carbonique et un peu de calcaire. Elle ne doit pas renfermer de germes, de microbes ni de matières organiques.

Toutes les eaux ne sont pas potables. Les meilleures eaux sont les eaux de source et l'eau des puits. L'eau de source est la meilleure, l'eau de puits vient après.

L'eau de bonne qualité cuit les légumes et fait mousser le savon. En bouillant, elle ne doit pas altérer la teinture rouge de campêche.

L'eau prise comme boisson doit toujours être saine; dans le doute, on la fait bouillir. L'ébullition tue les ferments et microbes, le charbon enlève la mauvaise odeur, le sable la clarifie. Il est bon de faire usage de filtres, surtout à la campagne.

Exercices d'observation. — Vous avez de l'eau distillée dans un vase mais vous négligez de fermer ce dernier, qu'arrivera-t-il au bout de quelque temps ? — Si l'on n'avait comme boisson que de l'eau distillée, quelle précaution faudrait-il prendre avant de la boire ? — Voilà déjà quelque temps qu'il n'est tombé de pluie, faudra-t-il recueillir dans la citerne la première eau qui tombera sur le toit au prochain orage ? — On va creuser un puits dans la ferme dont le terrain est en pente légère ; faut-il le creuser plus haut ou plus bas que la fosse à fumier des écuries ? — Pour nettoyer les poteries poreuses des filtres, on peut les faire rougir au feu ; quel est le but de cette opération ?

Rédactions. — 1. Quels sont les caractères de l'eau potable? Expériences qui établissent si une eau est potable.

2. Comment à la campagne peut-on construire un filtre?

Problème. — Pour établir un filtre de campagne, on a dépensé : 1° un bac de 6 fr.50; 2° le quart d'un sac de charbon de bois qui, entier, vaut 3 fr.80; 3° le dixième d'un mètre cube de sable fin valant 6 fr.20 le mètre cube; 4° 1 fr.40 de main-d'œuvre. Quel est le prix de revient du filtre?

L'EAU DANS LA VÉGÉTATION

Comme l'animal la plante a besoin d'eau pour vivre.

L'utilité et le rôle de l'eau en agriculture sont considérables.

Voici une poignée d'herbes fraîchement coupées; pesons-la et exposons-la maintenant au grand soleil pendant quelques jours. L'herbe se fane, elle se transforme en *foin*.

Une nouvelle pesée nous montre que son poids est à peine le *tiers de ce qu'il était*. La perte considérable qu'elle a subie est due en grande partie à l'eau qu'elle perd en se desséchant.

Cette petite expérience nous conduit à la conclusion suivante :

L'herbe fraîche contient les deux tiers de son poids d'eau.

Et nous pourrons encore conclure sans crainte de nous tromper.

L'herbe n'eût jamais poussé si l'eau avait fait défaut.

Voici d'autre part des graines de radis. Nous en mettons une pincée dans trois godets différents (fig. 60).

Le premier, A, contient un peu d'eau ; nous ne la renouvellerons pas.

Le deuxième, B, est plein d'eau, les *graines en sont couvertes*.

Le troisième, C, contient de l'eau comme le premier : nous la renouvellerons à mesure qu'elle disparaîtra.

Au bout de quelques jours nous pourrons faire les constatations suivantes :

1° Les graines du godet A ont germé, mais la végétation s'est arrêtée quand l'eau est venue à manquer ;

2° Les graines du godet B sont pourries par un excès d'eau ;

3° Les graines du godet C ont germé et la végétation a suivi son *développement normal*. Donc :

Fig. 60. — Expérience sur la germination.

Pour que la végétation se développe et se poursuive, il faut le concours de l'eau.

D'autre part, l'excès d'eau est un défaut capital.

Remarquons encore que dans ce dernier cas il n'y a pas seulement *excès d'eau*, mais aussi *manque d'air*, les graines noyées n'étant plus en contact avec l'atmosphère.

Plus tard, quand la végétation sera active, nous pourrons faire l'expérience suivante :

Prendre une plante en pot, la placer sur la balance et l'équilibrer au moyen d'une tare (fig. 61).

Il nous sera alors facile de constater que peu à peu la balance *s'incline du côté de la tare*. Nous pourrons donc conclure de cette expérience :

Fig. 61. — Expérience montrant que les plantes transpirent.

Que la plante diminue de poids parce qu'elle transpire, c'est-à-dire qu'elle perd par ses feuilles une notable proportion de vapeur d'eau ;

Que l'eau est nécessaire pour assurer le jeu naturel de cette transpiration.

Autre rôle de l'eau. — L'eau est encore indispensable aux végétaux pour une double raison.

1° Les végétaux absorbent par leurs *racines* leur nourriture, sous la forme *liquide*.

A cause de son pouvoir dissolvant, pouvoir que nous avons étudié, l'eau prépare la nourriture à la plante.

2° Les eaux naturelles ne sont jamais pures ; elles contiennent des gaz et des sels qui conviennent au végétal.

Par les éléments qu'elle contient presque toujours dissous, l'eau est un véritable aliment pour la plante.

Tout lieu dépourvu d'eau est donc frappé de *stérilité*.

Méthodes employées pour donner l'eau à la plante.

Deux méthodes se présentent : l'*arrosage* et l'*irrigation*.

Arrosage. — Ce mode est surtout employé dans la petite culture, dans la *culture maraîchère*.

On peut même dire que le rendement plus considérable que l'on obtient dans ce genre d'exploitation est dû en grande partie à l'eau employée avec *abondance*.

On se sert, pour arroser, de *pompes* ou d'*arrosoirs*.

Il importe non seulement d'arroser copieusement, mais de le faire avec méthode. Les *eaux chargées* sont préférables aux eaux claires, les *eaux tièdes* aux eaux froides. Il vaut mieux arroser le *soir* ou le *matin* qu'aux heures chaudes de la journée. Les *jeunes plants* demandent plus d'eau que ceux dont la végétation est plus avancée.

FIG. 62. — Plan d'un barrage.

Enfin toutes les cultures ne demandent pas la même *quantité d'eau*.

Irrigation. — C'est un arrosage pratiqué sur une grande échelle. On détourne à l'aide d'un barrage ou d'une vanne mobile une portion plus ou moins considérable d'un cours d'eau pour en couvrir pendant un temps variable tout un terrain de culture (*fig.* 62).

Dans les vallées, on irrigue surtout les *prairies*.

Dans le Midi, on étend cette pratique aux *vignobles* pour combattre le *phylloxera*.

Fig. 63. — Rizière dans les pays chauds.

Certaines cultures des colonies, comme celle du *riz* (*fig.* 63), ne peuvent se faire sans irrigations.

Drainage. — Si le *manque* d'eau est nuisible à la culture, il en est de même de son *excès*. Le drainage a pour but d'enlever l'eau surabondante. Un drainage peu coûteux consiste à ouvrir des *rigoles* (*fig.* 64) suivant la pente du terrain ; mais cette méthode simple n'est pas toujours applicable. On ouvre alors des *tranchées assez profondes*. La pente en est uniforme et de même sens.

On y pose des tuyaux, ou *drains* (*fig.* 65), que l'on recouvre ensuite. Par les ouvertures qu'ils présentent, l'eau pénètre et gagne la partie la plus basse d'où on l'enlève.

Fig. 64. — Coupe d'un terrain avec rigoles de drainage.

Le drainage assainit et aère le sol, mais c'est une opération un peu coûteuse.

Questions. — Que remarque-t-on quand on fait dessécher des herbes fraîches? — Qu'en conclure? — Dans quelles conditions d'humidité la germination des graines se produit-elle? — Que faut-il pour qu'elle se continue? — L'excès d'eau est-il un défaut? — Comment peut-on montrer que la plante transpire? — Comment l'eau entre-t-elle dans la nutrition végétale? — Parlez de l'arrosage, de l'irrigation. — Quelles cultures convient-il d'irriguer? — Qu'est-ce que drainer un terrain?

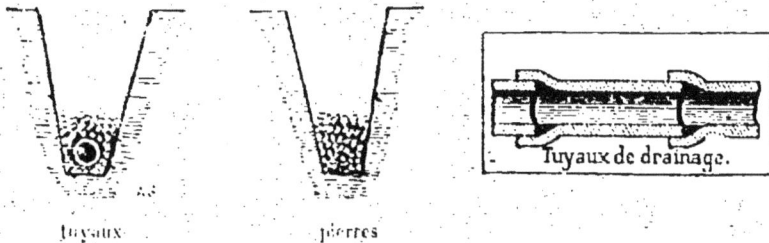

tuyaux   pierres

Fig. 65. — Drainage.

RÉSUMÉ. — L'eau est indispensable aux végétaux, elle détermine la germination qui, sans elle, ne peut achever son développement normal; elle assure la fonction de transpiration, entre comme facteur dans la nutrition végétale.

Dans la petite culture on pratique l'arrosage, dans la grande culture, l'irrigation.

Le drainage, au contraire, enlève l'eau en excès.

Exercices d'observation. — On vient de couper les foins; une bonne odeur flotte dans l'air; en serait-il de même si la dessiccation ne faisait perdre à l'herbe que de la vapeur d'eau? — François néglige de retourner à temps l'herbe fauchée de son pré, qu'arrivera-t-il? — Si vous voulez que les graines semées dans le jardin lèvent vite et bien, remuez la terre et arrosez légèrement, a dit le jardinier; a-t-il raison? — Pour arroser le potager, Jean tire de l'eau au puits et l'emploie de suite; Pierre prend cette eau à la mare et la met reposer dans un bac avant de l'employer. Lequel des deux a la meilleure méthode et pourquoi?

Rédactions. — 1. Parlez du rôle de l'eau dans la végétation.
2. Pratique du drainage. Comment le drainage assainit et aère le sol.

Problème. — On a drainé une prairie de 2ʰ,50ᵃ et on a payé : frais de terrassement, 320 francs; transport des terres et des tuyaux, 80 francs; pose des tuyaux, 40 francs; achat des drains, 120. A combien reviennent les frais pour un are?

LE TRAVAIL DE L'EAU. — L'EAU EN GÉOLOGIE

Examinons attentivement ce qui s'est passé, après le dernier orage, sur le chemin que vous suivez pour venir à l'école.

L'orage a raviné la route (fig. 66); les gros cailloux de la chaussée qui forment l'assise montrent maintenant leurs têtes noires et anguleuses. La couche superficielle faite d'argile et de gravier a disparu. Le chemin qui était doux et uni est devenu irrégulier et raboteux. Mais descendons la pente: au premier coude, nous retrouvons une partie des débris;

Fig. 66. — Route ravinée par l'orage.

au point le plus bas, nous retrouvons le reste.

Fig. 67. — Les roches en se désagrégeant prennent des formes curieuses.

Or ce qui s'est fait *hier* se fera *demain*. Ce travail de l'eau est de *tous les instants*.

L'eau modifie continuellement la surface de la terre; elle agit d'ailleurs différemment suivant qu'elle est gazeuse, liquide ou solide.

Action de l'eau à l'état gazeux. — La vapeur d'eau pénètre dans les roches poreuses; elle les mouille, les boursoufle, les désagrège lentement, pour finalement les détruire.

Cette action est presque sans effet quand, par nature, la roche est dure et imperméable comme le granit avec lequel on fait les trottoirs; mais il en est autrement si la pierre est friable et poreuse (*fig.* 67). Il est avantageux, dans la construction, de n'employer que les matériaux qui résistent bien à l'humidité, surtout sous des climats comme ceux qui caractérisent le Nord et l'Ouest de la France.

Les Pyramides d'Égypte, qui datent d'une haute antiquité, doivent leur état de parfaite conservation autant au choix des matériaux employés qu'à la sécheresse habituelle de ce pays. L'obélisque de Louqsor, à Paris, provient de l'Égypte. Par sa nature granitique, il se trouve à l'abri des injures du temps (*fig.* 68).

Action de l'eau à l'état liquide. — Sous cette forme l'action destructive de l'eau est la plus puissante de toutes.

L'eau agit comme une force brutale qui brise, arrache et entraîne ou comme une force moins apparente qui dissout et désagrège (*fig.* 69).

Fig. 68. — L'obélisque ne craint guère les injures du temps.

Au bord de la mer, les *falaises*, minées par les eaux, se détachent et tombent pour s'abîmer dans les flots (*fig.* 70).

Dans la montagne, les torrents, grossis soudainement par la *fonte des neiges* ou par des *pluies exceptionnelles*, creusent le sol et le ravinent sur une grande étendue. Et toujours le travail incessant des eaux a son *double caractère :* le fleuve détruit dans la partie haute de son cours; il édifie dans la partie basse où les dépôts vont s'accroissant. De même la mer trans-

porte les terres qu'elle vient d'arracher à la falaise et les
dépose ailleurs dans quelque crique ou dans un bas-fond.

Action de l'eau à l'état solide. — Dans les montagnes
élevées, l'eau
existe toujours
à l'état solide,
soit sous forme
de neige, soit
sous forme de
glace.

Cette neige
fine et sèche,
balayée par le
vent, s'amasse
dans d'énormes
cuvettes natu-
relles, formées
par les rochers,
et que l'on
nomme *cirques*.

Sous l'in-
fluence de la
chaleur solaire,
la couche su-
perficielle fond
le jour, et l'eau
qui en résulte
s'infiltre dans
les couches
plus profondes.

Le froid de
la nuit la con-
gèle à nouveau

Fig. 69. — Érosion produite par l'action des eaux.

et peu à peu le *champ de neige* se transforme en *champ de
glace, en glacier* (*fig.* 71).

Une fois formé, le glacier descend la montagne; c'est un
fleuve solide, mais, comme tous les fleuves, *il marche*.

La vitesse qui l'anime est variable; elle s'accroît avec la

FIG. 70. — Éboulis de falaises.

pente, elle diminue si cette dernière se fait plus douce ou si la vallée glaciaire s'élargit.

Dans tous les cas, le glacier pèse de tout son poids sur le sol qui le porte, et ce dernier, sous l'effort de cet immense rabot, *se creuse et se polit.*

Enfin les flancs du glacier, les bords du fleuve solide se couvrent de débris qui s'éboulent des pentes ; le glacier les emporte et va les déposer à l'endroit beaucoup plus bas où il fond pour devenir *fleuve liquide.*

Questions. — Qu'a produit l'orage sur le chemin? — Où sont allés les débris? — En quoi le travail de l'eau est-il toujours double? — Quel est l'effet de l'eau à l'état de vapeur? — Comment agit l'eau à l'état liquide? — Quel travail exécutent les eaux courantes? les eaux de la mer? — Que devient la neige qui tombe sur les hautes montagnes? — Quelle est l'action de la chaleur solaire sur cette neige? — Qu'est-ce qu'un glacier? — Qu'emporte-t-il

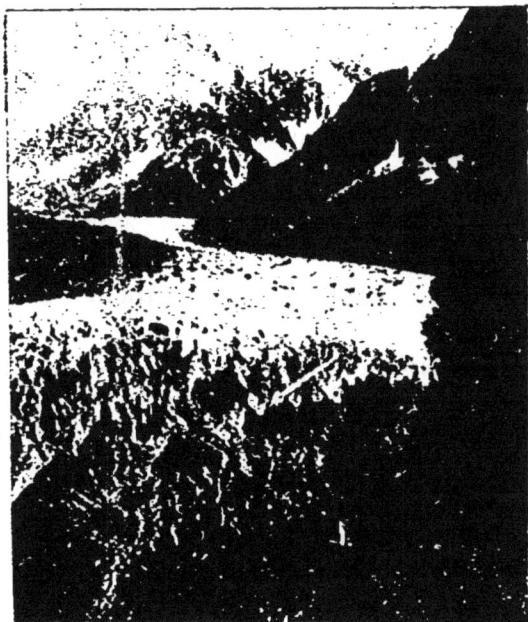

FIG. 71. — Le glacier est un fleuve solide.

avec lui dans sa marche? — Comment laisse-t-il des traces de son passage?

RÉSUMÉ. — L'eau qui court à la surface du sol emporte les débris qu'elle arrache pour les transporter plus loin.

La vapeur d'eau pénètre les roches poreuses et les désagrège; le torrent creuse et ravine la montagne; la mer use ses falaises; sur les hautes cimes se forment des glaciers ou fleuves solides; dans leur marche, ils usent les roches dures, qui conservent l'empreinte de leur passage.

Exercices d'observation. — Vous avez remarqué sans doute que, dans tout chemin bien construit, la partie qui forme le milieu de la chaussée est plus élevée que les bords; pour quelle raison? — Les talus en pente des chemins de fer sont toujours couverts d'une végétation serrée à croissance rapide, pour quelle cause? — Vous savez que la Bretagne forme un vaste promontoire qui s'avance dans l'Océan; qu'en résulte-t-il pour son sol? — Si vous avez visité un port de mer, vous avez aussi remarqué qu'à l'ouverture de ce port on observe des digues, des épis, des brise-lames; quel est le but de ces ouvrages?

Rédactions. — 1. Faites la description d'un chemin après un grand orage.

2. Montrez par des exemples pris dans la vallée, sur le bord de la mer, dans la montagne, que l'eau détruit à un endroit pour édifier ailleurs.

FAÇONS CULTURALES. — AMENDEMENTS

Une bonne terre cultivable se nomme *terre franche*; elle renferme les éléments : argile, calcaire, sable et humus, dans les proportions que nous avons mentionnées précédemment (page 27). Elle est donc *fertile*.

Mais elle perd une grande partie de ses propriétés, si elle est lourde, compacte et imperméable, *si l'air et l'eau n'y peuvent pénétrer aisément*.

Or, à la longue, la terre se tasse; sa surface s'encroûte et se durcit; il faut donc de toute nécessité lui restituer la propriété physique qu'elle a perdue, la *perméabilité*.

Pour cela on travaille la terre avec des instruments appropriés, et les opérations auxquelles on se livre dans ce but se nomment façons culturales.

Ces travaux sont assez variés ; nous n'en retiendrons que trois principaux : le *labourage*, le *hersage* et le *roulage*.

Labourage. — Le labourage consiste à retourner le sol et à l'ameublir.

Dans la culture maraîchère ou petite culture, on se sert de la *bêche* (*fig.* 72) et de la *houe* (*fig.* 72 *bis*). Dans la grande culture, on se sert de la *charrue* (*fig.* 73). Toute charrue se compose essentiellement :

1° D'un couteau qui fend verticalement le sol : c'est le *coutre* ;

2° D'une lame qui coupe la terre horizontalement : c'est le *soc* ;

3° D'une grande lame contournée en forme d'oreille et destinée à renverser la bande de terre découpée par les engins précédents : c'est le *versoir* ;

FIG. 72 *bis*. — Houe.

FIG. 72. — Bêche.

4° D'une pièce de fer placée en arrière et sur le côté et qui glisse dans le sillon : c'est le *sep* ou *talon*.

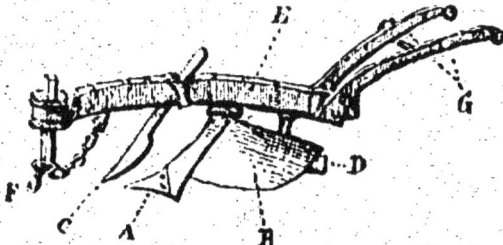

Toutes ces pièces sont fixées à une traverse horizontale placée au-dessus et que l'on nomme *âge*.

L'âge présente à une extrémité un point d'attache pour l'attelage et à l'autre des *mancherons* sur lesquels le laboureur appuie pour guider la charrue.

FIG. 73. — Charrue perfectionnée au 1/50.
Longueur totale, 3 mètres environ.
A, soc ; B, oreille ou versoir ; C, coutre ; D, talon ; E, âge ; F, crochet d'attelage ; G, mancherons ; H, palonnier ; I, avant-train ; J, régulateur.

Le labourage est la façon culturale qui présente la plus grande importance.

Il a pour but d'ameublir le sol et de l'alléger ; de le rendre propre à recevoir les semences, de détruire les mauvaises herbes et de permettre l'enfouissement des engrais.

Mais le but principal des labours est d'aérer le sol.

En effet, il ne faut pas oublier :

Que la plante ne respire pas seulement par ses feuilles, mais aussi par ses racines ;

Que tout végétal placé dans une terre privée d'air s'étiole et meurt ;

Que le fumier, nourriture de la plante, n'est actif que s'il a complètement fermenté, et que cette fermentation ne peut s'achever sans le contact de l'air.

Dans la pratique, on exécute différents labours : labours superficiels, moyens, profonds. Ces diverses opérations ne s'étendent pas au sous-sol que la charrue ordinaire ne saurait atteindre. Quand il y a avantage à améliorer ce sous-sol, on le divise en le remuant sans le retourner avec des charrues spéciales que l'on nomme *fouilleuses*.

Hersage. — Le hersage est une opération complémentaire de la précédente ; la herse donne au labour le fini nécessaire.

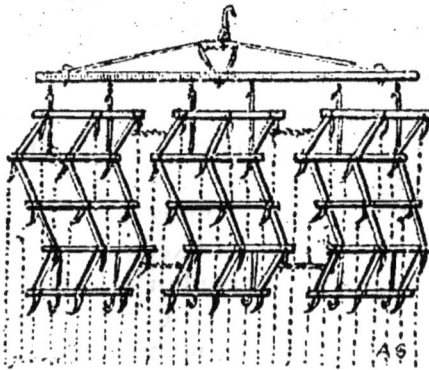

FIG. 74. — Herse moderne articulée.   FIG. 75. — Herse ancienne rigide.

Elle égalise le sol, brise les grosses mottes de terre, ramasse les mauvaises herbes arrachées par la charrue, enterre les semences, enfouit les engrais. La herse se compose d'un *châssis* en bois ou en fer portant, également espacées, un certain nombre de *dents*.

Dans la culture moderne, on emploie des *herses articulées (fig.* 74) préférables aux *herses rigides* plus anciennes *(fig.* 75).

Les premières en effet sont plus légères et leurs dents sont toujours en contact avec le sol, même si ce dernier présente de nombreuses inégalités.

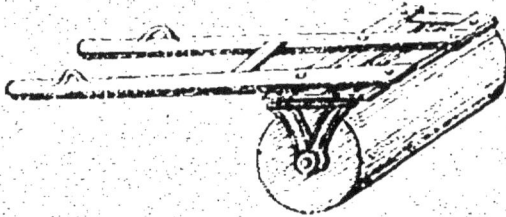

Fig. 76. — Rouleau plombeur.

Roulage. — Cette opération est moins importante que les deux précédentes. Le rouleau, en passant sur le sol, le comprime, lui donne de la consistance. On roule surtout les terres trop légères qui ont besoin d'être tassées ; on se sert alors de rouleaux d'une seule pièce ou plombeurs *(fig.* 76). Ces rouleaux servent encore pour travailler les terres après les dégels d'hiver quand les gelées ont déchiré ou boursouflé le sol.

Amendements. — Toutes les terres que l'on cultive ne contiennent pas toujours les éléments fondamentaux qui constituent les *terres franches*.

Certaines sont trop lourdes : excès d'argile.

D'autres sont trop légères : excès de sable.

Amender une terre, c'est lui incorporer l'élément qui lui manque le plus de manière que sa composition se rapproche de celle de la terre franche.

Fig. 77 — Le plâtre répandu sur l'herbe de la prairie la fait pousser plus vigoureuse.

On amende les terres lourdes à l'aide de substances légères, même inertes : plâtre, marne, débris de briqueterie, plâtras de démolition.

sable des routes, scories. L'un des meilleurs amendements est le plâtre (expérience de Franklin) (*fig.* 77).

A proximité de la mer, on peut quelquefois se procurer des sables de grève, des débris de coquilles. Les boues des mares, la vase des étangs peuvent améliorer les terres légères.

Questions. — Rappelez la composition d'une bonne terre cultivable. — Pourquoi faut-il travailler la terre? — Nommez les trois principales façons culturales. — Qu'est-ce que la charrue? Nommez les diverses pièces de cet instrument. — Quelle est l'utilité des labours? Décrivez la herse, le rouleau. — Utilité du hersage, du roulage. — Qu'appelle-t-on amendements? Comment amende-t-on une terre lourde? une terre légère? — Parlez de l'expérience de Franklin.

RÉSUMÉ. — La terre, même la bonne, perd sa perméabilité; on la travaille pour lui restituer cette précieuse qualité. Les façons culturales les plus importantes sont le labourage, le hersage et le roulage.

Le labourage prépare le sol pour les semailles, permet d'enfouir les engrais, détruit les mauvaises herbes et aère la terre. Le hersage complète cette action. Le roulage tasse les terres trop légères et consolide celles soulevées par les gelées d'hiver.

Amender une terre, c'est lui fournir l'élément qui lui manque le plus. Les meilleurs amendements sont le plâtre et la marne.

Exercices d'observation. — L'eau de pluie, en tombant sur un sol, disparaît rapidement; quelle conclusion peut-on en tirer? — Sur un autre sol, l'eau pluviale séjourne longtemps et forme des flaques, lentes à disparaître; qu'en conclure? — Quels amendements emploie-t-on généralement dans votre commune? — Dites comment l'on procède au marnage. — Le fermier préfère labourer ses terres par un temps ni trop sec, ni trop humide, quelle est la raison de cette préférence? — On vient de curer un étang, ce qui a produit une grande quantité de vase; sur quelle nature de terre convient-il d'utiliser cette vase et dites pourquoi?

Rédactions. — 1. Utilité des labours, du hersage et du roulage. 2. Utilité des amendements. Comment pratique-t-on le marnage?

Problèmes. — Sur un terrain très argileux et de forme rectangulaire, on porte de la marne pour l'amender à raison de 30 mètres cubes par hectare. Quelle sera la dépense, le terrain mesurant 200 mètres sur 120 mètres? L'extraction de la marne coûte 1 fr. 20 le mètre cube, le transport 0 fr. 40 le mètre cube et l'épandage 0 fr. 32 l'are?

TRAVAUX DE FIN D'AUTOMNE

I. — Petite culture

C'est en octobre que se fait surtout la récolte des fruits, récolte commencée d'ailleurs dans le mois précédent. C'est en novembre qu'elle s'achève.

Les fruits du jardin, qui se conservent à l'état frais, sont surtout les *poires* et les *pommes*.

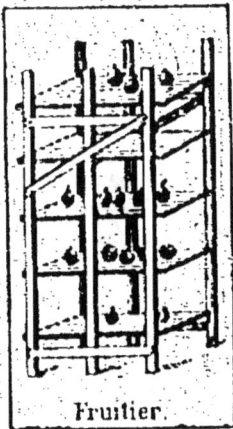

Fruitier.

FIG. 78. — Fruitier.

On cueille ces fruits par un *temps sec* et *à la main*, autant pour ne pas les meurtrir que pour ne pas endommager les arbres.

On attend, pour faire la cueillette, que les fruits soient bien mûrs, s'ils doivent être consommés de suite; mais on cueille, *avant la maturité complète*, ceux que l'on veut conserver plus longtemps. On les dépose sur un plancher où, pendant quelque temps, ils achèveront de se sécher complètement, puis on les place dans un *fruitier* (*fig.* 78).

Les fruits sont rangés sur des planchettes recouvertes de paille légère et sèche ou sur des tablettes à claire-voie que l'on superpose. Il importe que les *fruits ne se touchent pas*.

Tout fruit qui s'altère doit être enlevé immédiatement.

Les *légumes du jardin* que l'on conserve l'hiver sont surtout des *racines*: carottes, navets, etc. Il est bon de les disposer en couches séparées par du sable sec. Les tubercules de *pommes de terre* doivent être protégés contre l'action de la lumière qui les ferait *verdir*.

II. — Grande culture

L'automne est aussi, pour la grande culture, l'époque où l'on récolte la plupart des fruits.

Dans le Midi, les vendanges commencent en septembre (*fig.* 79) ; on coupe les raisins à l'aide de ciseaux ou de serpettes. Les raisins qui donnent les *vins ordinaires* se coupent tôt ; ceux qui donnent les *vins de liqueurs* se récoltent au contraire assez tard. La cueillette des raisins qui donnent les *vins fins*, les *vins de marque* se fait à mesure qu'ils mûrissent, et elle est l'objet de soins particuliers.

FIG. 79. — Vendanges dans le Midi.

Les raisins ne se conservent pas ; on les soumet de suite au *pressoir*.

En Provence, on récolte les *olives* avec lesquelles on fait la *meilleure huile*. Cette récolte dure plusieurs mois.

Dans le Centre de la France, on fait la récolte des *noix* et des *châtaignes* ou *marrons*, que l'on met sécher sur des planchers afin de les séparer de leurs coques ou enveloppes.

Dans l'Ouest, Bretagne, Normandie, c'est la récolte des *pommes* et des *poires* (*fig.* 80), fruits avec lesquels on fabrique le cidre et le poiré.

On conserve les fruits quelque temps sous des abris où l'air

se renouvelle facilement et on les soumet au pressoir avant
qu'ils ne s'altèrent.

Racines. — Il faut se
hâter de récolter, avant les
gelées, les betteraves fourragères, les betteraves su-
crières, les carottes, etc.

Les *betteraves à sucre*
sont immédiatement trans-
portées aux usines ou *su-
creries*. Quant aux *betteraves fourragères* et aux
carottes, on les conserve
pour servir de nourriture
aux animaux de la ferme
pendant la mauvaise saison.

Si on ne dispose pas d'un
local suffisant pour abriter
les racines, on pratique
l'*ensilage* (*fig.* 81).

Fig. 80. — Récolte des pommes à cidre.

On dispose les racines en les entassant par lits successifs,
de manière que l'ensemble prenne la forme d'un *tas de cailloux* ; on recouvre le silo de feuilles ou de paille, puis de terre
que l'on bat for-
tement.

Il importe que
l'eau ne pénètre pas
dans le silo. Quant
à l'air on peut le
renouveler de temps
à autre en ouvrant
des bouches nom-
mées évents.

Certains silos
sont souter-

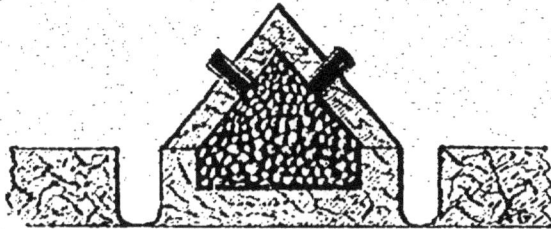

Fig. 81. — Silo pour la conservation des racines. En
bas, et de chaque côté, des fossés pour recueillir
l'eau ; sur les deux pentes des évents que l'on peut
ouvrir pour changer l'air.

rains; d'autres, faits à demeure, sont maçonnés intérieurement et couverts d'une toiture.

L'ensilage est une pratique très recommandable.

Les semailles

Le *blé* d'automne se sème aussi en octobre ou novembre, et assez tôt pour avoir *pris racine* avant l'arrivée de la mauvaise saison. La terre a été préparée à l'avance par des labours et des hersages convenables.

On sème par beau temps et il est préférable de se servir pour cela d'un *semoir mécanique*. De cette

Fig. 82. — Le semoir mécanique fait un travail plus régulier et est plus économique.

façon, le travail est plus régulier et on fait économie de semence (*fig.* 82).

Pendant la durée de leur végétation les céréales, et particulièrement le blé, sont exposées à des maladies dues à de petits champignons microscopiques, maladies que l'on nomme *charbon* et *carie* (*fig.* 83). Pour les préserver, on fait subir aux semences un traitement préalable avant de les confier au sol. On répand sur les grains une bouillie faite de *chaux* et de *sulfate de cuivre* ou couperose bleue dissous dans l'eau. La masse est remuée dans tous les sens avec une pelle en bois. Cette double opération a reçu le nom de *chaulage* et de *sulfatage* (*fig.* 84) ; c'est ce qu'on appelle un *traitement préventif*.

Questions. — Comment se fait la récolte des fruits du jardin? Quels sont ceux que l'on conserve à l'état frais? — Comment établit-on un fruitier? — Comment faut-il l'entretenir? — Comment conserve-t-on les racines potagères? les pommes de terre? — Quelle récolte fait-on dans le Midi, dans le Centre, dans l'Ouest de la France? — Comment conserve-t-on les racines fourragères? — Qu'est-ce qu'un silo? — Comment se font les semailles du blé? — Quel traitement préventif fait-on subir à la semence.

RÉSUMÉ. — L'automne est la saison où l'on fait la récolte des fruits. Ceux du jardin se conservent dans un fruitier établi convenablement.

Dans le Midi, on récolte les raisins et les olives; dans le Centre, les châtaignes ; dans l'Ouest, les pommes et les poires.

Fig. 83. — Épis atteints par la carie ou le charbon.

Fig. 84. — Tas de blé destiné au chaulage.

Les racines potagères se conservent dans des locaux spéciaux et les racines fourragères dans des silos.

On sème le blé à cette époque après avoir fait subir un traitement à la semence.

Exercices d'observation. — Dans l'endroit où l'on conserve des fruits, il se dégage un parfum pénétrant. Pourquoi ? — Quelle est la cause qui amène la moisissure des fruits conservés et comment y remédier? — La ménagère visite souvent le fruitier, et tout fruit qui se gâte ou devient suspect est enlevé de suite; qu'arriverait-il si elle procédait autrement? — L'épicier vient de recevoir une caisse d'oranges et, provisoirement, il la place dans sa cave: à quoi s'expose-t-il?

Rédactions. — 1. Comment établir un fruitier? Soins d'entretien.
2. Comment en général conserve-t-on les racines potagères et fourragères?

Problèmes. — Un cultivateur provençal a récolté en deux mois 840 kilogrammes d'olives, lesquelles renferment 10 0/0 de leur poids d'huile. Il paie 0 fr. 40 par kilogramme d'huile extraite et vend ce kilogramme d'huile 2 fr. 80. Que lui a rapporté sa récolte?

CHALEUR. — DILATATION.

Voici un petit anneau de cuivre comme ceux qui servent à suspendre les rideaux, et, d'autre part, un petit cône également de cuivre, un éteignoir sans poignée, par exemple.

Passons l'anneau sur le cône, mettons-le bien d'aplomb et marquons le point où il s'arrête (*fig.* 85).

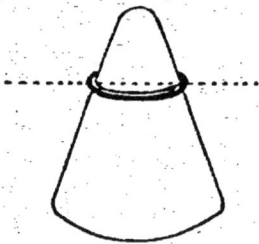

FIG. 85. — Le cône et l'anneau.

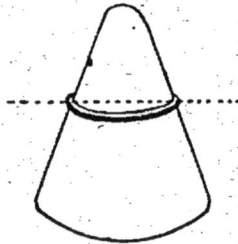

FIG. 86. — La chaleur a agrandi l'anneau.

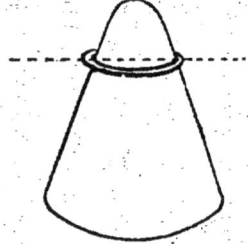

FIG. 87. — La chaleur a agrandi le cône.

Première expérience. — Chauffons l'anneau seul, mettons-le sur le cône, il *descend plus bas* que le point marqué. **La chaleur a agrandi l'anneau** (*fig.* 86).

Deuxième expérience. — Chauffons le cône seul, l'anneau refroidi ne *descend plus* jusqu'au point marqué. **La chaleur a agrandi le cône** (*fig.* 87).

Troisième expérience. — Chauffons également le cône et l'anneau. Ce dernier, placé sur le cône, *descend toujours*, jusqu'au point marqué. **La chaleur a agrandi également le cône et l'anneau.**

Or la plupart des corps solides, placés dans les mêmes conditions, éprouveraient des modifications semblables. Nous pouvons donc conclure **que tous les corps solides grandissent ou diminuent avec la chaleur.**

On a donné à ce phénomène le nom de *dilatation.*

Quatrième expérience. — Prenons maintenant un petit récipient de verre, flacon, ballon,... surmonté d'un tube assez long et étroit.

Versons de l'eau colorée jusqu'à un niveau sur le tube, niveau que nous marquons.

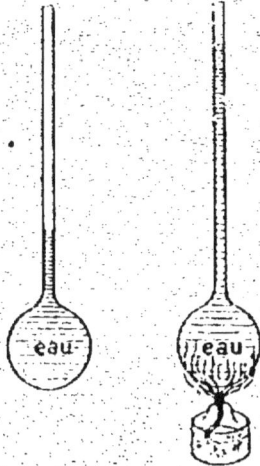

Si nous plaçons le récipient au-dessus d'une flamme ou dans l'eau chaude, le *liquide* baisse d'abord, en raison de la dilatation du récipient, puis il *monte* rapidement au-dessus du point marqué (*fig.*88). **La chaleur dilate les liquides et le phénomène est plus apparent que pour les corps solides.**

Cinquième expérience. — Reprenons l'appareil précédent et, au lieu d'emplir de liquide le ballon et une portion du tube, faisons tomber dans ce dernier une fine gouttelette. Elle s'arrêtera bientôt, car l'air enfermé au-dessous d'elle se comprime et crée une résistance. Marquons le point où elle s'arrête, et prenons le ballon à pleines mains : la goutte gagne le haut du tube en un instant. **La chaleur dilate les gaz et la dilatation y est encore plus grande que chez les liquides.**

Fig. 88. — L'eau du ballon (1re position) monte rapidement quand on la chauffe (2e position).

Quelques applications de la dilatation. — *Cerclage des roues.* — Le forgeron, qui termine une roue, façonne un cercle de fer de diamètre un peu *plus petit* que cette même roue.

En chauffant ce cercle, il l'agrandit assez pour pouvoir y passer la roue. Cela fait, il asperge d'eau froide le cercle qui se *contracte* et se fixe solidement sur le pourtour de la roue (*fig.* 89).

Fils, plaques et feuilles métalliques. — Les fils que l'on tend entre des supports fixes, *fils du télégraphe et du téléphone, ronces artificielles pour clôtures, grillages* (*fig.* 90), s'allongent ou se resserrent suivant que la température augmente ou diminue. Aussi doit-on les poser de façon à ce que ces divers mouvements puissent se produire sans

Fig. 89. — Cerclage d'une roue.

amener de rupture. C'est pour la même raison que l'on n'attache que d'un seul côté les *feuilles métalliques* qui forment certaines toitures, ou qu'on leur donne une disposition *ondulée* (*fig.* 90 *bis*).

Tuyaux et conduites. — Rails et grilles. — Les tuyaux des *calorifères* et des *poêles* sont réunis souvent par des coudes à *soufflet*, lesquels présentent des *plis en accordéon*, qui se rapprochent ou s'éloignent suivant que la chaleur se fait plus faible ou plus forte (*fig.* 91).

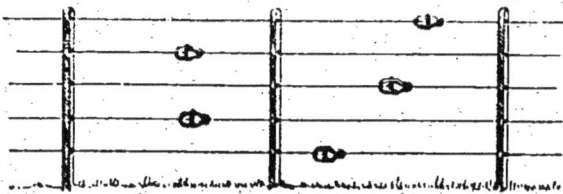

Fig. 90. — Pose des fils métalliques.

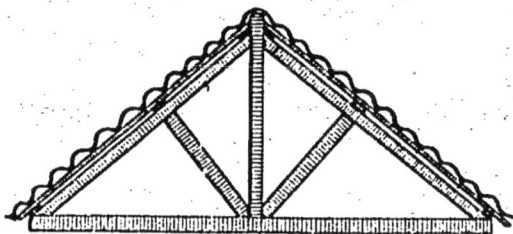

Fig. 90 *bis*. — Pose des toitures ondulées.

On tient compte également de la dilatation dans la pose des *rails* qui ne se touchent pas bout à bout (*fig.* 92), des *grilles* et *barreaux* que l'on ne scelle que par une extrémité (*fig.* 93).

En résumé :

Toutes les pièces qui constituent un ensemble, et qui sont susceptibles de subir des mouvements de dilatation, doivent être réunies et assemblées de manière à assurer le jeu facile de cette dilatation sans nuire à la solidité.

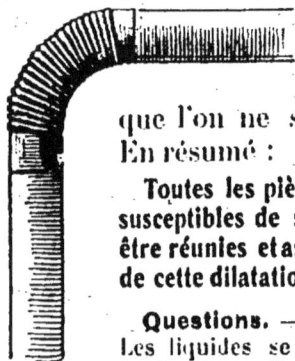

Fig. 91. Tuyaux coudés.

Questions. — Citez l'expérience du cône et de l'anneau. — Les liquides se dilatent-ils? — Et les gaz? — Énumérez quelques applications de la dilatation. — Comment cercle-t-on une roue? — Comment pose-t-on des fils? — Quelles précautions faut-il prendre pour fixer des feuilles métalliques. pour installer des tuyaux, pour poser des rails, pour sceller des barreaux?

RÉSUMÉ. — Les corps augmentent de volume quand on les chauffe.

Cette modification se nomme dilatation.

Tous les corps se dilatent : les solides peu, les liquides davantage, les gaz extrêmement.

On tient compte de la dilatation dans le cerclage des roues, la pose des fils, tuyaux, conduites, rails, grilles, feuilles métalliques, etc.

Exercices d'observation. — On vient d'allumer le poêle, pourquoi les tôles qui forment le tuyau craquent-elles ? — J'enroule un fil métallique autour d'une pièce de 10 centimes, je chauffe cette pièce, qu'arrivera-t-il si je veux la faire passer dans l'anneau ? — Pourquoi un abat-jour trop juste fait-il

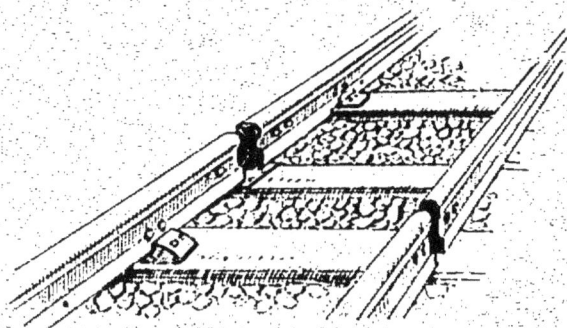

Fig. 92. — Pose des rails.

Fig. 93. — Pose des grilles.

briser le verre de la lampe que l'on allume ? — Si on verse sans précaution un liquide bouillant dans un verre, qu'arrive-t-il souvent ? — Un fil de clôture est tendu fortement entre deux poteaux, qu'arrivera-t-il si la température s'abaisse fortement ? — Le goulot d'un flacon est fermé par un bouchon de verre que l'on ne peut enlever ; on chauffe le goulot un instant, qu'arrive-t-il ?

Rédactions. — **1.** Citez une expérience qui démontre : 1° que les corps solides, 2° que les corps liquides, 3° que les corps gazeux, se dilatent quand on les chauffe.

2. Indiquez des applications pratiques de la dilatation des solides.

Problèmes. — 10 mètres de fonte s'allongent de 0^m,12 quand la température croît de 1°. Calculer, d'après cela, quelle variation éprouverait en longueur la tour Eiffel si la température s'élevait de 8°. On supposera qu'avant l'allongement la tour mesurait 300 mètres de hauteur.

LE THERMOMÈTRE

Nous savons, pour l'avoir maintes fois constaté, combien est variable et changeant cet état particulier de l'atmosphère que l'on désigne sous le nom de *température*.

Nous disons, suivant les circonstances, qu'il fait *chaud* ou qu'il fait *froid*, que la température *s'élève* ou *s'abaisse*, d'après une impression qui nous vient de nos sens et qui, d'ailleurs, nous est particulière. L'homme en bonne santé se trouve à l'aise dans un appartement où un malade grelotte.

Nos *sens* ne peuvent nous donner qu'une idée très imparfaite de la *température*.

Mais un moyen beaucoup plus précis s'offre à nous. Il suffit de nous rappeler que la chaleur produit sur les corps des mouvements de *dilatation* ou de *contraction* réguliers, suivant qu'elle se fait ou plus forte, ou plus faible.

Les changements de volume qu'un corps éprouve sous l'influence de la chaleur peuvent servir à mesurer la température, et les instruments que l'on emploie pour cet objet se nomment thermomètres.

Construction d'un thermomètre. — Instrument très simple le thermomètre est formé d'un *réservoir* de verre contenant du mercure ou de l'alcool ; il est surmonté d'un *tube étroit*, long comme un porte-plume, tube qu'on a fermé après avoir chassé l'air qui y était renfermé (*fig.* 94).

Vous avez remarqué sans doute que le long de la tige, ou sur la *planchette* de bois qui supporte l'instrument.

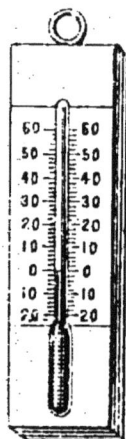

Fig. 94.
Thermo-
mètre.

sont tracées de nombreuses divisions, également espacées, que l'on nomme *degrés*.

Voici comment on procède pour obtenir ces divisions :

Première expérience. — On plonge le réservoir du thermomètre dans la *glace fondante* : le liquide descend dans le tube, mais il finit par s'arrêter.

Quand le niveau reste fixe, on marque un trait correspondant et on inscrit en regard le chiffre 0° (*fig.* 95).

Ce point 0° est le point fixe inférieur du thermomètre, il correspond à la température de la glace qui fond.

Deuxième expérience. — Si le thermomètre est à mercure, on le plonge dans les vapeurs de l'eau qui bout.

Le liquide monte rapidement, puis s'arrête. On trace un nouveau trait en regard du niveau atteint et on inscrit le chiffre 100° (*fig.* 96).

Fig. 95. — L'entonnoir contient de la glace fondante.

Fig. 96. — Le vase contient de l'eau qui bout.

Ce point 100° est le point fixe supérieur du thermomètre, il correspond à la température de la vapeur de l'eau qui bout.

Pour achever la graduation, on divise l'espace compris entre les deux points fixes en *cent parties égales*. On continue les divisions au-dessous de 0° et au-dessus de 100, autant que la longueur de la tige le permet.

L'ensemble des 100 divisions entre les points fixes se nomme *échelle*, chaque division, *degré*, et, comme il y en a cent, l'échelle est dite *centigrade*.

Remarquons encore que le point supérieur d'un thermomètre à alcool est marqué 50°, parce qu'il correspond à la température qui a donné le 50e degré du thermomètre à mercure. En effet, on ne saurait mettre un thermomètre à alcool dans les vapeurs d'eau bouillante, il ferait explosion.

Usages. — Ces usages sont nombreux et de tous les instants. Le thermomètre donne la température de l'atmosphère, de l'air des appartements, des serres, de l'eau pour les bains et les douches.

L'industriel, le chimiste, le pharmacien, le distillateur, font leurs préparations à des températures que le thermomètre permet de contrôler. Le médecin se sert également de cet instrument pour suivre les progrès de la maladie. C'est ainsi qu'il y a *fièvre* quand la température s'élève au-dessus de 38° et danger très sérieux quand elle atteint 41°.

Questions. — Nos sens nous donnent-ils une idée exacte de la température? — Existe-t-il un moyen pour en avoir une notion plus précise? — Quelles sont les parties principales d'un thermomètre? Quels sont les liquides dont on utilise la dilatation? — Comment détermine-t-on le point fixe inférieur? le point fixe supérieur? — A quels phénomènes physiques ces températures correspondent-elles? — Comment détermine-t-on les degrés entre 0° et 100°? — Comment gradue-t-on le thermomètre à alcool? — Citez des usages du thermomètre.

RÉSUMÉ. — Nos sens ne nous donnent qu'une idée inexacte de la température. Les variations de volume que les corps subissent sous l'influence de la chaleur nous en donnent au contraire une notion précise.

Le thermomètre comprend le réservoir et la tige; il est à mercure ou à alcool. Le point o correspond à la glace fondante, le point 100 à la vapeur de l'eau qui bout. Le thermomètre à alcool se gradue par comparaison. Son point supérieur ne dépasse pas 50°.

L'agriculteur, le météorologiste, le savant, le chimiste, l'industriel, le médecin ont besoin de cet instrument.

Exercices d'observation. — Vous placez un thermomètre au soleil après l'avoir mouillé, qu'observez-vous alors? — Dans la salle de classe, on dispose deux thermomètres, l'un au ras du sol, l'autre en haut sous le plafond; marquent-ils le même degré et pourquoi? — Au milieu de l'été, on place un thermomètre à alcool contre un mur, au grand soleil, que peut-il arriver?

Dans les classes, les appartements, les caves, es serres on place des thermomètres; dans quel but?

Rédactions. — 1. Dites comment on construit et comment on gradue un thermomètre à mercure.

2. Quels sont les usages du thermomètre?

Problème. — Au thermomètre du jardin de l'école, à l'ombre, et à la récréation de trois heures, on a relevé, pour une semaine de l'été, les températures suivantes : Lundi, + 25°; mardi, + 24°; mercredi, + 27°; vendredi, + 28°; samedi, + 26°. Sachant que le jeudi la température a été + 29° et le dimanche + 23°, trouver la moyenne de la semaine considérée.

L'OXYGÈNE

Prenons un petit *tube de verre*, large comme un dé et long comme le doigt. Ce tube est fermé à une extrémité; à l'autre, fixons un *bouchon* percé d'un trou en son milieu.

D'autre part, nous nous sommes procuré un *tuyau* de *caoutchouc* et nous avons fixé à chaque extrémité un petit bout de tube de verre.

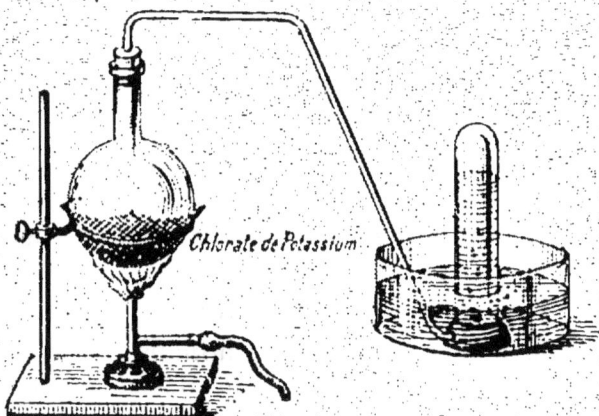

Chlorate de Potassium

FIG. 97. — Préparation de l'oxygène dans les laboratoires.

Nous avons encore une *lampe* et une *cuvette* contenant de l'eau et quelques petits *flacons* également pleins d'eau et renversés sur la cuvette.

Disposons notre appareil comme le montre la figure (*fig.* 97) et chauffons le tube après y avoir introduit un sel blanc que l'on trouve chez tous les pharmaciens et que l'on nomme *chlorate de potassium*.

Examinez bien ce qui se passe : dès que nous chauffons, des bulles de gaz s'échappent à travers l'eau de la cuvette; laissons-les passer.

C'est l'air du ballon tube qui s'échappe.

Le dégagement s'arrête, puis reprend, rapide ; recueillons ce gaz dans le flacon.

Il provient du chlorate de potassium qui se décompose sous l'influence de la chaleur.

Quand un flacon est rempli de gaz, remplaçons-le par un autre plein d'eau.

Quant à celui qui contient le gaz, nous le renversons après avoir glissé une petite soucoupe sous l'ouverture.

Nous continuons ainsi jusqu'à ce que le chlorate ne donne plus lieu à aucun dégagement.

Nous démontons alors l'appareil.

Procédons maintenant à l'examen du gaz qui remplit nos flacons.

Expériences et constatations. — Et d'abord y a-t-il un gaz ?

Oui, puisque nous l'avons vu passer et traverser l'eau.

Pourtant ce gaz est invisible comme l'air ; si nous découvrons un flacon, le gaz ne s'échappe pas, et nous ne percevons aucune odeur.

Le gaz obtenu est donc incolore, inodore et plus lourd que l'air.

Faisons brûler une *allumette*, soufflons-la, et, pendant qu'elle présente encore un point rouge de feu, plongeons-la dans le premier flacon.

Elle se rallume et brûle avec une énergie et un éclat extraordinaires.

Eh bien ! ce gaz qui rallume les corps imparfaitement éteints s'appelle l'*oxygène*.

Et cette union intime de l'oxygène avec le charbon ou carbone, cette *combustion* donne un gaz appelé *gaz carbonique*. Si le corps avait été du *soufre*, nous aurions eu du *gaz sulfureux*.

Lorsque la combustion a produit de la lumière et de la chaleur, on lui donne le nom de *combustion vive*.

Nous savons déjà que l'air atmosphérique contient 21 0/0 d'oxygène ; c'est donc à ce dernier gaz que l'air doit la propriété qu'il possède de faire *brûler les corps*.

Mais les combustions qui ont lieu dans l'air sont moins vives que celles qui se produisent au sein de l'oxygène. Il en est même qui s'opèrent sans production de lumière et de chaleur apparentes; on les nomme *combustions lentes*.

La pourriture du bois, la rouille du fer sont produites par des combustions lentes.

Usages. — L'oxygène, étant l'agent des combustions, est aussi celui de la *respiration*, laquelle n'est autre chose qu'une combustion lente. Il est donc indispensable à tous les *êtres vivants*.

Ozone. — En temps d'orage, l'oxygène atmosphérique se comprime sous l'influence de l'électricité et, tout en ne changeant pas de nature, il acquiert des propriétés nouvelles. On le nomme alors *ozone*; il est odorant et bien plus énergique que l'oxygène normal. Il a notamment la propriété de tuer les microbes dangereux.

La foudre assainit l'atmosphère.

Questions. — Énumérez le matériel nécessaire à la préparation de l'oxygène. — Faites la description de l'appareil monté. — Avec quel corps obtient-on l'oxygène? — Comment le recueille-t-on? — Citez l'expérience de l'allumette. — Quelle conclusion tire-t-on de cette expérience?

RÉSUMÉ. — L'oxygène est le principe vivifiant de l'air, la cause de toute combustion. Il est incolore, inodore et sans saveur; c'est un gaz un peu plus lourd que l'air.

Dans la combustion du carbone, il se forme du gaz carbonique; dans celle du soufre, du gaz sulfureux. La combustion est donc l'union de l'oxygène avec un corps tel que le charbon, le soufre.

Il y a deux genres de combustions : les combustions vives, les combustions lentes.

Exercices d'observation. — Pour activer la combustion on insuffle de l'air à l'aide d'un soufflet : Pourquoi? — Pourquoi le vent active-t-il un incendie? — Si le feu prend aux vêtements, pourquoi ne faut-il pas courir? Serait-il bon de s'envelopper d'une couverture? — Dites pourquoi.

Rédactions. — Comment obtient-on de l'oxygène? Comment recueille-t-on le gaz? Sous quel aspect se présente-t-il?

Problèmes. — Un enfant consomme $1^{lit},10$ d'oxygène par minute: quelle est la consommation pour 30 écoliers qui passent 3 heures en classe?

L'HYDROGÈNE

Nous allons étudier aujourd'hui un gaz non moins important que l'*oxygène* avec lequel nous venons de faire connaissance : ce gaz se nomme *hydrogène*.

Préparation. — Pour préparer l'hydrogène on dispose un appareil comme l'indique la *figure* 98 ; on place dans le flacon des *rognures de zinc* que l'on couvre d'eau et on verse par l'entonnoir un liquide corrosif, que l'on nomme *acide sulfurique* ou *vitriol*. Une vive efferves-

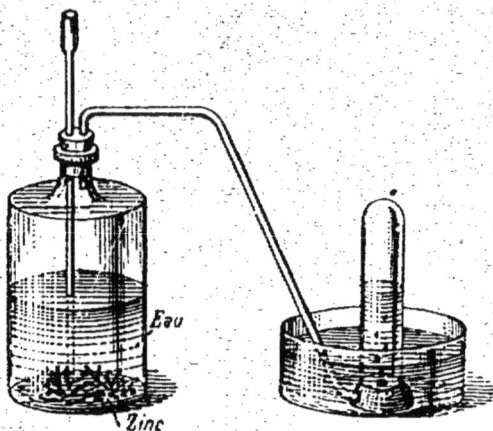

Fig. 98. — Préparation de l'hydrogène.

cence se produit, et on recueille le gaz dans des flacons pleins d'eau et préparés à l'avance comme on l'a fait pour l'oxygène.

Toutefois, il faut se garder de retourner les flacons : le gaz, *très léger*, s'échapperait.

Expériences et constatations. — Soulevons l'un des flacons, l'ouverture étant toujours tournée en bas, et présentons une allumette enflammée. Un petit bruit se produit et une flamme pâle et très chaude apparaît.

L'hydrogène brûle (*fig.* 99).

Fig. 99.
L'hydrogène
brûle.

Préparons de la mousse de savon dans un godet. Elle va nous servir pour faire des *bulles* ; mais, au lieu de les gonfler avec de l'air, comme maintes fois vous l'avez fait sans doute, nous les gonflons avec l'hydrogène dont nous avons rempli un petit ballon de baudruche.

Les bulles s'élèvent rapidement dans l'air : l'hydrogène est donc très léger.

Approchons une flamme de l'une de ces bulles, elle s'allume et éclate avec bruit.

L'hydrogène détone à l'air.

Remplaçons le tube de dégagement de l'appareil par un tube effilé ; allumons le gaz et écrasons la flamme avec un verre. Le verre se couvre de buée et bientôt des gouttelettes d'eau ruissellent et tombent (*fig.* 100).

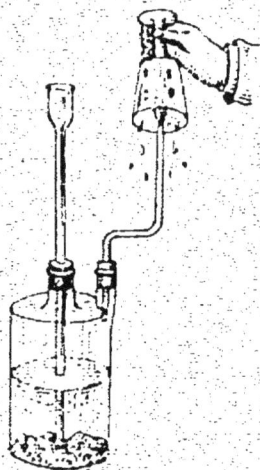

L'hydrogène, en brûlant, se combine avec l'oxygène de l'air, et il se produit de l'eau.

Nous tirons de cette expérience capitale la conclusion suivante :

L'eau est un corps composé formé par l'union intime de l'oxygène et de l'hydrogène.

Nous ajouterons que l'expérience a établi qu'il entre dans la composition de l'eau *deux fois plus* d'hydrogène que d'oxygène.

Fig. 100. — En brûlant l'hydrogène produit de l'eau.

Autres propriétés de l'hydrogène. — Applications. —

Comme vous avez pu le remarquer, l'hydrogène est un gaz incolore et, comme l'oxygène, il n'a pas d'odeur. Sa propriété caractéristique est sa légèreté.

L'hydrogène est le gaz le plus léger, il pèse 14 fois 1/2 moins que l'air.

Cette grande légèreté le fait employer pour *gonfler* les *aérostats :* mais, comme il passe facilement à travers les enveloppes, celles-ci doivent être l'objet de soins particuliers qui les rendent complètement imperméables.

Questions. — Comment se fait le montage de l'appareil à produire l'hydrogène ? Quels corps emploie-t-on dans cette préparation ? — Comment montre-t-on que l'hydrogène brûle ? Qu'il est très léger ? Qu'en brûlant il fournit de l'eau ? — Citez des applications de ce gaz.

RÉSUMÉ. — L'hydrogène se prépare avec de l'eau, du zinc et de l'acide sulfurique. C'est un gaz incolore, inodore, 14 fois 1/2 plus léger que l'air. Il brûle avec une flamme pâle et très chaude et cette combustion produit de l'eau.

Il détone avec l'air. On l'utilise pour gonfler les ballons.

Exercices d'observation. — Au moment où l'on allume de l'hydrogène, il se produit toujours un petit bruit; pour quelle cause? — Quand on projette une petite quantité d'eau sur des charbons ardents, cette eau se décompose en oxygène et en hydrogène qui deviennent libres; d'après cela, dites pourquoi le forgeron asperge d'eau le brasier de la forge.

Réduction. — Comment peut-on montrer que l'hydrogène est très léger, qu'il brûle, et que sa combustion à l'air produit de l'eau?

Problème. — 18 grammes d'eau contiennent 16 grammes d'oxygène et 2 grammes d'hydrogène: trouver, d'après cela, quel poids de ces deux gaz on pourrait retirer en décomposant 1 litre d'eau.

LE CARBONE ET LES COMBUSTIBLES

Plaçons sur cette table, pour que vous puissiez les examiner, un certain nombre d'échantillons dont quelques-uns au moins vous sont bien connus.

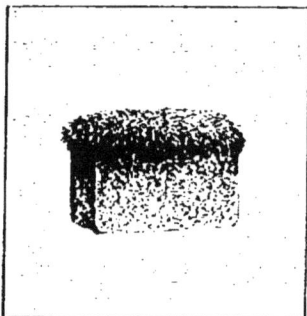
Tourbe.

Houille.

Fig. 101. — Charbons naturels.

Malgré l'aspect différent qu'ils présentent, ils possèdent tous un caractère commun, celui d'être formés, pour la plus grande partie, d'un même élément, le *carbone*.

Ce sont, en effet, des *charbons*, et remarquez que nous les avons rangés en deux groupes.

A gauche, les charbons tels que la nature les a faits; ce sont des *charbons naturels :* la mine de plomb, l'anthracite, la tourbe, la houille (*fig.* 101).

A droite, ceux obtenus par des procédés industriels, ce sont des charbons *artificiels :* le coke, le charbon de bois, le noir de fumée, le noir animal.

Charbons naturels.

Prenons ce petit bloc miroitant, au toucher gras et doux; il a l'apparence du plomb et, comme lui, il laisse sur le papier une trace grise. On le nomme *graphite* ou *plombagine*. C'est le plus pur des charbons naturels et on l'utilise pour la fabrication des *crayons* dont il forme la pierre (*fig.* 102).

Les déchets, réduits en poudre fine, donnent la *mine de plomb* des ménagères; mélangés avec de la graisse, ils forment une pâte que l'on emploie pour le *graissage* des roues et des engrenages des machines.

Examinons maintenant ce charbon noir et très dur. Placé dans un fourneau, il s'allume difficilement; mais, quand il brûle, il développe *beaucoup de chaleur;* on le nomme *anthracite* et on le trouve en France auprès d'Angers. On l'utilise comme combustible dans les fourneaux à *fort tirage*, dans les *fours des verriers*.

Fig. 102.
Crayon (coupe).

Mélangé à la houille, on en fait des *briquettes*.

Voici, d'autre part, un échantillon qui se distingue par sa mollesse, son aspect duveteux, sa couleur plus claire. C'est la *tourbe*, que l'on extrait des marais comme ceux de la Somme (*fig.* 103).

C'est un *combustible économique* pour les régions où on l'extrait. Débarrassée des matières terreuses qui la salissent,

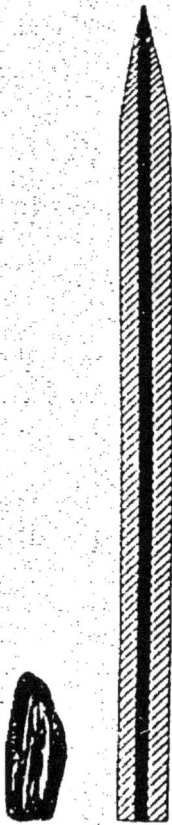

lavée et comprimée, on en fait des *filtres* et des tissus *hygiéniques*.

Le dernier échantillon qui
nous reste est celui que vous
connaissez le mieux. C'est le
plus commun, le plus vulgaire,
mais aussi le plus *précieux*.
Nous voulons parler du *charbon
de terre*, de la *houille* que l'on
a appelée, fort justement d'ailleurs, le *pain de l'industrie*.

La houille est formée de feuillets superposés à surface noire
et luisante. On y remarque parfois l'empreinte de feuilles ou de
fruits qui dénotent son origine.

FIG. 103. — Tourbières
de la Somme.

Tous ces charbons, sauf le graphite, proviennent de l'altération de matières végétales enfouies dans le sol pendant de longs siècles. L'anthracite et la houille sont de formation
très ancienne, la tourbe de formation plus récente.

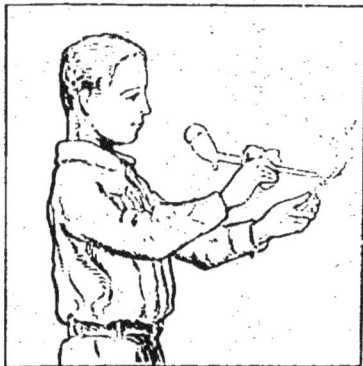

FIG. 104. — On remplit le fourneau
d'une pipe de menus fragments
de houille ; on bouche avec de la
terre glaise et on laisse sécher ;
on chauffe ensuite jusqu'au rouge.
— Le gaz se dégage par le tuyau de
la pipe et on peut l'enflammer.

Les gisements de houille
sont une source de richesse
pour un pays, et les grands
centres d'industrie existent toujours à proximité des mines de
charbon.

En faisant distiller la houille,
on obtient du *gaz d'éclairage*
et du *goudron*. Nous le consta-
terons en nous servant, comme
cornue, d'une *pipe en terre*
(*fig.* 104). La houille est la base
du *chauffage domestique* et *industriel*.

Il nous reste à vous parler encore du charbon le plus pur
et aussi le plus rare : le *diamant* (*fig.* 105).

C'est un charbon cristallisé, souvent incolore, lourd, quelquefois vert, jaune, noir. C'est le *plus dur* de tous les corps, c'est aussi le *plus cher*. Ainsi le *Régent de France*, diamant acheté sous la minorité de Louis XV pour la somme de 3 millions, en vaut aujourd'hui 7, et sa grosseur ne dépasse guère celle d'un *œuf de pigeon!*

Vous comprendrez facilement que nous ne puissions vous montrer un échantillon de ce corps.

Le diamant *jette des feux* à la lumière; on en fait des *bijoux*. Grâce à sa dureté, il sert à faire des *pointes d'outils* et à *couper le verre*.

II. — Charbons artificiels

Vous les connaissez pour la plupart : voici en premier lieu du *coke*, résidu de la distillation de la houille. Il est léger, sonore, caverneux. On l'emploie pour faire des *filtres industriels* que traversent les corps liquides ou gaz que l'on veut purifier. Le *chauffage* utilise aussi le coke qui brûle sans fumée.

Fig. 105. — Diamant taillé en brillant.

Cet autre charbon, qui a conservé l'apparence du bois dont il provient, a été obtenu soit en carbonisant ce bois par le *procédé des meules* (*fig.* 106), soit en le faisant distiller dans des cornues. Le charbon de bois sert dans le *chauffage*, la *métallurgie*, le *filtrage* des eaux.

Vous vous rappelez sans doute l'expérience que nous avons faite et qui montre que le charbon de bois

Fig. 106. — Bois disposé en meule pour être carbonisé.

enlève les odeurs et *purifie l'eau*. Allumons maintenant de la résine sur une assiette; une fumée épaisse se dégage;

faisons-la pénétrer dans un cornet de papier, ce dernier
se couvre rapidement de *suie:* c'est le *noir de fumée (fig.* 107).
Ce noir est employé dans la *peinture* et dans
la fabrication du *vernis,* de *l'encre à impri-*
mer, de *l'encre de Chine.* Voici enfin un
dernier échantillon de charbon, mettons-le
sur un filtre et versons du vin au-dessus. Le
liquide passe limpide et clair. *Le charbon*
a enlevé la couleur.

On obtient ce charbon en calcinant dans
des vases fermés des os et des débris d'abat-
toir. C'est le *noir animal,* que l'on emploie
pour clarifier et décolorer les *sucres* et les
sirops; après quoi on l'utilise comme *engrais.*

Fig. 107.
Combustion
de la résine.

Questions. — Énumérez les charbons naturels — Quelles sont les qualités
du graphite? — A quoi sert-il? — Que fait-on avec l'anthracite? — Où
trouve-t-on la tourbe? — Comment se présente-t-elle? — Quels sont ses
usages? — D'où vient la houille et les autres charbons? — Sous quelle
forme se présente la houille? — Quels sont ses usages? — Citez les principales propriétés des diamants. — A quoi servent-ils? — Énumérez les
charbons artificiels. — Que fait-on avec le coke? avec le charbon de
bois? avec le noir de fumée? avec le noir animal?

RÉSUMÉ. — Les charbons se divisent en charbons naturels et
artificiels. Les charbons naturels sont le graphite, l'anthracite, la
tourbe, la houille et le diamant.

Le graphite ou mine de plomb s'emploie pour fabriquer des creusets,
des crayons, une pâte de graissage pour machines, pour vernir la tôle.

L'anthracite sert à faire des briquettes. La tourbe est employée
pour les filtres et certains tissus.

La houille est indispensable à l'industrie. On l'emploie dans le
chauffage et on en tire le gaz d'éclairage et les goudrons.

Le diamant est le charbon le plus pur et le plus rare; il sert
à couper le verre, à travailler les corps durs.

Les charbons artificiels sont : le coke employé dans le chauffage,
ainsi que le charbon de bois, le noir de fumée, pour fabriquer des encres
grasses et des vernis, le noir animal, pour décolorer les matières
sucrées.

Exercices d'observation. — En étudiant la géographie économique,
vous avez pu remarquer que les grandes usines métallurgiques,
les fonderies, verreries, etc., sont presque toujours situées au
voisinage des mines de houille; pour quelle raison? — Le dia-

mant est le plus dur de tous les corps ; en conséquence avec quoi peut-on l'user, le polir ? — Nous mettons un petit morceau de coke sur l'eau, il flotte tout d'abord, puis il coule ; pour quelle cause ? — Dans la fosse qui répandait une mauvaise odeur, on a jeté de la poussière de charbon de bois ; que s'est-il produit ? — La cuisinière a placé le poisson frais sur un lit d'herbes et a saupoudré le tout avec de la braise pulvérisée ; pourquoi ?

Rédactions. — 1. Les charbons naturels, propriétés, usages.

2. Les charbons artificiels, comment on les prépare et quel est leur emploi ?

Problème. — Un wagon contient 5 tonnes de charbon ayant coûté 38 francs la tonne. Le chemin de fer a pris pour le transport 0 fr. 10 par tonne et par kilomètre parcouru, plus un droit de 2 fr. 10 pour le wagon. Sachant que la distance parcourue par le wagon est de 160 kilomètres, trouver le prix des 5 tonnes une fois arrivées à destination.

L'ÉCLAIRAGE

Prenons une *coquille de noix* que nous plaçons sur un support quelconque (*fig.* 108) et d'autre part, une *mèche* assez longue en coton tressé. La partie la plus courte de la mèche se trouve dans la coquille ; la partie la plus longue pend au dehors au-dessus d'un godet.

Fig. 108. — Ascension d'un liquide dans une mèche.

Versons dans le godet un peu d'eau *colorée* et observons.

La mèche s'imbibe peu à peu et se teinte progressivement comme s'il se formait une sorte d'*aspiration*. Il arrive même un moment où, le liquide ayant gagné l'extrémité libre de la mèche, tombe goutte à goutte dans la coquille.

Cette ascension curieuse d'un liquide entre les fibres serrées d'une mèche a reçu le nom de phénomène capillaire, et on l'observe également au cas où la mèche est maintenue verticale.

Vous vous expliquerez donc maintenant pourquoi les *matières grasses* fondues d'une chandelle ou d'une bougie, l'*huile* d'une veilleuse, le *pétrole* d'une lampe, montent par *capillarité* dans les mèches qui trempent dans ces liquides.

Première expérience. — Prenons une petite lampe à alcool employée dans le chauffage (*fig.* 109) allumons-la, la flamme très chaude est presque invisible, elle salit à peine la soucoupe que nous plaçons au-dessus.

Fig. 109.
Lampe à alcool.

La flamme de l'alcool développe beaucoup de chaleur et peu de lumière ; elle ne dépose presque pas de suie.

Deuxième expérience. — Allumons maintenant une petite lampe à pétrole (*fig.* 110). Elle éclaire beaucoup mieux, mais elle fume et salit fortement la soucoupe.

La flamme de pétrole développe moins de chaleur et plus de lumière que celle à alcool, mais elle produit de la fumée et de la suie.

Fig. 110.
Lampe à pétrole.

Troisième expérience. — Allumons une bougie, la flamme est claire, blanche et douce, elle salit aussi la soucoupe, mais ne fume pas.

La flamme de la bougie est éclairante et non fumeuse, on y observe aussi plusieurs parties n'ayant pas le même éclat (*fig.* 111).

De ces expériences nous pouvons conclure :

partie sombre
région brillante
région peu
éclairante.

Fig. 111. — Zones inégalement éclairantes dans une bougie.

1° Que toutes les flammes n'ont pas le même pouvoir lumineux ;

2° Que les flammes d'alcool ne déposent pas de suie ;

3° Que les flammes qui contiennent beaucoup de suie, comme celle du pétrole, sont fumeuses ;

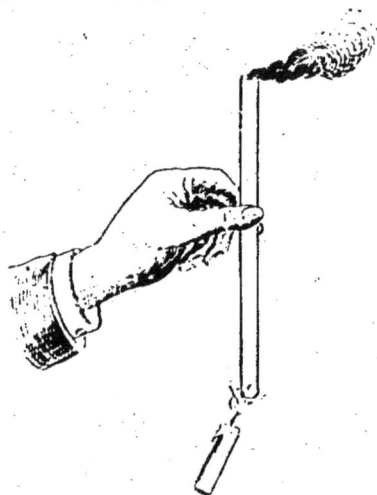

Fig. 112. — Tube de verre placé dans une flamme.

4° Que la flamme de la bougie, elle, contient aussi de la suie ou charbon, car le tube de verre qu'on y plonge donne à son extrémité supérieure un nuage de vapeurs noires (*fig.* 112).

Systèmes d'éclairage. — I. *La veilleuse* (*fig.* 113). —

Dans un vase contenant de l'eau, on
verse de l'huile épurée; celle-ci monte
à la surface, étant plus légère. On y fait
flotter un disque traversé par une mèche
courte. Ce mode très ancien ne donne
qu'une faible lumière.

II. *La chandelle et la bougie.* — C'est
un cylindre de suif dont l'axe est occupé
par une mèche en coton tressé. La chandelle est un éclairage très imparfait et le

Fig. 113.—Veilleuse.   suif, en brûlant, développe une odeur
âcre et désagréable. Dans la bougie le suif
a été purifié; on en a isolé la partie la plus propre à produire de la lumière, la *stéarine*. C'était autrefois un éclairage de luxe.

III. *La lampe à huile végétale* (*fig.* 114). —
On utilise dans ce système l'huile épurée de
colza et, pour faciliter l'ascension du liquide
dans la mèche, on fait pression sur ce dernier
à l'aide d'un *ressort*, qui se remonte avec une
clef. La lumière obtenue est douce; mais,
comme pour la bougie, c'est un système un
peu coûteux.

IV. *La lampe à huile minérale.* — C'est la
lampe à pétrole; ce liquide se rencontre surtout en Russie et en Amérique où il forme
des nappes souterraines. On fait distiller
le pétrole brut dans des *raffineries* et on
l'épure. Les premiers produits distillés appelés *essences* sont très dangereux. On les
utilise dans des lampes qui renferment une
éponge : lampes Pigeon. Quant au pétrole

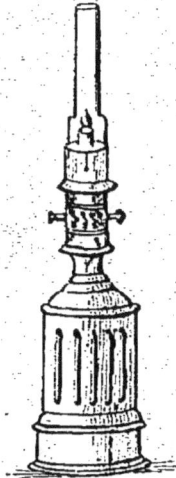

Fig. 114.
Lampe à huile
végétale.

ordinaire, *Luciline*, *Oriflamme*, il est bien moins dangereux; c'est un éclairage très répandu et économique. En

cas d'accident, il ne faut jamais jeter d'eau sur du pétrole embrasé, mais des cendres, de la terre, du sable, des chiffons épais.

V. Le gaz d'éclairage. — Extrait de la houille par distillation, puis épuré, le gaz est le mode d'éclairage des villes. On le brûle dans des becs simples où la flamme prend la disposition d'un éventail : *becs à papillon* (*fig.* 114) ou dans des becs avec manchon Auer (*fig.* 114).

VI. L'acétylène (*fig.* 115). — Dans certaines lampes de bicyclettes et dans les phares des automobiles, on emploie un gaz plus lumineux mais aussi dangereux que celui de l'éclairage : c'est l'*acétylène*.

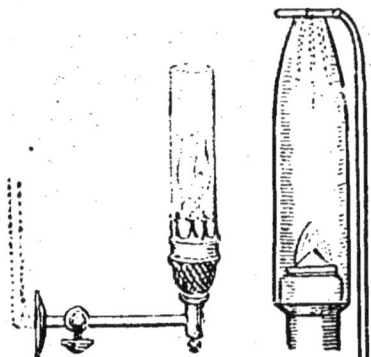

FIG. 114. — Becs de gaz.

VII. L'éclairage électrique. — C'est, de tous, le plus merveilleux et le plus commode. Le courant illumine à son passage un fil fin placé dans une ampoule de verre vide d'air (*éclairage à incandescence*) ou jaillit entre deux charbons contenus dans un globe (*éclairage à arc*) (*fig.* 116).

FIG. 115. — Automobile avec ses phares à acétylène.

Questions. — Citez l'expérience de la coquille de noix et de la mèche. — Tirez la conclusion. — Quel est le caractère de la flamme d'alcool? de la flamme de pétrole? de la flamme de la bougie? Comment supprimer la suie et la fumée? — Enumérez les principaux modes d'éclairage.

RÉSUMÉ. — Les liquides montent dans les mèches par capillarité. Toute flamme produite par un gaz ou une vapeur ne renfermant pas de carbone libre, de suie, est chaude, mais peu éclairante. Si le carbone est en excès, la flamme est fumeuse ; mais, s'il brûle complètement comme dans la bougie, la flamme est parfaite.

Tout solide qui rougit fortement dans une flamme en augmente l'éclat : les cheminées de verre empêchent les lampes de fumer. Les principaux modes d'éclairage sont : l'éclairage au suif, celui à l'huile végétale, à l'huile minérale, au gaz, à l'acétylène et enfin l'éclairage électrique.

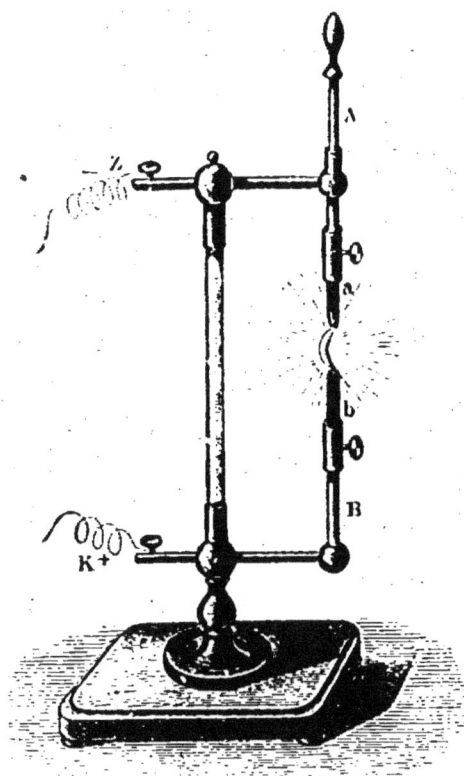

Fig. 116. — Arc électrique. L'électricité jaillit entre deux charbons très rapprochés.

Exercices d'observation. — Vous trempez dans le vin, et par une extrémité seulement, un morceau de sucre; qu'observez-vous ? — Louis a couru dans l'herbe pourtant courte de la prairie : d'où vient-il que son pantalon de toile soit mouillé jusqu'aux genoux ? — On vient d'allumer la lampe à pétrole, une fumée épaisse se dégage de la mèche, pourquoi ce dégagement cesse-t-il quand on place le verre ? — Vous avez entendu dire qu'il ne faut pas pénétrer avec une lumière dans les caves où se trouvent des essences minérales, du pétrole : quel danger cela présente-t-il ? — Votre père vous a dit de même de ne pas aller près du compteur à gaz avec une lumière; pourquoi ?

Rédaction. — Indiquez les principaux modes d'éclairage et dites un mot sur chacun d'eux.

Problème. — Dans une salle de classe, on a brûlé, pendant le courant de décembre, et pour s'éclairer, du gaz au prix de 0 fr. 25 le mètre cube. Le nombre de becs est de 3, et chacun dépense 125 litres de gaz à l'heure. Enfin l'éclairage dure chaque jour, 1 heure 1/2. Calculer la dépense si le mois compte 22 jours de classe.

LE CHAUFFAGE

Sur l'aire en terre battue de la hutte, qui leur servait d'habitation, nos ancêtres les Gaulois faisaient du feu, soit pour se chauffer, soit pour cuire leurs aliments.

Un trou rond, ménagé dans le toit de branchages, donnait passage à la fumée.

Certaines peuplades sauvages, ne connaissant rien de notre civilisation, agissent encore de même aujourd'hui, et la hutte de l'Esquimau, la case du nègre, sont peut-être moins confortables que ne l'étaient celles des Gaulois dont parle l'histoire.

Il nous est facile de trouver les principaux inconvénients que présente un pareil système.

La meilleure place, la plus étendue, la plus éclairée, était occupée par le feu, et les habitants se trouvaient ainsi relégués à l'entour, dans la partie la plus obscure et la plus resserrée.

Le feu manquait d'activité, faute d'air suffisant, l'habitation ne pouvant présenter qu'une seule ouverture pour éviter tout courant d'air nuisible.

L'atmosphère était enfumée, la ventilation insuffisante, le toit se couvrait de suie à l'intérieur, et il y avait danger d'incendie à chaque instant.

Un tel système était insalubre, insuffisant, malpropre et dangereux.

Mais peu à peu l'homme fut porté à modifier sa demeure; il voulut plus d'espace, plus d'air, plus de commodité. Il changea la place du feu et, voyez comme tout s'enchaîne, il dut pour cela changer aussi, et la forme de la construction, et la nature des matériaux employés.

La forme ronde fit place à la forme rectangulaire, et la terre, les pierres remplacèrent les roseaux et les branchages.

La maison eut des murs plans faits de substances incombustibles; on adossa le foyer à l'un de ces murs ou on le plaça dans un angle. L'habitation devint plus commode et plus sûre.

Ce fut un progrès.

L'idée de placer un tuyau au-dessus du foyer pour conduire la fumée au dehors en fut un autre.

Pourtant ce progrès fut lent à se réaliser : l'invention des *cheminées* date du ixe siècle et nous vient, dit-on, d'Italie.

Cheminée. — Examinons ce qu'est actuellement ce mode de chauffage : la cheminée est un *foyer ouvert (fig.* 117) adossé à un mur et surmonté d'un conduit de maçonnerie qui déverse dans l'atmosphère les produits gazeux de la combustion.

C'est le mode de chauffage le plus sain et le plus agréable, mais il n'est pas économique.

À l'origine, on fit des cheminées très larges, mais la mode est passée d'y brûler des arbres entiers, et on donne aujourd'hui à ces appareils des dimensions plus modestes.

Fig. 117. — Coupe d'une cheminée.

Une cheminée trop large laisse d'ailleurs refluer la fumée dans les appartements.

La *hauteur* n'est pas non plus indifférente; la fumée doit gagner la partie supérieure sans trop se refroidir, car, pour qu'elle se déverse facilement dans l'air, il faut qu'elle soit plus chaude que ce dernier, ce que nous avons déjà eu l'occasion de constater, car :

L'air chaud est plus léger que l'air froid.

Les hauteurs les plus convenables sont comprises entre 8 et 12 mètres.

Les cheminées d'usines ont des hauteurs beaucoup plus grandes.

La partie supérieure, ou couronnement, est munie de *poteries rétrécies* ou d'appareils tournants nommés *mitres*, qui empêchent le vent et la pluie de pénétrer.

Enfin le corps inférieur de la cheminée est revêtu de *pavés polis* pour mieux renvoyer la chaleur dans l'appartement.

Poêles. — Le poêle est un appareil clos (*fig.* 118), à feu invisible souvent; l'enveloppe est faite de tôle, de fonte ou de maçonnerie recouverte de faïence.

Le tuyau de fumée traverse une partie de la pièce à chauffer et cède à l'air environnant beaucoup de chaleur. Ce chauffage est *plus économique* que le précédent, mais *moins sain et moins agréable,*

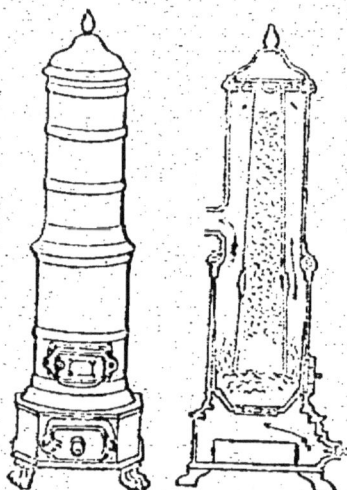

Fig. 118. — Poêle à combustion progressive.

Le combustible, placé dans la cavité intérieure, brûle petit à petit à mesure qu'il descend par son propre poids, sur la grille du foyer.

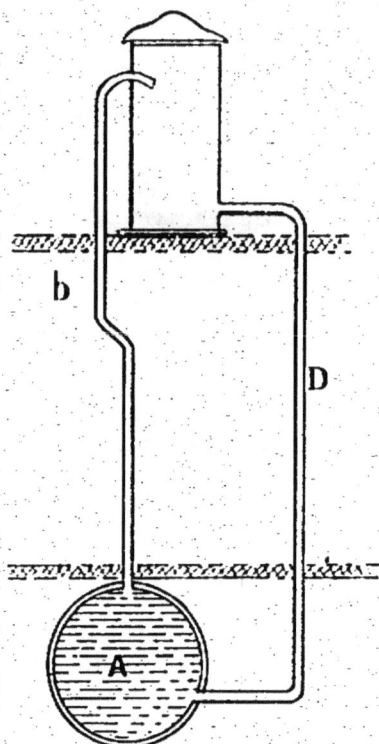

Fig. 119. — Principe du calorifère à eau.

Il faut éviter de faire rougir les poêles, car l'*oxyde de carbone*, produit de la combustion, passe à travers la fonte rouge et se répand dans l'air de la pièce.

Or l'oxyde de carbone est un poison violent.

Les *poêles de faïence* donnent une chaleur douce, ils ne rougissent pas et se refroidissent lentement.

Calorifères. — Avec ces appareils on chauffe les grands édifices : écoles, églises, hôtels, musées, etc.

Le foyer est placé dans les sous-sols ou dans les caves; dans les *calorifères à eau*, le liquide bouillant part du réservoir A (*fig.* 119) il est alors *léger*. Arrivé par le tube *b* dans un *poêle à eau*, situé dans la pièce à chauffer, il cède sa chaleur à l'air ambiant, puis, refroidi et plus *lourd*, il redescend par le tube D au réservoir inférieur où il se réchauffe. Il s'établit donc une *circulation continue*. Dans les *calorifères à air*, (*fig.* 119 *bis*), ce dernier circule dans des tubes entourés de flammes et va se déverser dans les pièces à chauffer par des *bouches de chaleur*.

Enfin on chauffe aussi à la *vapeur*.

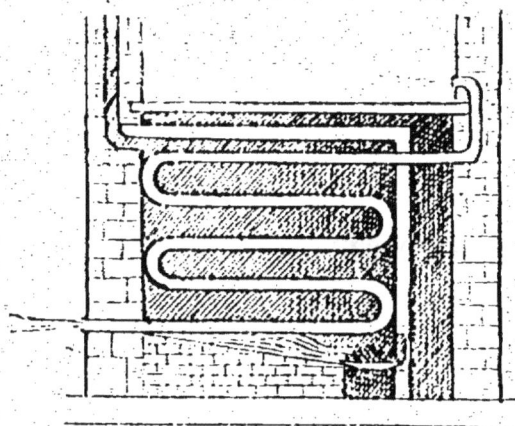

Questions. — Comment les peuples primitifs ou sauvages disposent-ils leur foyer ? — Quels inconvénients présentent ces systèmes ? — Indiquez les modifications survenues par la suite. — De quelle époque datent les cheminées ? — Comment est faite une cheminée ? — Inconvénients d'une cheminée trop haute ou trop large. — Parlez du chauffage par les poêles. — Pourquoi est-il dangereux de faire rougir l'enveloppe de ces appareils ? — Indiquez le principe du calorifère à eau, à air.

FIG. 119 *bis.* — Calorifère à air.
L'air puisé au dehors parcourt un tube coudé placé sur un foyer.

RÉSUMÉ — Les procédés primitifs de chauffage étaient grossiers et défectueux. Ils étaient surtout insuffisants, incommodes, malsains. Les progrès furent très lents : au ixᵉ siècle, on imagina les cheminées. Ce mode est sain et agréable, mais il n'est pas économique.

La disposition, la hauteur et la largeur d'une cheminée sont choses importantes.

Le chauffage par les poêles est plus économique, il est moins sain. On chauffe les grands édifices avec des calorifères.

Exercices d'observation. — Lorsqu'on fait du feu dans la campagne, on place les foyers sur les monticules les plus élevés ; pour quelle raison ? — Les ouvriers qui travaillaient au fond d'une carrière ayant froid ont voulu allumer du feu, mais ils n'ont pu y parvenir ; pour quelle cause ? — Vous avez entendu dire que les poêles sont plus économiques que les cheminées, savez-vous pourquoi ? — Dans la salle à manger, le feu brûlait mal, on ouvre la porte, la flamme devient plus active; pour quelle raison ? — Le tuyau du poêle porte une clef mobile; quel en est l'usage?

Rédaction. — A la maison, on chauffe la cuisine avec un poêle et la salle à manger avec une cheminée. Comparez les deux systèmes avec leurs avantages et leurs inconvénients.

Problème. — Dans une école à plusieurs classes, le chauffage pour un jour d'hiver demande : 1° 3 seaux de charbon de terre, pesant chacun 10 kilogrammes, au prix de 38 francs la tonne; 2° 24 litres de coke à 1 fr. 50 l'hectolitre; 3° 0 fr. 30 de bois pour l'allumage. Etablir la dépense pour 3 mois de chauffage à 20 jours par mois.

TRAVAUX D'HIVER

L'hiver, à la campagne surtout, est la saison de repos, des journées brèves, des veillées au coin du feu, des nuits longues et réparatrices.

L'homme des champs se repose des fatigues de l'année qui s'achève et reprend des forces pour celle qui commence. Pourtant il ne reste pas inactif; le travailleur trouve toujours le moyen de s'occuper; seul, le paresseux s'engourdit et l'hiver est pour lui sans charme comme il est sans fin.

Certes, l'activité est moins grande qu'elle ne l'est aux autres saisons ; le peu de durée du jour, l'inclémence du temps, contrarient souvent le travailleur; il ne doit s'en montrer que plus actif et plus disposé à profiter des moments favorables et souvent courts que l'hiver lui réserve.

Examinons quels sont les travaux auxquels on peut se livrer à ce moment, travaux qui, commencés en décembre, se termineront à l'arrivée des beaux jours.

Aux champs. — C'est la morte saison, suivant l'expression commune; le travail des terres est impossible, mais on doit continuer et finir les *marnages* (*fig.* 120), transporter sur place les *boues, vases, terreaux, plâtras, la marne* et *la chaux* qui servent à modifier et à amender les sols.

C'est le moment de procéder à la *réfection des chemins*, à leur *empierrement*, à la *réparation des talus*, au *curage* des fossés, mares et étangs;

Le curage est en particulier une opération plutôt malsaine : les boues et vases donnent lieu à des émanations qui peuvent être dangereuses ; aussi l'hiver est l'époque qui convient le mieux pour ce genre de travail : la température étant basse, rend *l'évaporation presque nulle*.

On procède également aux travaux de *terrassement ;* on nivelle les sols, on comble les carrières, on répare les clôtures.

Disposition des tas de chaux.

AMENDEMENT

FIG. 120. — On dépose la marne ou la chaux par tas pour amender le sol.

A la ferme. — A cette époque, les animaux domestiques sont sédentaires ; on procède à l'*engraissement* de ceux destinés à la boucherie, on les nourrit de fourrages secs, de paille hachée mélangée de son et de racines, de tourteaux d'huile. La préparation de la nourriture qui leur est nécessaire est une opération de première importance et qui réclame, de la part de l'agriculteur, beaucoup d'*activité et d'intelligence*.

D'autre part, les *instruments de culture* sont à ce moment, pour la plupart, inoccupés ; il est donc bon de les soumettre à un contrôle rigoureux. Transformés, s'ils sont défectueux, réparés, s'ils sont usés, ils doivent être prêts pour une campagne nouvelle, et l'hiver est particulièrement propice à ces travaux urgents.

A la forêt et aux bois. — Dans les bois et futaies on éclaircit les *taillis,* on coupe les *ajoncs*, les *fougères*, on abat les *arbres(fig.* 121). Les menues branches sont transformées en *fagots;* le charbonnier en fera du *charbon de bois*. Les troncs sont débités à la scie (*fig.* 122), fendus à la hache et mis en piles lorsqu'il s'agit de *bois à brûler*. Ceux destinés à la construction, *bois d'œuvre*, sont transportés aux *scieries* qui les transforment en planches, poutrelles, chevrons et madriers.

La France est riche en forêts (près de 10 millions d'hectares).

L'entretien, la conservation et l'exploitation méthodiques en sont confiés à une administration d'État.

Fig. 121. — Bûcherons débitant les arbres abattus.

C'est que les forêts ne sont pas seulement une partie de la *richesse publique*, mais elles exercent par-dessus tout une influence capitale sur le *climat* d'un pays ; elles constituent des abris contre les grands vents, préservent des inondations, assainissent l'atmosphère, entretiennent une fraîcheur constante et sont un *facteur puissant* de fertilité.

Fig. 122. — Scieurs de long.

Au jardin. — Les travaux du jardin sont peu importants à cette époque ; ils consistent surtout en nettoyages et réparations des chemins et allées ; les terres des carrés devenus libres seront retournées en grosses mottes et recevront l'action bienfaisante des *gelées*.

L'opération la plus importante est l'*arrachage* et la *transplantation* des arbres fruitiers et d'ornement. Les trous destinés à recevoir les jeunes plants sont *ouverts à l'avance*, de façon à ce que la terre puisse *s'aérer* ; en les creusant, on fait deux tas de la terre ; d'une part la terre superficielle ; d'autre part, la terre profonde. Lors de la plantation, on remettra ces tas dans un *ordre inverse*.

Fig. 123. — Plantation d'un arbre.

On fait la *toilette* de l'arbre à planter, c'est-à-dire que l'on supprime les racines meurtries ou inutiles et on place le sujet bien d'aplomb dans la fosse (*fig.* 123); on étale les racines avec soin, les plus grosses *tournées vers le nord*. On les recouvre ensuite de terreau fin, puis de la terre des deux tas.

La plantation des jeunes arbres est une opération très importante.

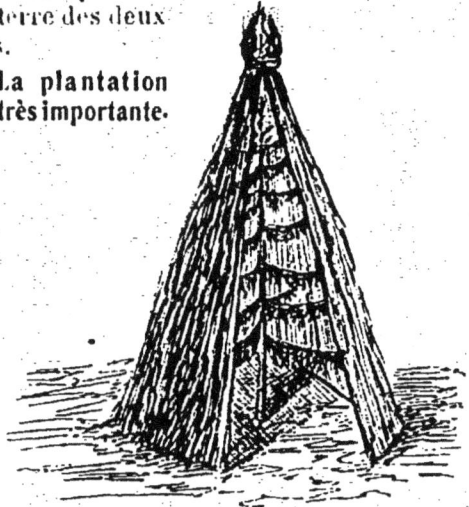

Fig. 124 et 125. — Abris pour végétaux.

C'est encore le moment de *réparer le matériel* de jardinage, de *badigeonner à la chaux* les troncs des arbres fruitiers et de construire des *abris* et *paillassons*, qui trouveront leur emploi pendant les gelées du printemps (*fig.* 124 et 125).

Questions. — Pourquoi le paysan ne doit-il pas rester inactif l'hiver? — A quel genre de travaux peut-on se livrer : aux champs? à la ferme? au jardin? au bois? — Pourquoi l'hiver convient-il aux réparations de toutes sortes? — Que doit-on faire au matériel agricole? à celui du jardin? — Quels produits tire-t-on des bois et forêts? — Quel est le rôle de ces dernières? — Comment doit-on procéder à la plantation d'un jeune arbre?

RÉSUMÉ. — L'hiver est la saison du repos, mais l'homme actif trouve le moyen de s'occuper. Aux champs, on fait les marnages, les travaux de terrassement, on répare les chemins et clôtures.

A la ferme, on soigne les animaux, on répare le matériel agricole on cure les mares et fossés.

A la forêt, on abat les arbres, on éclaircit les taillis, on exploite les bois. Au jardin, on laboure les carrés, on fait la réfection des allées, on répare les outils de jardinage, on construit des abris pour les plantes.

Exercices d'observation. — En hiver, on procède à l'empierrement des routes et des chemins ; est-ce que cette saison est plus propice qu'une autre pour ce genre de travail ? — Vous avez entendu dire qu'il est bon qu'une contrée ne soit ni trop, ni trop peu boisée ; en connaissez-vous les raisons ? — Les scieries et usines où l'on débite les bois sont placées sur le bord des rivières et à proximité des forêts; pour quelle raison? — Il est préférable d'abattre les arbres dans la saison d'hiver ; savez-vous pourquoi? — Le jardinier, voulant planter quelques arbres fruitiers, ouvre des trous quelques semaines auparavant; pourquoi cela ?

Rédaction. — Énumérez les principaux travaux que l'on peut faire l'hiver aux champs, à la ferme, au bois, au jardin.

Problème. — Trouver la valeur d'un tas de bois à brûler fait de bûches de 0m.60 de longueur. Le tas forme une pile régulière mesurant 3 mètres de longueur et 1m,20 de hauteur. Le prix du stère de ce bois est de 12 fr. 50.

LA LUMIÈRE

Les fenêtres de la salle de classe sont trop grandes et trop nombreuses pour que nous puissions facilement les clore et rendre l'appartement obscur.

Mais pénétrons dans la petite pièce à côté, les volets sont clos, et la lumière du soleil qui les frappe ne peut pénétrer à l'intérieur que par une mince ouverture que nous avons ménagée à dessein.

Que remarquons-nous?

Une raie lumineuse (*fig.* 7) se dessine à travers l'espace depuis le trou du volet jusqu'au plancher; elle illumine au passage toutes les fines poussières, que l'air contient toujours.

Expériences. — I. Sur le trajet du rayon de lumière, plaçons une feuille de verre, le rayon n'est nullement arrêté par l'obstacle, il continue à se propager au delà :

Le verre est transparent.

II. Plaçons maintenant sur ce même trajet lumineux une feuille de papier huilé et examinons-la en nous mettant en arrière. La feuille paraît laiteuse au point où la lumière la frappe, mais celle-ci a perdu, au delà de ce point, la plus grande partie de son intensité :

Le papier huilé est translucide.

III. Mettons enfin, en place du papier, une petite lame polie, celle d'un couteau par exemple; la lumière est nettement arrêtée, elle ne se propage plus au delà de l'obstacle :

La lame du couteau est opaque.

Nous sommes en droit de nous demander, dans ce dernier cas, ce qu'est devenue la lumière; un peu d'observation nous le fera découvrir.

Inclinons diversement la lame du couteau; des éclairs lumineux traversent l'atmosphère de la pièce et des points blancs et brillants vont se dessiner sur les murs. Ils se déplacent si la lame se déplace elle-même.

La lumière qui frappe la lame n'est pas disparue, mais elle est renvoyée par cette lame comme l'est la balle élastique qui rencontre un obstacle.

Conclusions. — 1° La lumière se propage en ligne droite.

2°. La lumière traverse complètement les corps transparents et en partie les corps translucides; elle est arrêtée par les corps opaques qui la renvoient.

Ce dernier phénomène a reçu le nom de *réflexion lumineuse.*

L'expérience a établi que la vitesse de la lumière est prodigieuse; elle franchit en une seconde un espace égal à 7 fois le tour de la terre, c'est-à-dire 70.000 lieues.

Miroirs et images. — *Expériences.* — Posons une bougie allumée sur une glace placée à plat sur la table, ou au bord d'une cuvette pleine d'eau; dans l'un comme dans l'autre cas, nous obtenons une *image renversée* de la bougie (*fig.* 126). Soulevons cette dernière, *l'image descend.*

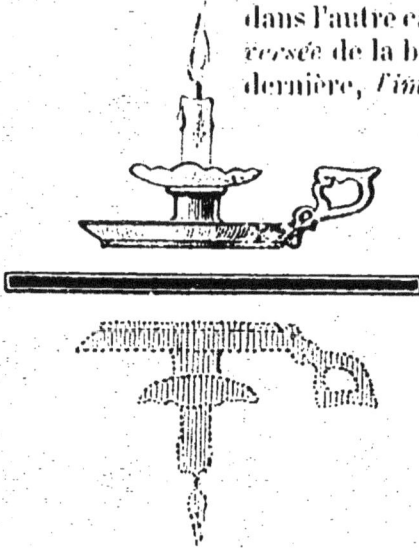

Fig. 126. — L'image de la bougie est renversée.

Fig. 127. — Image dans l'eau.

Déplaçons horizontalement la bougie, *l'image se déplace* de même.

Toute surface polie ou brillante, comme la glace ou l'eau, donne l'image d'un corps lumineux ou éclairé placé en regard (*fig.* 127).

Les surfaces qui réfléchissent la lumière se nomment *miroirs.*

La lumière, en traversant des corps transparents, subit une déviation, et ce phénomène se nomme réfraction.

Fig. 128. — Réfraction dans l'eau. Un bâton plongé dans l'eau paraît brisé.

C'est pourquoi un bâton plongé dans l'eau *paraît brisé* (*fig.* 128) au point où il s'immerge, et qu'un poisson observé de loin dans les eaux claires de la rivière paraît *plus près de la surface* qu'il ne l'est réellement.

Enfin il existe des verres, le plus souvent *régulièrement bombés* sur leurs faces qui font apparaître plus grands que nature les objets observés (*fig.* 129). On les nomme *loupes* et *microscopes*. D'autres diminuent les distances et servent à observer des points éloignés; on les nomme *longues-vues, télescopes.*

Fig. 129. — Les verres régulièrement bombés font paraître les objets observés plus grands que nature.

Questions. — Que fait la lumière qui rencontre un corps transparent? un corps translucide? un corps opaque? — Qu'arrive-t-il si la lumière rencontre un corps poli? — Quel changement de direction prend la lumière qui entre dans le verre, dans l'eau? — Quelle est la propriété d'une loupe? d'une longue-vue?

RÉSUMÉ. — La lumière traverse les corps transparents et translucides, elle est arrêtée par les corps opaques. Elle se réfléchit en rencontrant des corps polis. La lumière se propage en ligne droite avec une vitesse extraordinaire.

La lumière change de direction en traversant l'eau, le verre: c'est la réfraction. La loupe grossit les objets et la longue-vue les rapproche.

Exercices d'observation. — Il vous est arrivé de jouer avec un rayon de lumière tombant sur une petite glace que vous teniez à la main, qu'avez-vous alors observé? — Dans une certaine position, il arrive que les rayons du soleil tombant d'aplomb dans les vitrages d'une fenêtre les font flamber comme dans un incendie; quelle image aperçoit-on alors dans les carreaux? — Afin que vous ne soyez pas troublés par les mouvements de la rue, les carreaux inférieurs des fenêtres de la classe sont en verre dépoli; quelle est la fonction de cette espèce de verre? — Vous vous penchez sur une nappe d'eau; qu'observez-vous? — Vous avez mis souvent une cuiller dans un verre contenant un liquide; qu'avez-vous alors observé?

Rédaction. — Expliquez la marche d'un rayon lumineux dans l'air et dites ce qui arrivera suivant la nature des corps qu'il peut rencontrer sur son trajet.

Problème. — Le soleil nous envoie sa lumière en 8 minutes environ. Calculer en kilomètres la distance de cet astre à la terre, la lumière parcourant 70.000 lieues à la seconde.

ROLE DE LA LUMIÈRE CHEZ LES ANIMAUX ET LES VÉGÉTAUX

Pendant l'été, vous n'avez pas été sans remarquer que toutes les parties nues de votre corps, les mains, les jambes, la figure, toute la peau, en un mot, qui a reçu la morsure de l'air et du soleil, s'est teintée et brunie.

Ne vous en plaignez pas : c'est pour vous *la santé et la vie !*

Voici l'explication du phénomène : sous la peau de l'homme circule un liquide, lequel, pour la race blanche du moins, est légèrement rosé. Ce liquide renferme une substance nommée *pigment*.

Or, le pigment s'altère et se fonce sous l'influence de l'air et de la lumière.

Voilà pourquoi le moissonneur qui travaille les bras nus, le soldat, retour des colonies, le marin, ont le *teint hâlé* et la *peau brunie.*

La lumière n'a pas moins d'action sur la *fourrure des mammifères*, sur le *plumage des oiseaux*, sur les *écailles* qui recouvrent le corps des *reptiles* et celui des *poissons.*

FIG. 130. — Les oiseaux de l'équateur ont un plumage très brillant.

Sous les climats brumeux, les couleurs ternes sont les plus fréquentes, et la couleur blanche est celle des régions glacées.

L'équateur, au contraire, nous présente des oiseaux (*fig.* 130), des insectes et des papillons (*fig.* 131), dont la couleur n'a rien à envier à celle des pierres les plus précieuses. Dans le golfe du Mexique, on observe des poissons et des coquilles dont le merveilleux coloris est d'une richesse et d'une variété inouïes.

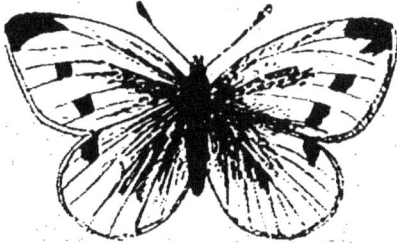

Fig. 131. — Papillon flambé.

Avez-vous remarqué que les poissons plats, soles, turbots, carrelets, ont d'un seul côté du corps la peau colorée? Couchés souvent sur le sable, ces animaux ont la face ventrale dans l'obscurité ; le pigment ne s'est donc pas développé sur cette face qui reste claire.

La chaleur joue également un rôle considérable : les hommes et les animaux du nord sont lents et lourds, ceux du midi sont nerveux, remuants et irritables.

En général, la vie est plus lente et plus longue dans les régions froides ; elle est plus active, mais plus courte dans les pays chauds.

Action sur les végétaux. — *Expérience.* — A la saison des fruits, on découpe dans du papier noir deux lettres, par exemple, et on les colle sur un fruit en train de mûrir. En les enlevant quelque temps plus tard, les lettres apparaissent blanches (*fig.* 132).

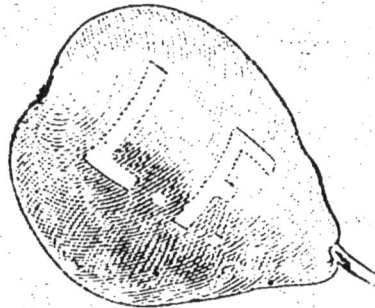

Fig. 132. — Lettres sur un fruit.

D'autre part, nous pourrons observer que tout végétal qui croît dans un *lieu obscur* reste uniformément *blanc* ou *jaunâtre* et qu'il augmente de volume sans *augmenter de poids.*

La matière colorante des végétaux, laquelle est verte et se nomme chlorophylle, ne se développe que sous l'influence de la lumière.

Aussi certains légumes, comme les *choux* (*fig.* 133), les *laitues* qui enroulent leurs feuilles à mesure qu'elles se développent, ne sont colorés qu'extérieurement.

Les jardiniers, pour blanchir artificiellement certains végétaux, les mettent à l'abri de la lumière.

Vous saurez donc pourquoi on butte les *céleris* (*fig.* 134), on lie les *scaroles*, on couvre les *chicorées*. Quant aux fruits, la lumière leur donne de la *saveur*, de la *couleur* et du *parfum*.

Fig. 134. — Céleri.
La partie inférieure privée de lumière reste blanche.

Fig. 133. — Chou de Milan au 1/10.

Questions. — Quelle est l'action de la lumière sur la peau de l'homme? — N'a-t-elle pas une autre action? — Dans quelles contrées l'action de la lumière est-elle la plus complète? — Donnez des exemples de cette action. — Qu'est-ce que la chlorophylle? — Pourquoi couvre-t-on certains légumes? — Quelle action la lumière a-t-elle sur les fruits?

RÉSUMÉ. — La lumière fonce la couleur de la peau chez l'homme; elle agit de même sur les poils, les plumes, les écailles ou les carapaces qui revêtent le corps de certains animaux. Chez les végétaux, elle développe une matière colorante verte, la chlorophylle. On blanchit les légumes en les privant de lumière Cette dernière donne aux fruits de la saveur et du parfum.

Exercices d'observation. — Dans l'été, on met des chapeaux aux grands bords, surtout dans les pays chauds; on met aussi des couvre-nuque et l'on sort dans la rue avec des parasols; pourquoi cela? — Souvent les ouvriers mineurs ont le teint pâle; en voyez-vous la raison? — On vous recommande pendant l'été de ne pas sortir sans coiffure, de peur d'attraper un coup de soleil; qu'entend-on par là? — Avez-vous remarqué que certaines parties du corps des animaux sont moins foncées que le reste; quelles sont ces parties et pour quelles raisons sont-elles plus pâles? — Voici un tas de pommes; pourriez-vous dire en les examinant si elles ont poussé au grand soleil ou à l'ombre? — Les plantes qui sont placées dans un appartement s'inclinent vers les fenêtres; pour quelle raison?

Rédaction. — Action de la lumière sur les végétaux.

Problème. — Un maraîcher fait butter une planche de céleris mesurant 45 mètres de long et 20 mètres de large; les lignes sont distantes de 0^m,50 et l'ouvrier butte 1 mètre de longueur en 2 minutes, et cela sur les 2 côtés. Quelle sera la durée du travail et la dépense si l'ouvrier gagne 0 fr. 45 de l'heure?

LE GAZ CARBONIQUE ET SON ROLE DANS LA NATURE

Expérience. — Dans un flacon à préparer l'hydrogène et contenant des bâtons de craie (*carbonate de calcium*), versons par l'entonnoir du *vinaigre* très fort ou de l'*acide sulfurique*: une vive effervescence se produit et un gaz se dégage. Nous le recueillons dans un autre flacon ouvert, et dans lequel brûle une *bougie*.

Fig. 135. — Le gaz carbonique éteint la flamme.

Au bout d'un certain temps la flamme de la bougie se resserre, s'effile, rougeoie et *s'éteint*.

Voici ce qui s'est passé: le gaz a gagné le fond du flacon, il a refoulé l'air dont il a pris la place, enfin il a atteint la flamme de la bougie et l'a éteinte. Ce corps est le *gaz carbonique;* il provient de la craie dans laquelle il est uni avec la *chaux*, et c'est le vinaigre qui a produit la décomposition.

Recueillons encore quelques flacons de gaz.

Plaçons une bougie allumée sur la table et versons dessus le contenu d'un flacon:

La flamme se courbe en bas, puis s'éteint (*fig.* 135).

Descendons dans l'autre flacon une allumette enflammée, une braise incandescente:

Ces corps s'y éteignent immédiatement.

Faisons arriver du gaz dans l'eau en plongeant dans celle-ci l'extrémité du tube à dégagement:

L'eau prend une saveur aigrelette.

Nous pouvons donc conclure :

Le gaz carbonique est incolore, il est lourd et il éteint les corps qui brûlent. En se dissolvant dans l'eau, il lui communique une saveur acide.

Où trouve-t-on le gaz carbonique ? — Nous avons déjà dit en étudiant l'*air*, que ce dernier en contient 2 à 3 litres sur 10.000 litres.

En second lieu, la *terre* elle-même en renferme de grandes quantités et ce gaz lourd s'amasse dans certaines *excavations*, grottes, cavernes, marnières. En France, il s'en dégage du sol dans les environs de Vichy, et la grotte du Chien, près de Naples (*fig.* 136),

Fig. 136. — Grotte à gaz carbonique.

contient du gaz carbonique qui se renouvelle incessamment.

Nous avons vu, d'autre part, en étudiant l'*oxygène*, que le gaz carbonique est le résultat de la combinaison de ce dernier corps avec le *carbone*. Or cette combinaison est une *combustion*.

Toute combustion, qu'elle soit vive comme celle qui s'opère dans les cheminées, ou lente comme celle qui se fait dans nos poumons par l'acte de la respiration, produit du gaz carbonique.

Enfin, vous avez remarqué

Fig. 137. — Liquide sucré en fermentation.

sans doute que les boissons sucrées nouvellement faites, vin, cidre, bière, produisent bientôt une *mousse* abondante d'où se dégage un gaz (*fig.* 137). On dit qu'elles subissent la *fermentation*, et le résultat est la production du gaz carbonique.

Le résultat de la fermentation est de transformer le sucre du liquide en alcool. Le sucre perd de son carbone qui, en s'unissant à l'oxygène de l'air, donne le gaz carbonique.

Où va le gaz carbonique produit? — Tout le gaz produit par ces causes multiples : dégagement du sol, combustion, respiration animale, fermentations, se répand dans l'air d'une façon continue. Mais nous savons que l'air a une *composition constante*.

Le gaz carbonique disparait donc à mesure qu'il est produit.

En premier lieu les eaux de pluies et les eaux courantes en dissolvent, puisque ce *gaz est soluble*. Toutefois cette dissolution a une limite ;

Elle est atteinte quand l'eau est saturée.

Pour les *eaux marines*, il en est autrement, car elles n'atteignent jamais leur point de *saturation*. Le gaz est absorbé en effet par les milliers d'êtres inférieurs qui vivent dans les eaux salées.

Il sert avec la chaux que l'eau de mer contient pour former la ma-

Fig. 138. — Coquilles calcaires.

tière calcaire des coquilles et des étuis solides qui revêtent le corps des animaux marins (*fig.* 138).

C'est donc une admirable combinaison que celle qui permet à des millions d'êtres obscurs, perdus dans les abîmes sans fond, de jouer un rôle actif dans l'*assainissement* continu de l'atmosphère.

Enfin un rôle non moins actif est rempli par les *végétaux*. Nous l'étudierons à la respiration végétale. Disons seulement maintenant que, *sous l'influence de la lumière*, les plantes absorbent le gaz carbonique.

Usages du gaz carbonique. — Dans l'industrie il sert à préparer les *eaux gazeuses*, la *limonade*, le *sucre* et un *carbonate de plomb* utilisé en peinture et d'ailleurs *vénéneux*, nommé *céruse*.

RÉSUMÉ. — Le gaz carbonique s'obtient en versant du vinaigre sur de la craie. Il est incolore, lourd, et éteint les corps qui brûlent. Il se dissout dans l'eau, qu'il rend aigrelette. Il se dégage du sol et est produit par les combustions, la respiration animale, les fermentations. Il est absorbé par les eaux naturelles et marines.

Avec la chaux, il constitue la substance des coquilles. Les plantes l'absorbent pendant le jour, il sert dans l'industrie du sucre, des eaux gazeuses, de la céruse.

Questions. — Indiquez la préparation du gaz carbonique? — Comment montre-t-on qu'il est lourd? qu'il ne saurait entretenir la combustion? — Quelle saveur donne-t-il à l'eau? — Dans quelles circonstances naturelles se produit-il? — Quelles circonstances amènent sa disparition? — Quel est le rôle particulier de l'eau de mer, celui des plantes? — Usages de ce gaz.

Exercices d'observation. — Votre mère vous a dit de ne point renverser de vinaigre sur la table de marbre; pour quelle raison? — Dans la cave, le vin fermente; est-il imprudent d'y pénétrer et pourquoi? — Avant de s'engager dans une marnière, un puits, un souterrain où l'on n'a pas pénétré depuis longtemps, pourquoi se fait-on précéder d'une lumière et quelles indications peut-on en tirer? — C'est aujourd'hui fête et l'on a débouché une bouteille de vin mousseux: pourquoi le liquide a-t-il jailli avec bruit?

Rédactions. — 1. Préparation et propriétés du gaz carbonique.
2. Comment le gaz carbonique est-il produit et absorbé incessamment?

Problème. — La contenance d'un siphon d'eau de Seltz est de 1 litre 1/2 et chaque litre d'eau du siphon contient 5 litres de gaz dissous. Combien peut-on faire de siphons avec 1 kilogramme de gaz carbonique, sachant qu'un litre de ce gaz pèse 2^{gr},4?

L'AZOTE ATMOSPHÉRIQUE ET L'AZOTE ORGANIQUE

Nous savons que l'on nomme *azote* l'un des gaz de l'air. Nous savons encore que ce dernier en contient 79 0/0 de son volume.

Or l'azote est *inerte*, c'est-à-dire sans énergie. Il possède les propriétés contraires à celles de l'*oxygène*.

Au lieu de faire brûler les corps, l'azote les éteint, tout comme le gaz carbonique.

Son rôle dans l'air est de modérer l'action trop vive de l'oxygène, comme celui de l'eau que l'on verse dans le vin pur est d'en diminuer la force enivrante.

L'azote atmosphérique joue le rôle de modérateur.

Mais, à côté de cet azote de l'air, dont la fonction est d'ordre secondaire, il en existe un autre dont tous les corps vivants ne sauraient se passer :

C'est l'azote organique, l'aliment par excellence de l'homme, de l'animal et de la plante.

Que cette désignation d'*organique* ne vous paraisse pas trop savante. Cet azote provient simplement de tous les corps qui ont été vivants, et il est bon que vous sachiez **que les êtres vivent aux dépens de ceux qui les ont précédés et qu'eux-mêmes serviront à entretenir la vie de ceux qui viendront après eux.**

Observez ce bœuf qui paît dans la prairie ; il emprunte sa nourriture à la plante, mais il produit l'engrais qui restitue au sol sa fertilité. Ce dernier, grâce à cet apport, produira de nouvelles plantes qui serviront à la nourriture d'autres bœufs, et, par un ordre admirable, il en sera toujours ainsi à travers les siècles.

Or, nous vous dirons encore que la plante vaut comme aliment d'autant plus qu'elle renferme davantage d'*azote organique* et que ce dernier donne aussi à l'engrais sa plus *grande valeur* fertilisante.

C'est l'azote organique qui donne sa valeur nutritive à la viande, comme il la donne à l'œuf, au lait, au pain, aux graines, aux racines et aux herbes

Tous les corps qui contiennent de l'azote organique répandent une *odeur désagréable* quand on les calcine.

C'est l'odeur que produit la corne quand le maréchal ferrant pose le fer rouge sur le sabot du cheval que l'on ferre ; c'est encore l'odeur du pain que l'on grille, du lait qui prend au fond du vase dans lequel on le chauffe, des chiffons de laine que l'on brûle, des plumes que l'on roussit… !

L'azote organique diffère de celui de l'atmosphère en ce sens qu'il n'est jamais *libre*, *indépendant*, mais toujours uni à d'autres corps et particulièrement à l'*hydrogène* et à l'*oxygène*.

Avec le premier il forme l'*ammoniaque*. Ce corps est un gaz piquant qui provoque les larmes. Le *fumier*, l'*urine* en contiennent toujours, et c'est l'odeur que l'on perçoit quand on pénètre dans les bâtiments où logent les animaux.

Expérience. — Prenons quelques fils de laine, couvrons-les d'une pincée de chaux vive, après les avoir mis dans un petit tube de verre, puis chauffons : une forte odeur d'*ammoniaque* se fait sentir.

La chaux chasse l'ammoniaque de ses combinaisons.

L'expérience serait semblable avec de la *soie*, différente avec le *coton*. Ce dernier corps ne contient donc pas d'azote organique.

L'ammoniaque est très soluble ; la solution se nomme *alcali volatil*. On l'emploie pour combattre le venin des *serpents*, des *guêpes*, des *frelons*. Avec le *camphre*, l'ammoniaque forme l'*eau sédative* des pharmaciens. Enfin la solution ammoniacale *dissout le gaz carbonique* : aussi en fait-on boire aux ruminants qui ont l'estomac gonflé après avoir ingéré trop d'herbes fraîches.

Avec l'oxygène, l'azote forme l'*acide nitrique*, liquide corrosif qui, sous le nom d'eau-forte, sert à graver sur le *cuivre et l'acier*.

Les *nitrates* sont des sels naturels qui renferment de l'acide nitrique. On les emploie comme engrais chimiques.

L'azote organique contenu dans le *fumier* et le *purin* fermente sous l'action de l'air et de l'humidité ; il se transforme en *ammoniaque* et en *acide nitrique*.

C'est sous la forme ammoniacale ou nitrique que les plantes absorbent l'azote organique par leurs racines.

Questions. — Quelles sont les propriétés de l'azote de l'air ? — D'où vient l'azote organique ? — Quel est son rôle ? — Qu'arrive-t-il si on calcine un corps azoté ? — Donnez des exemples. — Qu'est-ce que l'ammoniaque ? — A quoi sert ce corps ? — La chaux a-t-elle une action sur l'ammoniaque ?

— Qu'est-ce que l'acide nitrique ? — A quoi servent les nitrates ? — Sous quelles formes les plantes absorbent-elles l'azote organique ?

RÉSUMÉ. — L'azote est un gaz de l'air, il est inerte. Il existe une espèce d'azote dit organique, lequel est indispensable aux êtres vivants, car il forme la richesse des aliments et des engrais.

Combiné à l'hydrogène, l'azote forme l'ammoniaque, et avec l'oxygène, il forme l'acide nitrique.

Les nitrates sont des sels qui contiennent de l'acide nitrique, on les utilise comme engrais chimiques.

Les principes fertilisants du fumier se développent sous l'influence de la fermentation.

Exercices d'observation. — Parmi les légumes du jardin, les haricots et les lentilles sont les plus nourrissants ; pourquoi ? — Le cordonnier a jeté dans sa cheminée les rognures de cuir de son atelier, d'où vient la mauvaise odeur qui se répand dans le quartier ? — S'il est bon de mettre du plâtre ou de la craie sur les fumiers, pourquoi faut-il se garder d'y mettre de la chaux vive ? — Émile s'est roussi les cheveux en s'approchant trop près de la lampe ; à quoi est due l'odeur désagréable qui s'est dégagée ?

Rédactions. — **1.** Parlez de l'azote atmosphérique et de l'azote organique. Leur rôle.

2. L'ammoniaque et ses usages. Dans quelles circonstances se produit ce gaz ?

Problème. — Quand, sur 100 grammes de viande, il y a 52 grammes de carbone, il y en a 15 d'azote, 24 d'oxygène et 6 d'hydrogène. Établir, d'après cela, la composition de 1 kilogramme de viande.

SOUFRE, PHOSPHORE ET COMPOSÉS

Voici un bâton cylindrique et de couleur jaune, puis d'autre part une poussière jaune également. Ces deux formes différentes appartiennent à un seul et même corps : le *soufre*.

Le bâton se nomme *soufre en canon* ; la poussière, *fleur de soufre*.

A l'état de nature, le soufre est un produit volcanique et la France le tire de l'Italie, soit du Vésuve, près de Naples, soit de l'Etna, en Sicile.

Brut, le soufre est mélangé à des substances terreuses. Pour l'extraire, on fait fondre la *pierre à soufre* (*fig.* 139), on coule le liquide dans des moules ; mais, comme il n'est pas encore assez pur, on le *raffine*.

Fig. 139. — Extraction du soufre.

Expériences. — Faisons fondre un peu de soufre, nous y arriverons facilement, car son point de fusion n'est que d'une quinzaine de degrés plus élevé que celui qui correspond à l'ébullition de l'eau. Faisons tomber maintenant quelques gouttes du liquide sur une plaque. Le soufre se fige et prend la forme de *fines aiguilles*.

Le soufre cristallise (*fig.* 140).

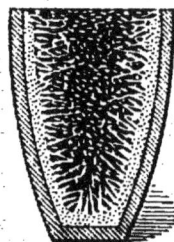

Fig. 140. — Creuset renfermant du soufre cristallisé.

Continuons de chauffer le liquide restant, il devient brun et *consistant*. A ce moment, versons une partie du soufre dans l'eau froide ; il reste *mou*, et, si nous le comprimons contre une médaille, il en prend l'empreinte.

Creusons une petite cavité dans une pierre et mettons-y la tête d'une pointe en achevant de remplir la cavité avec du soufre fondu. Après refroidissement, la pierre et la pointe sont unies solidement.

Enfin, si nous chauffons plus fort, le soufre finira par *bouillir* et *passer en vapeurs* ; ces dernières, au contact d'un corps plus froid, reproduisent le soufre sous forme de *fleurs* (*fig.* 141).

Usages du soufre. — On emploie ce corps pour prendre des *empreintes*, pour sceller le fer dans la pierre, pour fabriquer la *poudre et les feux d'artifice;* en fleur, il sert au *soufrage des vignes* et de certains arbres fruitiers pour les protéger de l'atteinte de champignons parasites. Incorporé au *caoutchouc*, il lui conserve son élasticité. En pharmacie, on en fait des pastilles contre les maux de gorge et des pommades pour combattre les maladies de peau.

Combustion du soufre. — Nous avons déjà vu que le soufre brûle dans l'oxygène en produisant du *gaz sulfureux;* il brûle également dans l'air avec moins d'éclat. Cette combustibilité explique l'usage que l'on fait du soufre dans la fabrication des *allumettes* dites *chimiques*.

Fig. 141. — Fabrication du soufre en fleurs.

Expériences. — Dans un entonnoir disposons des violettes humides et allumons du soufre au-dessous.

Au contact du gaz sulfureux, les violettes deviennent blanches.

Remplaçons les fleurs par une étoffe mouillée tachée de vin.

La tache disparaît; le gaz sulfureux altère et même détruit certaines couleurs.

Aussi on emploie le gaz sulfureux pour blanchir la laine, la paille, les roseaux, les éponges, la cire des abeilles, certaines huiles, etc. Dans les tonneaux on brûle des *mèches soufrées* pour tuer les *ferments* que le vin, le cidre, la bière y laissent toujours après y avoir séjourné.

Enfin le gaz sulfureux éteint les corps qui brûlent; aussi, dans un feu de cheminée, on projette de la *fleur de soufre* dans le conduit de maçonnerie. Avec l'oxygène, le soufre donne encore le vitriol ou *acide sulfurique*, dont l'industrie fait une grande consommation.

Le pays où l'industrie est la plus prospère, a dit notre grand chimiste Dumas, est celui où l'on consomme le plus d'acide sulfurique et de houille.

Phosphore. — C'est un corps solide qui *luit* dans l'obscurité. Il forme la pâte inflammable des allumettes chimiques, car il s'allume au moindre frottement. On le retire des *os des animaux*, mais il en existe aussi dans l'urine, la matière cérébrale, la laitance des poissons.

Sa fabrication est longue et difficile.

Le phosphore est très vénéneux et ses brûlures fort dangereuses; son contre-poison est l'essence de térébenthine.

Ce corps se combine avec l'hydrogène et donne un gaz très curieux qui prend feu *spontanément* au contact de l'air.

C'est le feu follet auquel on attribue dans certaines campagnes une origine mystérieuse.

Avec l'oxygène, le phosphore donne l'*acide phosphorique*, qui entre aussi dans la nourriture des plantes. Les engrais chimiques qui en contiennent une partie sont très précieux et se nomment *phosphates*.

Questions. — Où trouve-t-on le soufre? — Quelles préparations lui fait-on subir? — Quelles modifications ce corps éprouve-t-il lorsqu'on le chauffe? — Parlez des usages du soufre. — Que donne-t-il en brûlant? — Quelle est l'action du gaz sulfureux sur les couleurs? — A quoi sert ce gaz? — Qu'est-ce que le phosphore? — D'où le tire-t-on? — Qu'est-ce que le feu follet? — A quoi servent les phosphates?

RÉSUMÉ. — Le soufre est un produit des volcans. On fait fondre la pierre à soufre et on raffine le produit. En fondant, le soufre s'épaissit, quand la température s'élève; coulé dans l'eau, il reste mou; chauffé davantage, il donne la fleur de soufre. C'est un corps très utile; on s'en sert dans l'industrie, en pharmacie, en agriculture.

Avec l'oxygène, il donne le gaz sulfureux, employé pour blanchir et l'acide sulfurique, le corps le plus précieux pour l'industrie.

Le phosphore se retire des os, il est vénéneux ; c'est l'élément principal du feu follet. Les phosphates s'emploient comme engrais.

Exercices d'observation. — Dans une allumette chimique, la pâte phosphorée est placée au bout de cette allumette ; y a-t-il une raison pour cela ? -- Le bois, le soufre des allumettes peuvent être remplacés par d'autres substances, mais non le phosphore, pourquoi ? — Dans les allumettes suédoises, on frotte ces dernières contre la pâte qui recouvre les côtés de la boîte ; pourquoi ne peut-on pas les faire prendre autrement ? — Dans les ports de pêche, on vend comme engrais les poissons avariés ; savez-vous quels sont les corps qu'ils contiennent et qui leur donnent une valeur fertilisante ? — On observe des feux follets partout où sont enfouis des cadavres d'hommes ou d'animaux ; pour quelle cause ?

Rédactions. — 1. Les propriétés du soufre et ses modifications lorsqu'on le chauffe.

2. Usages du soufre et du gaz sulfureux.

Problème. — Une treille comprend 25 rangées et chaque rangée 40 ceps de vigne. Le soufrage de chaque cep demande 120 grammes de fleur de soufre et cette opération se répète 3 fois l'an. Trouver combien on doit acheter de soufre pour une année et aussi la dépense, le kilogramme de soufre valant 0 fr. 25.

POTASSE, SOUDE ET COMPOSÉS

Expériences. — Sur des *cendres de bois* bien propres, versons de l'eau chaude et filtrons. Nous obtenons un liquide un peu teinté, à saveur peu agréable. Cette saveur est due à un corps contenu dans les cendres, et que l'eau a dissous.

Ce corps se nomme carbonate de potassium ou simplement potasse.

Agitons dans la lessive un *chiffon sali*, il est nettoyé rapidement.

Passons encore un peu de cette lessive sur du bois couvert de *peinture* ; cette dernière est enlevée de suite.

La potasse nettoie les tissus et dissout la peinture.

La potasse se tire principalement des cendres des *végétaux terrestres :* fougères, ajoncs, ronces, bruyères.

Elle se présente en petits grains mamelonnés, nommés *perlasses*, et fait l'objet d'un commerce important.

Usages. — La potasse entre dans la fabrication du *savon mou* et dans celle du *verre*.

Pour obtenir le savon mou, qui reste toujours pâteux et de couleur foncée, on fait bouillir une *lessice de potasse* et on y ajoute de l'*huile* de qualité inférieure.

Quant au verre, c'est un corps composé formé par l'union intime de la *potasse*, de l'*alumine* et de la *silice*.

FIG. 142. — Four de verrier.

Nous savons déjà que l'alumine est le principe de l'*argile* et la silice celui du *sable*.

Prises séparément, les substances constitutives du verre ne sont guère fusibles : ce sont des corps *réfractaires*. En mélange convenable, elles fondent (*fig.* 142) et forment une pâte *malléable*, *transparente*, que l'on peut mouler, couler, souffler, tailler de toutes les façons. Il est des verres où la potasse est remplacée par la *soude* ou par la *chaux*.

La potasse existe dans les cendres des végétaux terrestres qui la retirent du sol par leurs racines. Elle entre donc dans la *nutrition végétale* comme l'azote organique et l'acide phosphorique.

C'est pour cette raison que la potasse est utilisée comme un *engrais chimique*.

L'industrie utilise encore quelques composés de cet ordre.

Ainsi le *nitrate de potassium*, ou *salpêtre de l'Inde*, est employé pour fabriquer la *poudre* noire.

La poudre est un mélange de salpêtre, de soufre et de charbon de bois.

Le *chlorate de potassium* sert à faire des *pastilles* et à préparer l'*oxygène*.

Soude. — Ce corps est analogue à la potasse, mais on le retire des cendres des *végétaux marins*. On recueille ces plantes sur les grèves, à mer basse (*fig.* 143), et on les amasse pour les brûler.

Fig. 143. — Récolte des plantes à soude sur les grèves.

Le *carbonate de sodium*, que l'on vend chez les épiciers sous le nom de *cristaux de soude*, est employé pour laver le linge. La lessive de soude et l'huile donnent le *savon à pâte dure*, dit de Marseille.

Le composé de la soude le plus connu est le *chlorure de sodium* ou *sel marin* que l'on extrait des eaux de la mer, dans les *marais salants*, ou du sol, sous le nom de *sel gemme*.

Le sel marin est un corps solide, cristallisé, translucide; il renferme de l'eau interposée entre les petits cubes qui forment ses cristaux, aussi il *crépite* sur le feu.

On l'emploie dans l'*alimentation* de l'homme et avec avantage dans celle des animaux. De plus, comme il s'oppose à la putréfaction, il assure la conservation des *viandes*, du *poisson*, des *légumes verts*. L'industrie l'utilise pour préparer le *chlore* et vernir les *poteries*.

Enfin le *nitrate de sodium*, ou *salpêtre du Pérou*, est un *engrais*.

Questions. — D'où tire-t-on la potasse? — Quelle est son action sur les étoffes? sur la peinture? — Qu'est-ce que le savon mou? le verre? le cristal? — La potasse est-elle utile aux plantes? — D'où tire-t-on la soude? — Qu'est-ce que le savon dur? — D'où vient le sel marin? — Quels sont ses usages?

RÉSUMÉ. — La potasse se retire des cendres des végétaux terrestres, elle sert à préparer le savon mou, le verre, le cristal, à nettoyer les peintures. Elle entre dans la nourriture des plantes et en particulier de la pomme de terre.

La soude vient des cendres des végétaux marins. On l'emploie dans la préparation du savon dur et aussi de certains verres.

Le sel marin est du chlorure de sodium. Ses usages sont nombreux.

Le nitrate de soude est un engrais.

Exercices d'observation. — A la campagne surtout, on fait quelquefois la lessive avec des cendres de bois ; pourquoi? — On veut peindre à neuf la devanture d'un magasin, comment va-t-on procéder pour enlever la peinture ancienne? — Le sel marin projeté sur des charbons ardents crépite ou craque, savez-vous pourquoi? — Dans quels pays y a-t-il avantage à établir des marais salants? — Les peaux fraiches des bœufs d'Amérique arrivent salées dans nos ports ; pourquoi?

Rédactions. — **1.** Comment obtient-on la potasse commerciale; quels sont ses usages?
2. Parlez de la soude et du sel marin.

Problème. — L'eau de mer contient 2,5 0/0 de sel marin. Combien faudra-t-il faire évaporer de litres d'eau de mer pour obtenir 150 kilogrammes de sel? La densité de l'eau de mer est de 1,026.

LA CHAUX ET SES COMPOSÉS

Expérience. — Sur le plateau de la balance mettons trois pièces de 0fr. 10 et dans l'autre plateau des *bâtons de craie* pour établir l'équilibre. Chauffons maintenant la craie dans le fourneau après l'avoir disposée sur une plaque de tôle. La craie rougit fortement, et si, au bout de quelque temps, nous la remettons dans le plateau, nous constatons qu'elle ne fait plus équilibre aux pièces de monnaie.

La craie, étant chauffée, perd de son poids.

Deux pièces sont plus que suffisantes pour l'équilibrer maintenant ; la *perte* est donc supérieure *au tiers* du poids total.

C'est que la craie est un *corps composé*, un *carbonate*, analogue aux carbonates

Fig. 144. — Four à chaux.

de potassium et de sodium dont nous avons déjà parlé. En la chauffant, elle perd son *gaz carbonique* et on donne le nom de *chaux* au produit restant.

L'industrie prépare la chaux en chauffant un carbonate de calcium naturel dans des fours de maçonnerie nommés fours à chaux (*fig.* 144).

Propriétés de la chaux. — *Expérience.* — Prenons un bâton de craie devenu *bâton de chaux*, mettons-le dans un godet et versons un peu d'eau dessus : la chaux se gonfle et se fend, elle devient très chaude, l'eau bout et de la vapeur s'échappe. On dit que la chaux *s'éteint*.

La chaux vive se combine avec l'eau et il y a production de chaleur.

D'ailleurs ce corps est très avide d'eau, il *dessèche l'air* emprisonné dans un espace clos, et les substances animales enfouies avec de la chaux vive sont rapidement *détruites*.

Expérience. — Prenons un peu de chaux éteinte et agitons-la avec de l'eau, nous obtenons une liqueur blanche que l'on nomme *lait de chaux*. Étendons avec un pinceau une légère quantité de ce liquide sur une planche par exemple. Après dessiccation, le bois se trouve couvert d'une *couche blanche*. On peint de cette façon les murs de certaines habitations, les écuries, les étables, les poulaillers, etc., pour les assainir. C'est la *peinture au badigeon*. De même, pour chasser les insectes, on badigeonne les *tiges des arbres fruitiers*, et il est bon, avant de semer le blé, de répandre un lait de chaux sur la semence. Cette pratique se nomme *chaulage*.

Usages de la chaux dans la construction. — Vous savez que, pour construire avec de la brique, par exemple, les maçons préparent une espèce de pâte que l'on nomme *mortier*. Pour obtenir ce dernier, on éteint de la *chaux* et on y ajoute du *sable*. Le tout, bien mélangé, sert à joindre les briques auxquelles, en se desséchant, le mortier finit par adhérer. L'expérience a établi que le mortier ne devient dur et adhérent qu'autant qu'il reste en contact avec l'air un temps suffisant. Dans ce contact, le *gaz carbonique* atmosphérique transforme à nouveau la chaux du mortier en *carbonate*, lequel devient dur.

Les divers matériaux qui entrent dans une maçonnerie : briques, cailloux, pierres, se trouvent joints par le mortier, mais ce dernier ne saurait durcir sans l'action du gaz carbonique de l'air.

Il existe une variété de chaux qui *durcit dans l'eau*, on la nomme *chaux hydraulique*.

L'argile cuite, mêlée à la chaux, la rend hydraulique.

Le *ciment*, de couleur grise, est une chaux de cette espèce.

Carbonates de calcium. — La chaux se combine souvent avec l'acide carbonique, et les *carbonates* qui en résultent sont très nombreux. Nous citerons notamment :

1° La *craie*, ou blanc d'Espagne, employée pour nettoyer le verre et pour écrire au tableau noir;

2° Les *marbres*, ou carbonates cristallisés, employés dans les arts de décoration. Les plus beaux marbres sont les *marbres blancs* ou *statuaires*; mais il en est de *colorés* également fort estimés;

3° Les *calcaires*, les *pierres à bâtir*, les *marnes* qui sont des carbonates impurs et dont les usages sont divers.

Toutes ces pierres se tirent des carrières.

Sulfate de calcium. — On le nomme *plâtre* et on le tire du *gypse*, pierre très abondante dans le bassin de Paris (*fig.* 145).

La pierre naturelle est calcinée dans un four (*fig.* 146), broyée dans un moulin et tamisée.

Avec l'eau, le plâtre forme une pâte liante; on en fait des plafonds, des motifs de décoration, des modèles à dessin, etc.

Comme le soufre, le plâtre prend l'empreinte des objets contre lesquels on l'applique.

Expérience. — Voici une médaille bien propre, passée au savon dissous et séchée avec soin. Versons dessus une bouillie de plâtre. Dans quelques heures, nous pourrons enlever la médaille; le plâtre durci en aura pris l'empreinte fidèle.

Fig. 145. — Gypse fer de lance.

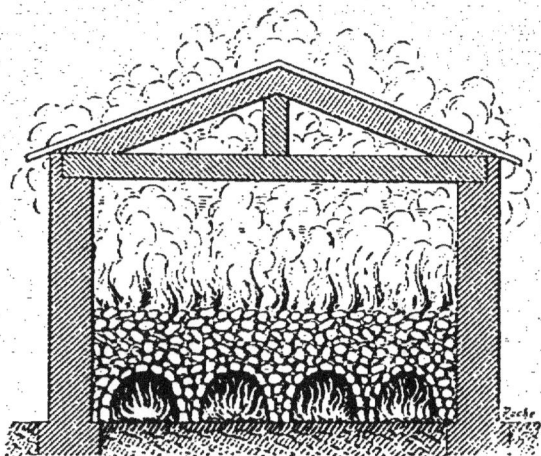

Fig. 146. — Four à plâtre.

Questions. — Qu'arrive-t-il si on chauffe de la craie au rouge? — Comment prépare-t-on la chaux? — Qu'arrive-t-il si on verse de l'eau sur de la chaux vive? — A quoi sert le lait de chaux? — Qu'est-ce que le mortier? — A quoi sert-il? — Que faut-il pour qu'il durcisse? — Qu'est-ce que la chaux hydraulique? — Nommez des carbonates de calcium. — A quoi servent-ils? — Comment obtient-on le plâtre? — Quelle est son utilité?

RÉSUMÉ. — La craie est du carbonate de calcium; en la chauffant, le gaz carbonique se dégage et la chaux est le produit restant.

L'eau éteint la chaux vive et cette dernière sert à préparer le mortier qui durcit à l'air. Cuite avec l'argile, elle donne la chaux hydraulique qui durcit dans l'eau.

Le marbre, la craie, la marne, les calcaires sont des carbonates et le plâtre est un sulfate. Leurs usages sont nombreux.

Exercices d'observation. — On vous a recommandé de ne pas vous approcher de la fosse où l'on éteint de la chaux; pour quelle raison? — Dans le bassin de Paris, la chaux provient des départements de la vallée de la Marne et on la transporte souvent par eau à l'aide de chalands; savez-vous ce qui arrive quand une voie d'eau vient à se déclarer à bord de ces bateaux? — A la ferme, une bête est morte de maladie, on l'enfouit et on couvre le cadavre d'une couche de chaux vive; quel est le but de cette opération? — Pour conserver le plâtre, la chaux, le ciment, on les met dans des sacs ou dans des barils et on les place dans un lieu sec; pour quelle raison?

Rédactions. — 1. La chaux, ses propriétés et ses usages.
2. Quels composés de la chaux emploie-t-on encore dans la construction?

Problème. — Une marne contient : matières terreuses, 50 0/0; eau, 5 0/0; craie, 45 0/0. Soumise au feu, elle donne 32 0/0 de chaux vive. Trouver d'après cela ce que contient une tonne de marne, en matières terreuses, en eau, en craie, et combien elle donnera de chaux vive.

LE FUMIER DE LA FERME ET LES ENGRAIS

Toute richesse vient de la terre, dit un axiome d'ailleurs fort juste, mais il est bon de savoir toutefois que la terre ne donne pas : *elle prête*, et l'idée de prêter entraîne avec elle celle de rendre.

L'agriculteur doit restituer au sol les éléments que ce dernier lui a prêtés.

Ce principe élémentaire est la *base de toute culture*, et c'est faute de l'avoir appliqué toujours que des contrées, autrefois renommées pour leur fertilité surprenante, ne produisent presque plus maintenant.

Examinons un champ de blé au temps de la moisson : d'où viennent ces chaumes blonds si pressés et ces épis dorés aux grains durs et lourds? De l'*atmosphère* pour une petite partie, du *sol* pour la plus grande.

L'année qui suivra amènera avec elle une moisson nouvelle dont la terre fera encore tous les frais, et il en sera toujours ainsi.

A ce compte la terre irait s'appauvrissant, comme s'appauvrit le trésor auquel on puise sans compter.

Or, on nomme *engrais*, toutes les substances qui restituent au sol les éléments qu'il a perdus, rendant ainsi la *fertilité primitive, constante et continue*.

De tous les engrais, le plus important est le *fumier de la ferme*.

Composition du fumier. — Le fumier est le produit des *déjections* solides et liquides des animaux, mélangées aux substances végétales qui leur ont servi de *litière*.

Ce mélange complexe, exposé à l'air, subit une *fermentation active* et, de *fumier frais*, passe à l'état de *fumier fait*.

On doit trouver dans le fumier fait toutes les matières indispensables à la plante, matières que nous connaissons déjà et qui sont l'azote organique, l'acide phosphorique, la potasse et la chaux.

L'analyse chimique montre que toutes ces substances sont en effet contenues dans le *fumier fait* ; aussi ce dernier est considéré à juste titre comme un *engrais complet*.

Comment on dispose la fosse à fumier. — Le fumier, avons-nous dit, comprend des matières solides et des matières liquides. Ces dernières constituent le *purin*, lequel, par suite d'une routine condamnable, est trop souvent considéré comme partie peu importante.

C'est le contraire qui est la vérité: le purin est la partie la plus importante du fumier, la plus riche en azote, la plus active. Le cultivateur qui la laisse perdre jette son argent au ruisseau (*fig.* 147).

La fosse à fumier doit donc comprendre une *citerne* pour recueillir le purin et le sol de cette fosse, comme celui des écuries et étables, doit *être pavé* et rendu imperméable (*fig.* 148).

Le fumier doit être disposé par *tas isolés* ; il est bon de le remuer souvent, de l'*ombrer* pendant les chaleurs et de l'*arro-*

Fig. 147. — A gauche, tas de fumier mal tenu.
Le purin se perd dans le ruisseau.

ser avec le purin de la citerne ; cette dernière sera donc munie d'une *pompe*.

Fig. 148. — Tas de fumier bien tenu. Le purin est recueilli dans une citerne.

Le fumier n'a d'activité qu'après la fermentation, et celle-ci, pour se produire, demande le double concours de l'humidité et de la chaleur.

D'autre part, la présence de l'air est indispensable, mais il faut éviter la déperdition des principes actifs, soit par évaporation, soit par échauffement.

Les fumiers sont transportés aux champs quand il est nécessaire, on les dispose par *tas égaux, également espacés*; on les épand en couche régulière et on les enfouit *de suite* à l'aide de la *charrue*.

Engrais commerciaux. — L'agriculteur avisé, quoi qu'il fasse, n'aura jamais trop du fumier d'écurie ou d'étable; il aura donc souvent avantage à faire usage d'engrais pris en dehors de la ferme, et nommés *engrais chimiques*.

Mais il ne faut pas oublier que ces engrais ne valent que pour l'*azote*, l'*acide phosphorique* et la *potasse assimilables* qu'ils contiennent. De plus leur emploi doit être raisonné car il est délicat et il ne faut pas perdre de vue que :

Si le fumier convient à toutes les cultures, il en est autrement de l'engrais chimique, dont il faut connaître le rôle avant d'en faire usage.

Questions. — Que nomme-t-on engrais? — Qu'arriverait-il si on n'en faisait pas usage? — Quel est l'engrais le plus important? — De quoi se compose-t-il? — Quelle est l'importance du purin? — Comment dispose-t-on le fumier dans la fosse? — Quels soins réclame-t-il? — Comment l'utilise-t-on? — Qu'est-ce qu'un engrais commercial? — Quels sont les éléments qui ont de la valeur dans cet engrais? — Peut-on l'employer à toute culture?

RÉSUMÉ. — La terre nourrit les plantes, mais il faut lui restituer, sous forme d'engrais, ce qu'elle a fourni. L'engrais principal est le fumier et la partie la plus active est le purin.

On dispose le fumier par tas que l'on remue parfois. Pendant les chaleurs, on ombre et on arrose les tas avec le purin.

Aux champs, on répand régulièrement le fumier et on l'enfouit de suite. L'emploi bien compris des engrais commerciaux augmente le rendement.

Exercices d'observation. — Michel est un bon cultivateur; sa fosse à fumier est spacieuse, pavée, commode d'accès; énumérez les avantages qu'elle présente et dites pourquoi. — Le fumier trempe dans le purin, est-ce un avantage ou un inconvénient? Dites pourquoi. — La fosse à fumier d'André est au soleil; celle de Pierre est à l'ombre; lequel des deux est le plus avisé? — A la ferme, on transporte les fumiers sur les terres, on les épand de suite et on les enfouit, vaudrait-il mieux attendre ou, sinon, pourquoi?

Rédactions. — 1. Établissez une comparaison entre une fosse à fumier bien tenue et une fosse mal tenue.

2. Soins à donner aux fumiers. Purin. Engrais commerciaux.

Problème. — Un engrais contient sur 100 kilogrammes : azote, 5kg,500 à 2 francs le kilogramme; acide phosphorique, 1kg,900 à 0 fr. 55; potasse, 1kg,200 à 0 fr. 50; terreau, 48 kilogrammes à 0 fr. 02. Le reste est sans valeur appréciable. Trouver le prix d'une tonne de cet engrais.

LES ORGANES DU MOUVEMENT CHEZ L'HOMME. — LES OS

Examinons une plante : elle croît là où la nature l'a placée ou bien, si elle est cultivée, à l'endroit que l'homme a choisi pour elle. Elle *ne saurait quitter le sol* auquel elle est attachée par ses racines.

Il en est autrement de l'animal. Il *exécute des mouvements* et il se transporte d'un lieu à un autre.

De tous les êtres organisés, l'homme et l'animal sont les seuls qui peuvent se déplacer et exécuter des mouvements volontaires.

Cette fonction du mouvement, chez les animaux, se nomme *locomotion*, et elle s'opère à l'aide d'*organes*.

Organes de la locomotion. — Avez-vous regardé travailler une de ces puissantes machines que l'industrie utilise ? Avec un peu d'attention, vous pourrez y découvrir trois éléments d'ordre différent :

1° Un ensemble de *pièces* ou *leviers* organisés en vue du travail à exécuter; 2° une *force aveugle* qui va les mettre en mouvement, vent, eau, vapeur, électricité ; 3° une *force intelligente, voulue*, sans laquelle les autres ne feraient rien d'utile, et représentée, en l'espèce, par l'ouvrier qui *commande et dirige*.

L'appareil de locomotion animale est semblable à la machine :

1° Les leviers, *organes passifs*, sont représentés par les *os* ;

2° Les forces, *organes actifs*, sont représentées par les *muscles* ;

3° La puissance qui *commande et dirige* est représentée par les *nerfs*.

Tout mouvement chez les animaux demande le triple concours des os, des muscles et des nerfs.

Nous n'étudierons aujourd'hui que le système osseux.

Les os. — Le squelette. — Voici quelques os que nous avons conservés à dessein; nous allons les examiner attentivement.

Le premier est assez développé (*fig.* 149); sa forme est cylindrique et ses deux extrémités ou *têtes* sont arrondies; c'est un *os long*. Le second est de dimensions beaucoup plus petites; il est également rond : c'est un *os court*.

Le troisième est constitué par deux lames appliquées l'une contre l'autre, c'est un *os plat*.

Voici encore un os de jeune veau, que le boucher a fendu suivant sa longueur, et un autre de bœuf, scié en deux par le travers. Ces *deux os sont frais* et nous apercevons sans peine qu'ils sont revêtus d'une *enveloppe ténue et délicate*, laquelle forme comme un étui. Cette enveloppe a une importance capitale, on la nomme *périoste*. **C'est la mère nourrice de l'os, et ce dernier cesse de croître et meurt si le périoste disparaît.**

Sur la coupe fraîche de l'os, et en son milieu, nous observons une masse molle, graisseuse et jaunâtre, c'est là *moelle;* les os longs seuls en présentent.

Quant à l'os jeune, nous pouvons remarquer que les régions extrême et médiane ont une certaine dureté, mais que le reste est formé d'une matière inconsistante et translucide que l'on appelle *substance cartilagineuse.*

À l'origine, tous les os sont *mous* et cartilagineux, ils durcissent peu à peu et ce durcissement se nomme *ossification*. Le cartilage s'imprègne lentement de *matières minérales* dont les principales sont des *phosphates*. Si l'ossification se fait mal, il en résulte des déformations et l'affection se nomme *rachitisme*. On combat le rachitisme par une *nourriture substantielle*, riche en principes minéraux *phosphorés*, et on empêche les déformations de se produire par l'emploi de *corsets de cuir et de métal*. L'ensemble des os se nomme *squelette* et l'étude de ce dernier comprend les os de la *tête*, les os du *tronc* et ceux des *membres* (*fig.* 150).

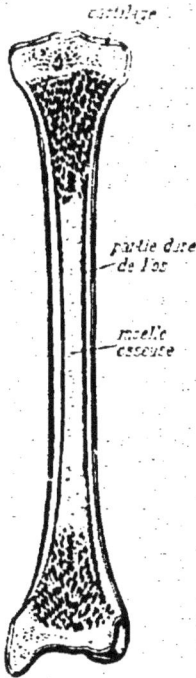

cartilage

partie dure de l'os

moelle osseuse

FIG. 149. — Os long coupé suivant l'axe.

LES ORGANES DU MOUVEMENT CHEZ L'HOMME. — LES OS 131

Os de la tête. — En premier lieu on distingue une série d'os *plats* (*fig.* 151), qui forment une boîte nommée *crâne*. Le crâne comprend en avant le *frontal*, en arrière l'*occipital*, sur les côtés les *temporaux* et les *pariétaux*. Le crâne loge le *cerveau*.

En second lieu sont les *os de la face*; ils comprennent les deux *mâchoires* ou ma-

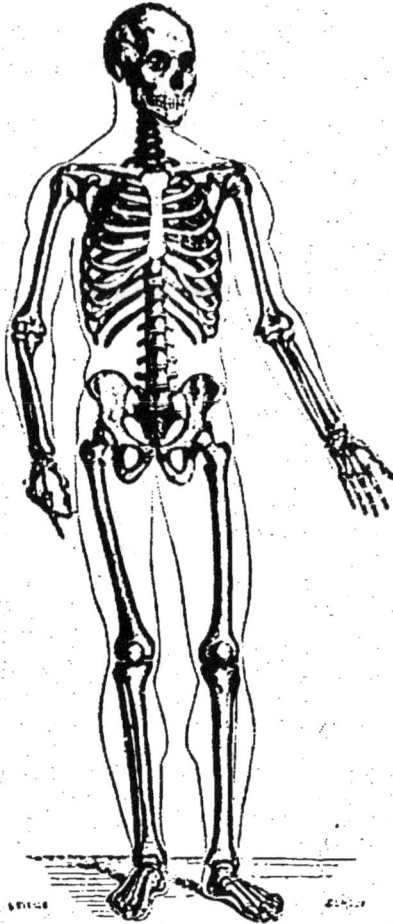

Fig. 151. — Os du crâne.

xillaires, les os des *joues*, du *nez* et de la *voûte du palais*.

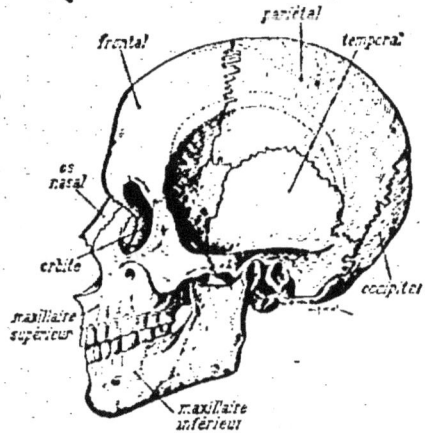

Fig. 150. — Squelette de l'homme.

Os du tronc. — Le tronc comprend la *colonne vertébrale* et les *côtes* (*fig.* 152 et 153).

La colonne est formée de 32 os nommés *vertèbres*. Chaque vertèbre a la forme d'un disque et est creusée d'une cavité. Elle présente extérieurement trois *pointes épineuses*. La colonne loge la *moelle épinière*.

Les côtes sont des os en cerceau, on en compte 12 *paires*. Chaque paire est attachée en arrière à la colonne vertébrale, et, en avant, presque toutes viennent se fixer sur un os plat nommé *sternum*. Les côtes servent de limite à la

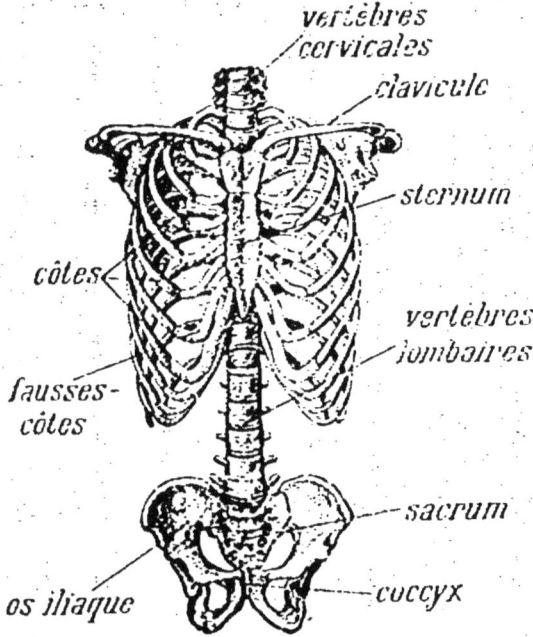

FIG. 152. — Colonne vertébrale, côtes et bassin.

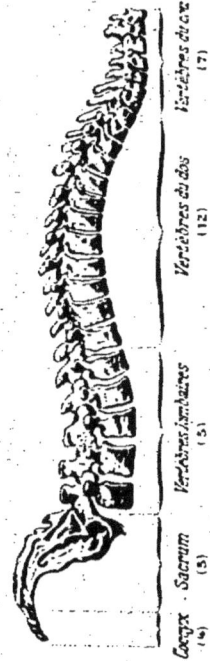

FIG. 153. — Colonne vertébrale et ses subdivisions.

cavité que l'on appelle *poitrine* ou *thorax*.

Os des membres. — Chaque *membre supérieur* comprend : 1° l'*épaule* et ses deux os, l'*omoplate* et la *clavicule* ; 2° le *bras* et son os, l'*humérus* ; 3° l'*avant-bras*, qui compte le *radius* et le *cubitus* ; 4° les os du *poignet* et de la *main*.

Chaque *membre inférieur* comprend : 1° la *hanche* et son os, l'*iliaque* ; 2° la *cuisse* et son os, le *fémur* ; 3° le *genou* et la *rotule* ; 4° la *jambe* et ses deux os, le *tibia* et le *péroné* ; 5° les os de la *cheville* et du *pied*.

Questions. — Quels sont les êtres qui possèdent la faculté de se mouvoir ? — Qu'est-ce que la locomotion ? — Quelle est la fonction de l'os, du muscle, du nerf ? — Donnez les caractères de l'os long, de l'os court, de l'os plat. — Quelle est la fonction du périoste ? — Quelle est la nature de l'os à l'origine ? — Qu'est-ce que l'ossification ? — Nommez les os de la tête, ceux du tronc, ceux des membres supérieurs, ceux des membres inférieurs.

RÉSUMÉ. — Les animaux ont la faculté de se mouvoir.

Les os sont les organes passifs des mouvements, les muscles commandés par les nerfs en sont les organes actifs.

A l'origine, les os sont des cartilages, leur durcissement se nomme ossification.

D'après leur forme, les os se divisent en os longs, os courts et os plats. Le périoste est la partie la plus importante de l'os.

L'ensemble des os constitue le squelette qui comprend la tête, le tronc, les membres.

Exercices d'observation. — Un enfant qui tombe violemment ne se brise pas aussi souvent les os qu'une grande personne; pour quelle raison ? — Le petit Léon est malingre et son dos se voûte ; pourquoi le médecin lui a-t-il prescrit le repos et une nourriture substantielle ? — Pourquoi, lorsqu'on est jeune surtout, faut-il prendre à la maison, à l'école et à l'atelier, l'habitude d'une bonne tenue du corps ?

Rédactions. — 1. Les os en général. Durcissement. Diverses espèces, fonction du périoste.
2. Description du squelette de l'homme.

LES ORGANES DU MOUVEMENT. — MUSCLES ET ARTICULATIONS

Examinons ce morceau de viande fraîche, nous reconnaissons, dans la masse qui le forme, une multitude de petites *fibres allongées* et de *couleur rouge*. Ces fibres, renflées en leur milieu et appointies aux extrémités, se nomment des *fibrilles musculaires*, et il vous est arrivé peut-être, quand la viande est bouillie et cuite, de les isoler par petits paquets avec les dents de la fourchette.

Tout muscle résulte de la réunion d'un nombre plus ou moins grand de fibrilles enveloppées par une trame délicate, blanche et transparente.

Serrez avec la main droite le muscle de votre bras gauche, puis rapprochez votre main gauche de l'épaule.

Vous sentez le muscle grossir sous la pression de vos doigts.

C'est que, dans tout muscle vivant, les *fibrilles élastiques* sont *contractiles* et cette contractilité est la propriété fondamentale du muscle vivant.

Fatigue musculaire. — Tendez votre bras, vous ne pourrez longtemps rester dans cette position gênante. Efforcez-vous pourlant de prolonger cette situation : une fatigue extraordinaire vous envahira bientôt, et le *muscle surmené*, ramené à l'état de repos, continuera à s'agiter de mouvements fébriles.

Cette fatigue se nomme *courbature* ; il faut l'éviter.

La contraction d'un muscle ne saurait être continue, toute période d'activité doit toujours être suivie d'une période de repos. L'homme et l'animal qui ont travaillé ont droit au repos réparateur.

Fig. 154. — La natation développe les forces musculaires

Tous les exercices physiques qui ont pour but le développement musculaire (*fig.* 154) sont d'une utilité incontestable : la marche, la course, le saut, la lutte, la natation, la gymnastique, les travaux manuels, les sports et les jeux au grand air, rendent *l'homme fort, vigoureux et adroit*.

Fig. 155. — Muscle biceps et ses tendons terminaux.

Articulation. — Tout muscle part le plus souvent d'un os pour aboutir à un autre. Pour cela, le muscle se termine à chaque extrémité par un *cordon* jaunâtre, *inextensible* et fort résistant (*fig.* 155).

Ce cordon est un tendon, et c'est par son intermédiaire que les muscles s'attachent aux os.

D'autre part, les extrémités ou têtes de deux os qui se suivent sont conformées de manière à tourner ou à rouler facilement l'une sur l'autre.

Ce mode d'assemblage se nomme *articulation* (*fig.* 156).

Une matière huileuse, nommée *synovie*, humecte constamment les pièces d'assemblage et facilite leur glissement.

Des mouvements violents, imprimés aux articulations, peuvent néanmoins rompre l'équilibre et causer une *entorse* ou une *luxation*. Il faut alors appeler le médecin et suivre ses prescriptions.

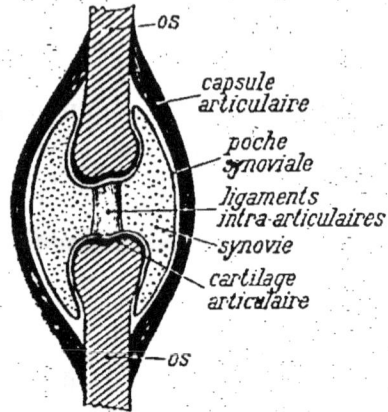

Fig. 156. — Articulation des os.

Questions. — De quoi sont formés les muscles? — Quelle est la principale propriété du muscle vivant? — Expliquez comment un muscle se contracte et ce qui en résulte. — Comment peut-on développer les muscles? — Qu'est-ce que la courbature? — Le repos des muscles est-il nécessaire? — Qu'est-ce qu'un tendon? — Comment sont disposées les extrémités de deux os qui se suivent? — Qu'appelle-t-on articulation? — Qu'est-ce que la synovie? — Comment peut se produire une entorse, une luxation?

RÉSUMÉ. — Les muscles sont formés par la réunion de fibrilles contractiles. Tout muscle qui travaille change de forme et de longueur; il conserve son volume. Le muscle qui travaille produit la fatigue que le repos fait disparaître.

Les tendons qui terminent les muscles servent à les attacher aux os et on appelle articulation le mode d'assemblage des os entre eux.

Tout déplacement exagéré dans une articulation constitue une entorse ou une luxation.

Exercices d'observation. — Dans une séance de gymnastique bien comprise, on fait agir successivement les muscles de la tête, du tronc, des membres; pour quelle raison? — Le forgeron et le boulanger ont de gros bras; le facteur, le montagnard ont de gros mollets; en voyez-vous la raison? — François est employé dans un bureau où il écrit une partie de la journée ; aux heures de loisir, il fait de longues promenades ; a-t-il raison et pourquoi? — Vous êtes resté longtemps dans une position fatigante; d'où provient le fourmillement que vous ressentez dans les membres?

Rédactions. — **1.** Structure et mode de fonctionnement des muscles. Exercices propres à assurer leur développement. Nécessité du repos.

2. Mode d'insertion des muscles sur les os. Articulation. Énumérez les principales articulations du corps humain.

LE SYSTÈME NERVEUX

Voici une corbeille toute remplie de pommes. Quels jolis fruits et comme leurs couleurs sont riches et variées!

En voici de jaunes comme des citrons, de rouges comme des tomates mûres, d'autres ont la peau rayée de rose, de jaune et de vert.

Les formes ne sont pas moins variées que les couleurs ; touchez-les et sous le doigt vous les trouverez rudes ou douces, arrondies, anguleuses ou côtelées. Inutile de les sentir, car le parfum délicat et pénétrant qui s'en dégage va emplissant la salle.

Elles sont enfin aussi agréables au goût qu'elles sont jolies aux yeux, et nous allons en partager quelques-unes pour que nous puissions en apprécier la saveur.

Voulez-vous bien remarquer maintenant que, pour faire les constatations précédentes, nous avons eu besoin de regarder les fruits, de les toucher, de les sentir, de les goûter.

Les organes avec lesquels nous apprécions les qualités des corps qui nous entourent sont les organes des sens.

Nous venons à l'instant d'en mettre quatre à contribution, ce sont la *vue*, le *toucher*, l'*odorat*, le *goût*. Nous savons par expérience que si nous laissions tomber le contenu de la corbeille, les fruits produiraient un *bruit* en touchant le plancher.

Ce bruit serait perçu grâce à l'oreille. L'ouïe est le cinquième sens.

Si nous voulons entendre un son, nous prêtons l'*oreille*; de même nous dirigeons nos *yeux* vers l'objet qu'il nous plaît d'observer.

A l'aide du *nez*, nous percevons les odeurs et la sensation du goût nous est donnée par la *langue* et la *bouche*. Ces quatre sens sont donc bien localisés; mais la sensation du *toucher* s'opère par le corps entier, en remarquant pourtant qu'elle n'est bien nette que pour la *paume de la main*.

Les organes des sens, à part celui du toucher, sont mis en *relation directe* avec le cerveau au moyen de *nerfs spéciaux*.

Chaque nerf transmet au cerveau l'impression particulière reçue par l'organe où il aboutit.

Toute impression cesse d'être perçue si le nerf est coupé ou si son activité est éteinte. Dans ce dernier cas, il y a *paralysie* et, bien que l'organe persiste, il ne *fonctionne plus*.

Le cerveau. — Le *cerveau* est placé dans le crâne, il se divise en deux moitiés, gauche et droite, que l'on nomme *hémisphères* (*fig.* 157).

Il est posé sur un *pédoncule* qui le soutient comme la queue soutient le fruit. Ce pédoncule, nommé *bulbe*, se continue par un cordon cylindrique qui, sous la désignation de *moelle épinière*, pénètre dans le canal des vertèbres pour en occuper toute la longueur.

Fig. 157. — Hémisphères cérébraux (coupe).

Le cervelet. — Enfin le cerveau recouvre en partie une petite masse nerveuse placée au-dessous et en arrière, et comme lui encore, fixée sur le pédoncule. On nomme cette masse le *cervelet*.

Le cervelet commande aux muscles soumis à notre volonté ; il précise et limite les mouvements qui correspondent à tout acte volontaire.

Les savants font parfois des expériences cruelles que la recherche et le besoin de savoir peuvent seuls excuser.

Ainsi, un pigeon auquel on enlève le cervelet continue de vivre

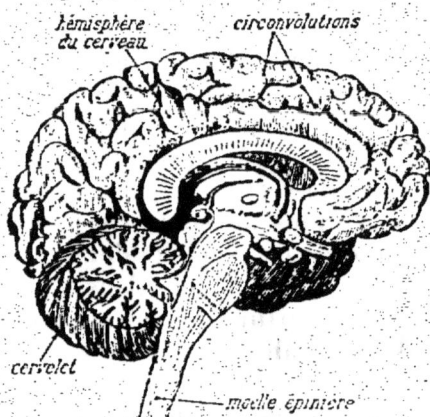

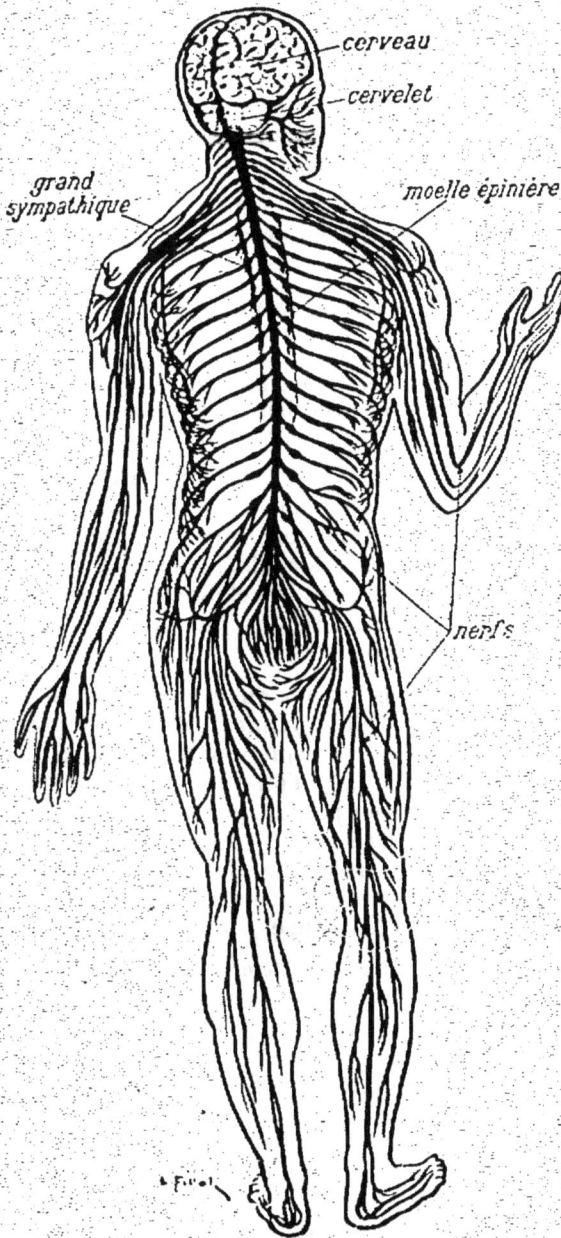

Fig. 158. — Système nerveux de l'homme.

cerveau

cervelet

grand sympathique

moelle épinière

nerfs

encore quelque temps. Si on le jette en l'air, il agite ses ailes et il vole, mais il le fait à l'aventure ; ses mouvements ont perdu tout équilibre, toute harmonie. Il ne sait plus tourner, virer, planer ; il se heurte à tous les obstacles qu'il rencontre.

Il n'a pas perdu la faculté de se mouvoir, mais il a perdu celle de se diriger. Il est devenu une pauvre machine inconsciente qui s'agite sans but comme sans raison.

Vous avez peut-être observé des malheureux dont la démarche est déséquilibrée, qui sans motif agitent les bras, la tête. Il ne faut pas rire de ces pauvres êtres dont le cerveau est malade.

L'ivrogne seul n'est pas à plaindre, car si sa démarche est devenue heurtée et titubante, c'est qu'il l'a bien voulu.

Le cervelet du buveur est momentanément congestionné par les vapeurs de l'alcool.

Vous avez remarqué encore que tous les mouvements que nous faisons ne sont point *volontaires*. Ceux qui intéressent le cœur, les poumons, l'estomac, par exemple, se font à notre insu et sans que nous y pensions. *Ces mouvements ne sont pas régis par la volonté.*

En résumé, la plupart des mouvements volontaires ou involontaires sont transmis par les nerfs qui partent soit du cerveau, soit de la moelle pour se répandre dans le corps entier (*fig.* 158).

Questions. — Par quel intermédiaire sommes-nous mis en rapport avec les corps qui nous entourent? Donnez des exemples. — Quelle est la fonction de tout nerf? — Quel est l'organe central du système nerveux? — Comment est disposé le cerveau? — Quelles sont les parties qui s'y rattachent? — Quelle est la fonction particulière du cervelet? — Existe-t-il des mouvements qui s'opèrent sans le concours de la volonté?

RÉSUMÉ. — Les organes des sens nous mettent en rapport avec le monde extérieur. Chaque sens est réuni au cerveau par des nerfs.

Le cerveau est l'organe central qui concentre les impressions; il est logé dans le crâne, ainsi que le pédoncule, le cervelet et le bulbe.

Le cordon nerveux se prolonge dans la colonne vertébrale, c'est la moelle épinière d'où partent les nerfs des membres et aussi ceux qui n'obéissent pas à la volonté. ·

Exercices d'observation. — Vous ignorez qu'un corps est chaud et vous le prenez avec la main ; expliquez comment s'établit l'impression que vous ressentez et les mouvements que vous faites en cette circonstance. — Vous êtes déjà grand et l'on vous a recommandé de ne jamais soulever les petits en les prenant par la tête ; pour quelle raison? — Une personne est prise subitement d'une attaque nerveuse, pourquoi lui met-on de l'eau froide sur la tête? — Vous avez entendu dire d'un morceau de viande difficile à mâcher qu'il est très nerveux. Cette expression est-elle juste et, sinon, pourquoi ?

Rédaction. — Faites la description du système nerveux.

LES ORGANES DES SENS

Les sens, avons-nous dit, nous mettent en relation avec le monde qui nous entoure ; et chacun d'eux nous donne une *impression spéciale et particulière.*

C'est ainsi que toute excitation de l'organe de l'ouïe se transforme en *bruit*; tout choc appliqué sur les yeux devient une *sensation lumineuse*. De même le nez n'est sensible qu'aux *odeurs*, la langue n'est impressionnée que par les *saveurs* que développent certains corps.

Nous allons examiner maintenant comment s'exercent ces impressions et constater que toutes sont transmises au *cerveau* qui nous les fait con- naître.

1. L'oreille : les sons. — Voici une petite clochette que nous agitons. Le *son* produit se répand à travers l'espace et, grâce à l'*air qui le conduit*, il arrive à nos oreilles.

Il est recueilli par la partie extérieure de l'or- gane que l'on nomme *pavillon* (*fig.* 159).

Les vibrations sonores s'engagent alors dans un tube au fond duquel

FIG. 159. — L'oreille et ses diverses parties.

est tendue une membrane mince et délicate que l'on appelle *tympan b*.

La membrane vibre à son tour et l'ébranlement se commu- nique à une petite *chaîne d'osselets y* qui y fait suite. Le son gagne ainsi l'*oreille profonde* et impressionne les ramifications terminales d'un nerf qui vient du cerveau et qu'on désigne sous le nom de *nerf acoustique*.

Ce dernier transmet l'impression reçue.

II. L'œil : la vue. — En regardant dans une glace l'image de notre œil, nous avons remarqué que, dans sa partie décou- verte, cet organe a la forme d'un *globe de couleur blanche* (*fig.* 160). La surface avant est *transparente* sur une certaine étendue : c'est la *cornée*. La lumière traverse la cornée, mais une faible portion ira seule plus loin.

La plus grande partie de la lumière est arrêtée par un écran vertical tendu derrière la cornée et nommé iris.

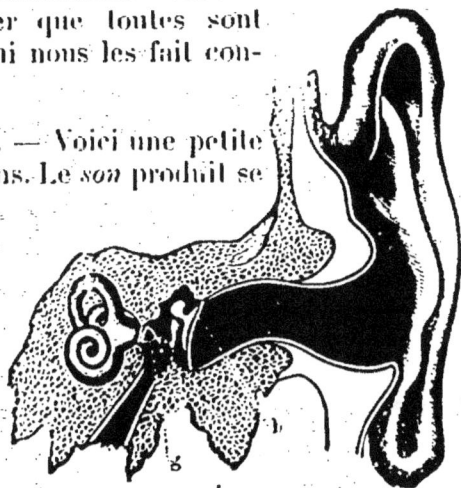

L'*iris* est formé de fibres rayonnantes qui, très élastiques, se resserrent ou se dilatent pour *agrandir* ou *diminuer* une ouverture centrale désignée sous le nom de *pupille*.

Le diamètre de la pupille varie avec l'éclat de la lumière.

Les rayons lumineux traversent une sorte de lentille appelée le *cristallin*, qui les concentre de façon à ce qu'ils tombent sur le fond de l'œil, sur la *rétine* qui est formée par les ramifications du nerf optique conduisant au cerveau.

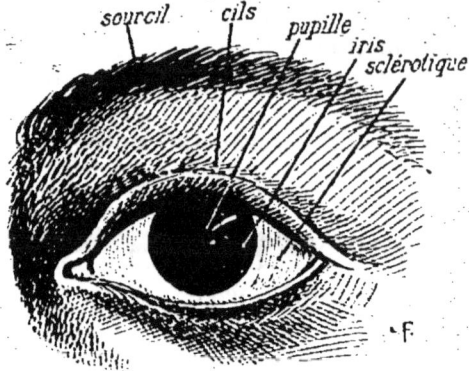

Fig. 160. — Les parties extérieures de l'œil.

III. Le nez : les odeurs. — Le nez (*fig.* 161) est divisé en deux cavités appelées *narines* qui communiquent en arrière vers la *gorge*. Les narines sont tapissées à l'intérieur par une *membrane* qui sécrète un liquide épais ou *mucus*. Sous cette membrane viennent s'épanouir les fibres terminales du *nerf de l'odorat*. Plaçons sur le bureau un morceau de *camphre*; ce corps est volatil; de fines parcelles microscopiques s'en détachent constamment; elles flottent dans l'air, arrivent jusqu'au nez, s'y engagent en même temps que l'air. Elles sont *retenues* au passage par la *mucosité*, dans laquelle elles se *dissolvent*, pour finalement gagner les ramifications nerveuses qui transmettent l'impression.

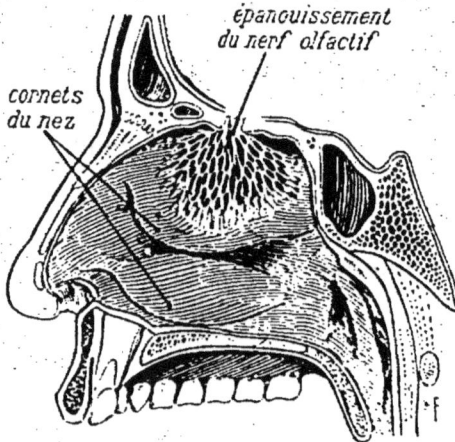

Fig. 161. — Coupe du nez et de la partie supérieure de la bouche.

Vous comprendrez d'après cela qu'il ne saurait y avoir perception d'odeur : 1° si le corps considéré *n'émet pas* de particules ; 2° si la membrane du nez est *sèche* ; 3° si les particules ne sont pas *solubles* dans la mucosité ; 4° si le mucus est *trop épais* ou *trop abondant*.

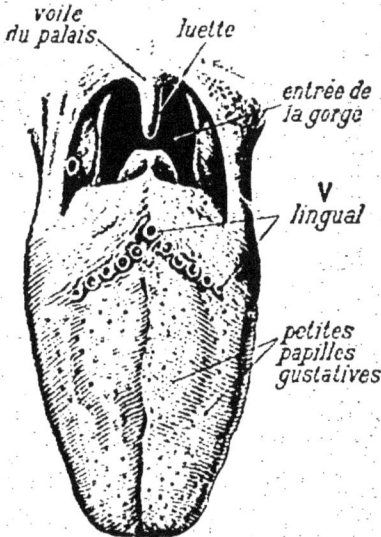

voile du palais — luette — entrée de la gorge — V lingual — petites papilles gustatives

Fig. 162. — La langue.

IV. La langue : les saveurs.

IV. La langue : les saveurs. — La langue (*fig.* 162) est une partie charnue et mobile, dont la surface est tapissée de petites aspérités que l'on appelle *papilles* et où viennent aboutir les nerfs *gustatifs*.

Pour qu'il y ait impression, il faut que les corps soient *en contact* avec les papilles et qu'ils se *dissolvent dans la salive.*

V. La peau : le toucher.

V. La peau : le toucher. — La peau revêt le corps entier ; elle présente en *tous points* et surtout sur les doigts des filets nerveux qui y aboutissent (*fig.* 163).

C'est par l'intermédiaire de ces filets que s'exerce le *toucher.* Ce sens nous renseigne sur la consistance des corps,

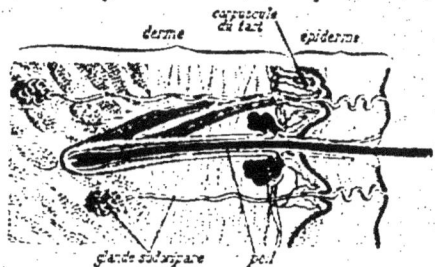

corpuscule du tact — derme — épiderme — glande sudoripare — poil

Fig. 163. — Coupe de la peau.

l'état de leur surface, la forme, le poli, la température, etc.

Questions. — Nommez les parties principales de l'oreille. — Indiquez comment le son gagne l'oreille profonde. — Quelle est la fonction du pavillon? celle du tympan? de la chaîne des osselets? — Faites la description de l'œil. — A quoi servent l'iris? le cristallin? — Quelle partie reçoit l'impression lumineuse ? — Quelle est la structure du nez? — Pourquoi est-il toujours humide? — Comment s'exercent l'odorat? le goût? le toucher?

RÉSUMÉ. — L'oreille est l'organe de l'ouïe. Le son recueilli par le pavillon ébranle le tympan et gagne l'oreille interne par la chaîne des osselets. L'impression est transmise au cerveau par l'intermédiaire du nerf acoustique.

L'œil est l'organe de la vue. Le rayon lumineux traverse la cornée, il s'engage dans l'ouverture variable de l'iris nommée pupille, et dans le cristallin qui fait fonction de lentille. De là il tombe sur la rétine et l'impression gagne le cerveau par le nerf optique.

Les particules odorantes, charriées par l'air, pénètrent avec lui dans les fosses nasales. Arrêtées par le mucus que sécrète la membrane, elles font impression sur les fibres nerveuses placées au-dessous.

Le goût s'exerce par le contact des corps avec les papilles nerveuses de la langue, et le toucher, par des filets nerveux placés sous la peau, particulièrement celle des doigts.

Exercices d'observation. — Voici que retentit un son violent, pourquoi se bouche-t-on les oreilles avec les mains? — Nous voulons au contraire percevoir un son très faible, d'où vient que nous portons la main arrondie à l'oreille? — Le lièvre, l'âne ont de grands pavillons auriculaires; est-ce pour ces animaux un avantage et lequel? — On recommande aux personnes qui s'aventurent dans les neiges des montagnes ou dans les sables des déserts de porter des lunettes à verres fumés; pour quelle raison? — Lorsqu'on reçoit un choc violent sur les yeux, on a pour habitude de dire que l'on a vu trente-six chandelles; que signifie cela? — Jacques est fortement enrhumé et il ne trouve aucun goût aux aliments qu'on lui sert; d'où cela provient-il?

Rédactions. — 1. Les sens de l'ouïe et de la vue. L'oreille. L'œil.
2. Parlez du sens de l'odorat et de ceux du goût et du toucher.

LA DIGESTION

L'homme ne saurait vivre sans manger, il en est de même de l'animal. La plante, elle aussi, a besoin de nourriture; elle la puise dans le sol par ses racines.

Tous les êtres vivants ont besoin d'aliments appropriés à leur genre de vie et la digestion est la fonction organique qui a pour but de rendre assimilables ces aliments.

Les aliments, tels qu'ils se présentent, ne pourraient servir directement à la *nutrition*. Une transformation s'impose :

L'aliment, pour l'homme et l'animal, deviendra du sang; il deviendra de la sève pour le végétal.

Vous comprendrez donc facilement que, plus l'aliment s'éloigne par sa nature et sa composition de ce qu'il doit devenir, plus la transformation est pénible, longue et difficile.

Le bœuf *mange beaucoup; son tube digestif est fort long*, son *estomac très volumineux et compliqué* et sa *digestion laborieuse;* mais aussi, l'herbe dont il se nourrit est peu nutritive, et la différence qui existe entre la composition de cette herbe et celle du sang qu'elle fournira est considérable.

Pour des raisons contraires, le tube digestif du chat, lequel se nourrit surtout de chair, *sera moins long*, et sa digestion *plus simple et plus rapide.*

Dans cet ordre d'idées, l'homme, dont la nourriture est à la fois animale et végétale, occupera une *place intermédiaire.*

Tube digestif de l'homme. — L'organe digestif chez l'homme comprend la *bouche*, l'*estomac* et l'*intestin* (*fig.* 164).

La bouche est réunie à l'estomac par l'*œsophage* et l'intestin se divise en *intestin grêle* et en *gros intestin.*

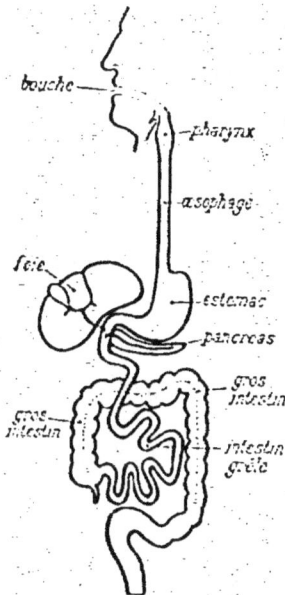

FIG. 164. — Figure simplifiée de l'appareil digestif de l'homme.

La bouche. — Elle renferme les *dents* et les *glandes de la salive*. Les dents sont des petits corps solides implantés dans les *gencives* par leurs *racines*. La partie saillante, ou *couronne*, est revêtue par une couche mince, blanche et dure, que l'on nomme *émail*.

L'émail est une couche protectrice et la dent reste saine tant que l'émail persiste.

Les premières dents qui apparaissent chez l'homme sont appelées à tomber, ce sont les *dents de lait ;* elles font place à des dents dites de *remplacement,* et cela à titre définitif.

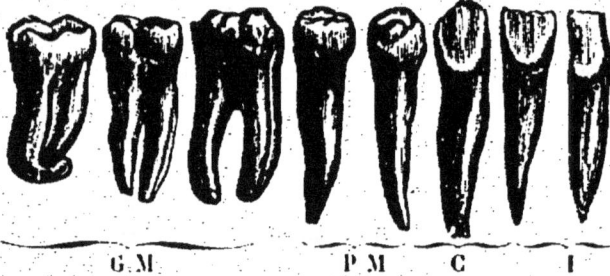

Fig. 165. — Les trois espèces de dents

G. M. grosse molaires ; — P. M. petites molaires ; — C, canine ; — I, incisives.

L'homme a 32 *dents,* 16 à chaque mâchoire, et, suivant leur forme, on les distingue en *incisives* (4), *canines* (2) et *molaires* (10) (*fig.* 165).

Les premières servent à couper les aliments ; les secondes, à les déchirer, et les dernières, à les écraser et à les broyer.

Pendant que les aliments solides reçoivent l'action mécanique des dents, s'écoule dans la bouche un liquide un peu salé nommé *salive.* Les *glandes salivaires* (*fig.* 166) sont placées dans l'épaisseur des joues et sous la langue ; elles sont au nombre de *trois paires.*

La salive, humectant les aliments, facilite le travail des dents. Elle commence aussi la transformation des aliments au point de vue de leur composition.

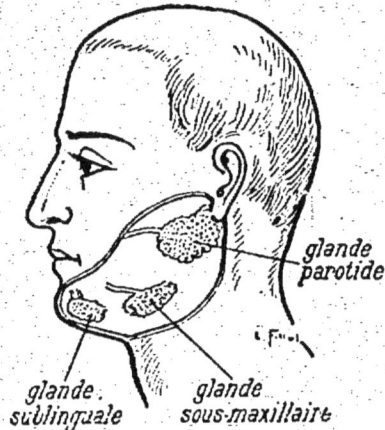

glande parotide

glande sublinguale

glande sous-maxillaire

Fig. 166. — L'homme possède trois paires de glandes salivaires.

Les aliments sur lesquels la salive a de l'action sont de la même nature que la fécule de pomme de terre et l'amidon ; elle transforme ces dernières en matières solubles et sucrées que l'on nomme glucoses.

L'estomac. — Les matières alimentaires s'engagent alors

dans l'œsophage. C'est un tube à anneaux contractiles, lequel aboutit à l'estomac.

Ce dernier a la forme d'une grande poche dont la doublure intérieure est couverte d'*aspérités*. Chaque pointe est l'orifice d'une glande qui fait perler un liquide nommé *suc gastrique* (*fig.* 167).

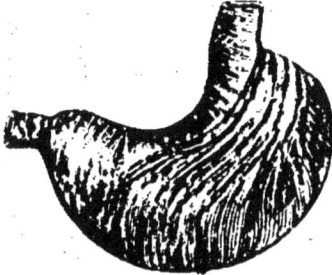

Le suc de l'estomac agit lentement sur l'azote organique contenu dans la viande, les œufs, le lait, le pain, les haricots, c'est-à-dire sur les parties les plus nutritives.

Les intestins. — Après avoir séjourné souvent plusieurs heures dans l'estomac, les aliments pénètrent dans un long tube enroulé en peloton et nommé intestin grêle. Ils reçoivent de suite l'action de deux nouveaux sucs.

Fig. 167. — Estomac.

Le premier, nommé *suc pancréatique*, provient du *pancréas*, petite glande placée sous l'estomac même ; le second, nommé *bile*, provient d'une grosse glande rouge que l'on appelle le *foie*.

Les sucs mélangés de ces glandes agissent sur les aliments gras, huiles, beurre, crème, jaune d'œuf. De plus, le suc pancréatique continue et achève l'action commencée par la salive et le suc gastrique.

L'intestin grêle possède lui-même de nombreuses glandes qui tapissent ses parois ; ces glandes secrètent le *suc intestinal*.

Le suc de l'intestin agit sur les aliments qui renferment du sucre.

Dès lors la transformation est achevée. Les substances digérées forment un liquide blanc nommé *chyle*, lequel a la propriété de passer par des *pores invisibles* à travers la paroi même de l'intestin.

Le chyle est recueilli par de nombreux vaisseaux très petits, mais qui vont s'unissant à mesure qu'ils se rapprochent du cœur, où ils vont le déverser.

Le chyle se mêle au sang, lequel le distribuera dans toutes les parties du corps. C'est le phénomène de la nutrition.

Quant aux substances non digérées, elles pénètrent dans le

gros intestin pour être rejetées au dehors sous forme d'excréments.

Questions. — Quelles sont les parties principales de l'organe digestif? — Parlez des dents; diverses espèces, fonction. — Qu'est-ce que la salive et à quoi sert-elle? — Qu'est-ce que l'œsophage? l'estomac? — Parlez de la fonction du suc gastrique. — Nommez les glandes voisines de l'estomac et dites leur fonction. — Quel est le rôle du suc intestinal? — Que nomme-t-on chyle? — Que devient-il? — Quelles matières passent dans le gros intestin?

RÉSUMÉ. — Le développement du tube digestif est en rapport avec le genre de nourriture. Cet organe commence à la bouche, laquelle renferme les dents et les glandes salivaires.

Les aliments passent de la bouche dans l'œsophage qui les conduit à l'estomac où ils reçoivent l'action du suc gastrique. De là ils vont dans l'intestin grêle où ils sont soumis au suc du pancréas, à la bile du foie et au suc propre de l'intestin.

La partie digérée ou chyle est portée au cœur par des vaisseaux, et le déchet pénètre dans le gros intestin qui le rejette au dehors sous forme d'excréments.

Exercices d'observation. — Jeanne a cinq ans et André en a quinze; ils viennent de perdre chacun une dent, est-ce que cet accident a pour tous les deux la même gravité? — Pierre mange très vite et ne prend pas la précaution de mâcher suffisamment ses aliments; dites quel inconvénient cela présente pour lui et quel organe devra achever le travail imparfait des dents. — La chèvre est herbivore, le chat est carnivore; pourriez-vous, d'après cela, indiquer quelle influence ces régimes différents exercent sur la forme des dents et la longueur du tube digestif?

Rédactions. — 1. Racontez le voyage d'une bouchée de pain à travers le tube digestif.

2. Les sucs digestifs. — Leur action propre. — Les substances sur lesquelles ils agissent.

LES ALIMENTS

Dans une précédente leçon nous avons étudié la fonction de la digestion chez l'homme. Nous allons y revenir un instant et rappeler à votre mémoire les connaissances très précieuses que cette étude nous a fournies.

1° **Les aliments deviendront le sang, ils subissent dans ce but des transformations importantes.** — 2° **Chaque modification dans la nature de l'ali-**

ment se produit par l'action d'un ou de plusieurs sucs particuliers. —
3° Toutes les substances qui entrent dans la composition d'un aliment ne
sont point utilisées et il y a toujours un déchet.

Nous ajouterons à cela que les matières utilisables des aliments sont : 1° l'azote organique et le carbone ; 2° l'eau et les
sels minéraux ; 3° des corps de moindre importance et en petite quantité, soufre, phosphore, etc.

Un aliment est dit complet quand il contient toutes ces substances en
quantité convenable ; il est incomplet dans le cas contraire.

Notre première nourriture est le lait ; c'est aussi la nourriture des animaux supérieurs au début de leur existence.

Le lait est un aliment complet.

La viande, le pain, aliments pourtant très riches, sont in-
complets.

Diverses catégories d'aliments. — Ces principes étant
admis, nous pourrons donc classer ainsi les aliments en nous
rappelant toutefois la fonction particulière exercée par chaque
suc digestif :

1° Les aliments azotés ou riches : lait, œuf, viande, pain,
lentilles, etc. Leur digestion est opérée par le suc gastrique,
achevée par le suc pancréatique ;

2° Les aliments carbonés de la nature de l'amidon : fécule
de la pomme de terre, amidon du pain, du riz, des racines alimentaires, etc. Leur digestion, commencée par la salive, est
achevée par le suc pancréatique ;

3° Les aliments carbonés de la nature du sucre : glucose,
sucre cristallisé, jus sucré des fruits, etc. Leur digestion
s'opère par le suc intestinal ;

4° Les aliments carbonés de la nature de la graisse : graisse
des viandes, crème et beurre du lait, huiles. Leur digestion
s'opère par l'action simultanée du suc pancréatique et de la
bile ;

5° Les boissons ou aliments liquides, lesquels agissent par
l'eau qu'ils contiennent ;

6° Les aliments minéraux solubles dans l'eau : sel marin,
sels de chaux.

Les substances alimentaires employées par l'homme sont

fort nombreuses; toutefois l'*aliment idéal* doit réunir les qualités suivantes : être sain, substantiel, agréable.

Pour être sain, l'aliment doit ne présenter aucune *altération*, surtout s'il est d'origine animale. L'eau employée sera *pure* et la préparation des mets sera faite avec *soin et propreté*.

Les viandes, le poisson, le gibier, les coquillages avariés sont fort dangereux.

Pour être *substantiel*, l'aliment doit renfermer tous les éléments essentiels et en quantité convenable, azote, carbone, etc.

Pour être *agréable*, il faut que la nourriture soit *variée*; elle sera apprêtée sans recherche, mais avec *goût et talent*.

Faire simple, bien et bon, est une qualité précieuse pour une ménagère et pour un cuisinier.

Vous vous rappelerez enfin que la *gourmandise* et l'*ivrognerie* sont des vices; que la *tempérance* et la *sobriété* sont des vertus.

Questions. — Quelles sont les matières chimiques utilisables dans la digestion? — Qu'est-ce qu'un aliment complet? un aliment incomplet? — Nommez des aliments de chaque catégorie. — Quel est le suc particulier qui agit sur les aliments azotés? sur les aliments de la nature de l'amidon? sur les aliments gras? sur les aliments sucrés? — Énumérez des aliments appartenant à chacun de ces groupes. — Quelles qualités doit présenter une bonne alimentation? — Qu'entend-on par nourriture variée?

RÉSUMÉ. — Les substances utilisables des aliments sont : l'azote, le carbone, l'eau et quelques sels minéraux. Un aliment n'est complet que s'il renferme toutes ces substances en quantité convenable.

Les aliments azotés sont digérés surtout par le suc gastrique ; les aliments féculents, par la salive; les aliments sucrés, par le suc de l'intestin. Quant au suc pancréatique, il achève l'action de la salive et celle du suc gastrique et, avec la bile, il digère les corps gras.

La nourriture doit être saine, substantielle et agréable.

Exercices d'observation. — Mettez un peu d'amidon dans la bouche, il paraît fade, mâchez-le quelque temps, il devient sucré ; à quoi est due cette transformation ? — Les potages, les boissons ne séjournent qu'un instant très court dans la bouche; pourquoi ? — Au déjeuner, vous avez mangé une tranche de bœuf rôti, puis des haricots; quelle est, à votre avis, la substance qui sera digérée la première ? — Plus les aliments se rapprochent de l'état de nature, plus ils sont facile à digérer ; indiquez d'après cela l'effet que les sauces plus ou moins compliquées qui accompagnent certains mets exercent sur la digestion.

Rédactions. — 1. Quels sont les éléments qui entrent dans un aliment complet? Prenez un exemple.
2. Quelles sont les qualités que doit présenter une bonne alimentation?

LA RESPIRATION

Chaque jour, et à des heures à peu près fixes, nous éprouvons le besoin de manger et de boire. Ce besoin, d'abord bien vague, se fait peu à peu plus impérieux, plus pressant, et s'il n'est satifait, de simple désir devient une réelle souffrance. Nous traduisons ce sentiment tout intime en disant que nous avons *faim* et *soif*.

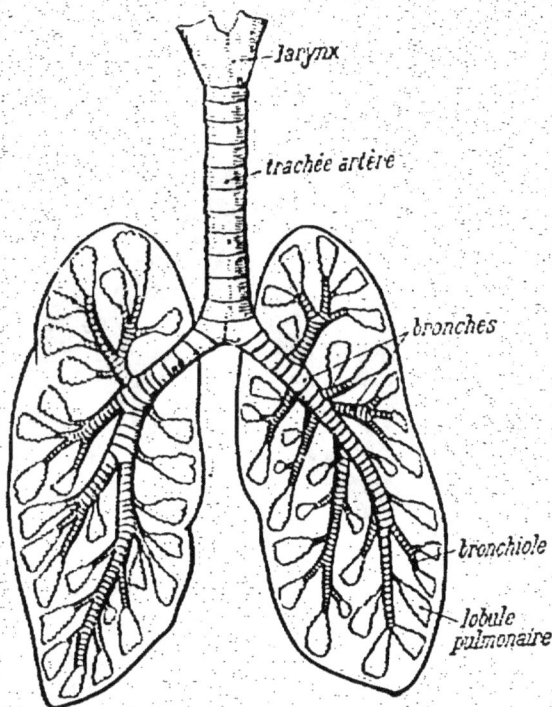

Fig. 168. — Trachée, bronches et poumons.

Mais il est un besoin plus pressant encore : c'est celui de *respirer*.

La respiration, chez les animaux supérieurs, est une fonction très active ; elle ne saurait être suspendue, même momentanément, sans amener la mort.

Cette fonction de la respiration est tellement importante

que, dans le langage courant, *vivre* et *respirer* ont même signification. Nous allons examiner maintenant comment s'opère cette fonction si nécessaire et quel est son but.

Organes respiratoires. — Les organes de la respiration sont enfermés dans la cavité du *thorax* ou *poitrine*. Cette cavité, nous le savons, est limitée en arrière par la colonne vertébrale de la *région dorsale*, en avant par le *sternum*, à droite et à gauche par les *côtes*. Elle est séparée du *ventre* ou *abdomen* par un muscle nommé *diaphragme*.

Dans la cavité sont logés *deux sacs* réunis à leur sommet, et présentant l'aspect d'une masse spongieuse: ce sont les *poumons*.

Du sommet des poumons, part un tube cartilagineux qui monte vers la gorge. C'est la *trachée-artère* (TA) (*fig.* 168).

Comme, d'autre part, la gorge communique avec l'extérieur, et par la *bouche* et par le *nez*, il s'ensuit que les poumons ont avec l'air atmosphérique libre communication. L'air pourra donc entrer par la bouche ou par le nez, passer dans la gorge, puis de là dans la trachée, pour finalement pénétrer dans les poumons (*fig.* 169).

L'ensemble des organes traversés par l'air pour aller aux poumons forme ce que l'on nomme les voies respiratoires.

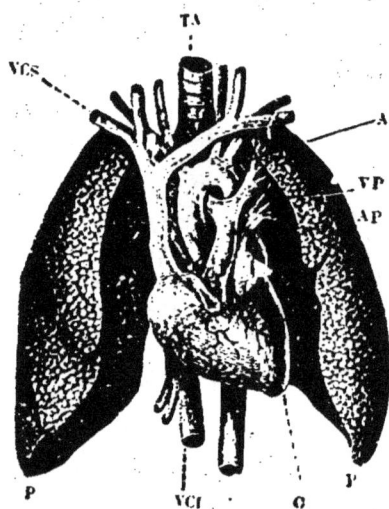

FIG. 169. — Les poumons.

De plus, chaque poumon est un sac à *double enveloppe* et, si l'air pénètre dans la cavité intérieure du sac, le sang pénètre de même et circule entre la paroi du sac et sa doublure.

Or, la paroi du sac pulmonaire est perméable aux gaz; il peut donc s'établir à travers cette paroi un échange entre les gaz du sang et ceux de l'air.

Cet *échange gazeux* constitue la fonction de la respiration.

Vous comprendrez facilement que plus la paroi perméable aura de surface, plus l'échange *gazeux* sera *actif et facile.* C'est dans ce but que l'enveloppe intérieure des poumons présente de nombreux replis nommés *vésicules pulmonaires (fig. 170).* Chaque poumon en contient *un milliard* et, si on déplissait et étendait ces enveloppes, on aurait, pour chaque organe, une surface perméable de *cent mètres carrés !*

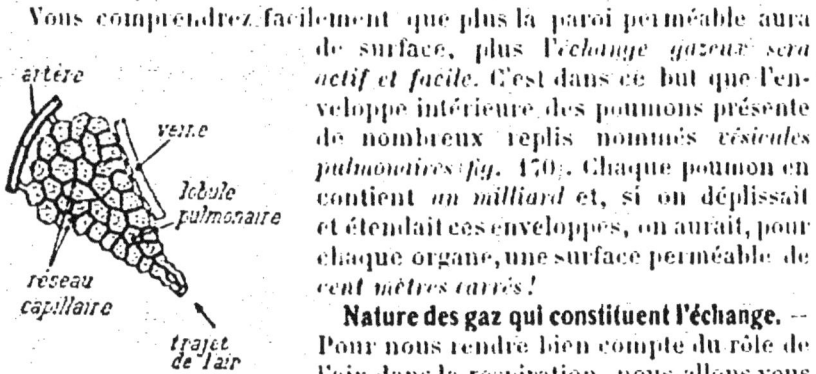

Fig. 170. — Vésicule pulmonaire.

Nature des gaz qui constituent l'échange. — Pour nous rendre bien compte du rôle de l'air dans la respiration, nous allons vous écrire au tableau la composition de cet air à son entrée et à sa sortie des poumons.

A L'ENTRÉE :		A LA SORTIE :	
Azote	79 parties.	Azote	79 parties.
Oxygène	21 —	Oxygène	16 —
Gaz carbonique, vapeur d'eau et divers	traces.	Gaz carbonique, vapeur d'eau et divers	5 —
TOTAL	100 parties.	TOTAL	100 parties.

Nous remarquons que l'azote ne joue aucun rôle, seul l'oxygène est actif, il est remplacé dans chaque inspiration par le gaz carbonique et la vapeur d'eau qui proviennent du sang.

Pour que l'air pénètre dans les poumons, il faut que ceux-ci se *dilatent.*

C'est l'inspiration, et, dans ce mouvement, les côtes s'écartent et se relèvent pendant que le diaphragme s'abaisse.

Dans l'instant suivant, les poumons se *contractent.*

C'est l'expiration, laquelle est produite par le jeu contraire des côtes et du diaphragme.

Les poumons fonctionnent donc comme un *soufflet.*

Asphyxie. — C'est la mort par privation d'air. Tel est le cas d'un homme qui se noie.

Des soins intelligents donnés à un asphyxié et continués avec persévérance, même pendant plusieurs heures, peuvent souvent le ramener à la vie.

Il faut, dans ce cas, placer l'asphyxié dans une chambre bien aérée, le coucher en maintenant la tête un peu plus haute que les pieds, desserrer les dents, saisir la langue et exercer sur cet organe un mouvement de va-et-vient, insuffler de l'air dans les poumons, élever et abaisser alternativement les bras, presser doucement le ventre de bas en haut, frictionner les extrémités inférieures et les réchauffer.

Questions. — Pourquoi la respiration est-elle une fonction importante? — Où sont logés les organes respiratoires? — Indiquez les limites du thorax. — Quelle est la forme du poumon? — Dites par quelles voies le poumon communique avec l'atmosphère. — Indiquez le trajet de l'air allant aux poumons. — Quel liquide circule autour du poumon? — Quel échange se fait-il à travers la paroi? — Citez la composition de l'air à son entrée dans les poumons, à sa sortie. — Qu'est-ce que l'inspiration? l'expiration? — Qu'est-ce que l'asphyxie? — Indiquez les soins à donner aux asphyxiés.

RÉSUMÉ. — La respiration est une fonction très active. Les appareils respiratoires sont placés dans le thorax, ce sont les deux poumons.

Chaque sac pulmonaire communique avec l'atmosphère par l'intermédiaire des bronches, de la trachée, de la gorge, du nez ou de la bouche.

Chaque enveloppe du poumon est double, et c'est dans cet espace que le sang circule. L'échange gazeux s'opère à travers la paroi intérieure : le sang perd du gaz carbonique et de la vapeur d'eau, l'air perd de son oxygène. Le poumon fonctionne comme le soufflet.

La mort par privation d'air est l'asphyxie.

Exercices d'observation. — Le cheval ne respire pas par la bouche; qu'arrive-t-il alors si on comprime les narines de cet animal? — On recommande aux enfants de ne jamais mettre dans leur bouche des objets ronds, comme billes, haricots; quelle est la raison de cette recommandation? — L'emploi de cols, cravates qui serrent le cou est défectueux; pourquoi? — A chaque mouvement respiratoire vous pouvez constater que l'abdomen remue; dites pourquoi. — Vous savez ce qui arrive quand on perce le cuir d'un soufflet; d'après cela, quelles seront les suites d'une blessure qui ouvrirait les parois du thorax? — Vous soufflez sur la lame d'un couteau neuf, d'où vient qu'elle se couvre de buée?

Rédaction. — 1. Faites la description de l'appareil respiratoire de l'homme.

2. Dites comment l'air est introduit dans les poumons, quelles modifications il y subit et quel est le but de la respiration.

CIRCULATION DU SANG

Nous savons par expérience que toute piqûre, faite en un point quelconque de notre corps, amène immédiatement un écoulement de sang.

Le sang existe donc dans toutes les parties du corps.

Pourtant il n'y est pas libre ; il est enfermé dans des *vaisseaux* clos dans lesquels il circule.

Certains de ces vaisseaux, le plus souvent volumineux, sont enfouis plus ou moins profondément dans les organes. Ce sont les *artères* et les *veines ;* d'autres, d'un calibre très faible, pénètrent non seulement les organes, mais rampent encore sous la peau. On les nomme *capillaires*. Ils forment une trame si serrée que l'aiguille la plus fine, enfoncée dans la peau, en atteint au moins un et fait perler une gouttelette de sang.

Fig. 172. — Le sang passe de l'artère dans la veine par l'intermédiaire des capillaires.

L'ensemble des artères, des capillaires et des veines, forme les vaisseaux sanguins. De plus, le système entier a un centre que l'on nomme le cœur.

A l'origine, un seul vaisseau part du cœur, c'est l'*artère aorte ;* mais, à mesure que cette dernière s'éloigne, elle se *divise et se ramifie* en artères de plus en plus petites.

Parvenu à l'extrémité la plus déliée, la plus fine, d'une ramification artérielle, le sang ne devient pas libre, car il s'engage alors dans les capillaires (*fig.* 172).

Les vaisseaux capillaires, en effet, continuent les artères et, après un trajet plus ou moins long, se réunissent pour former les veines.

Les veines reviennent vers le cœur ; d'abord très nombreuses et petites, elles grossissent peu à peu et vont s'unissant. Finalement elles ne forment plus que deux tubes que l'on nomme *veines caves*.

Le cours des veines est comparable à celui de deux fleuves dont les embouchures seraient situées sur le cœur même.

Ainsi le sang parti du cœur y revient après avoir traversé le corps entier. Toutefois, avant de s'engager pour un nouveau trajet, il va passer par les *poumons* pour s'y purifier. En résumé, le trajet du sang est le suivant :

1° **Du cœur au cœur en passant par le corps entier, c'est la grande circulation ;**

2° **Du cœur au cœur en passant par les poumons, c'est la petite circulation.**

Dessinons un 8 ; plaçons le cœur au point où les deux lignes se coupent ; nous réalisons sous une forme simple la figure du chemin parcouru par le sang dans un tour entier. La grande boucle du chiffre représentera la grande circulation, la petite boucle représentera l'autre.

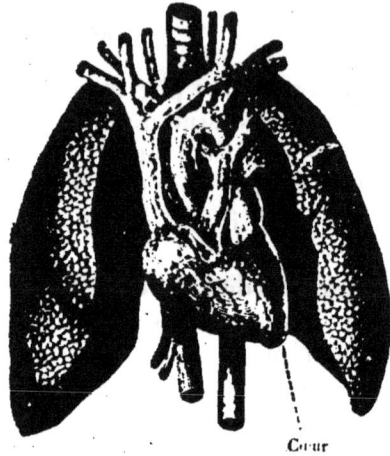

Fig. 173. — Le cœur est placé entre les deux poumons.

Le cœur. — Placez votre doigt sur un poignet, à la base de la main et du côté du pouce. Vous ressentez une série de secousses également espacées qui proviennent de ce que l'artère que vous comprimez ainsi est le siège de contractions. Ces dernières commencent au cœur et se propagent dans toute la longueur des artères.

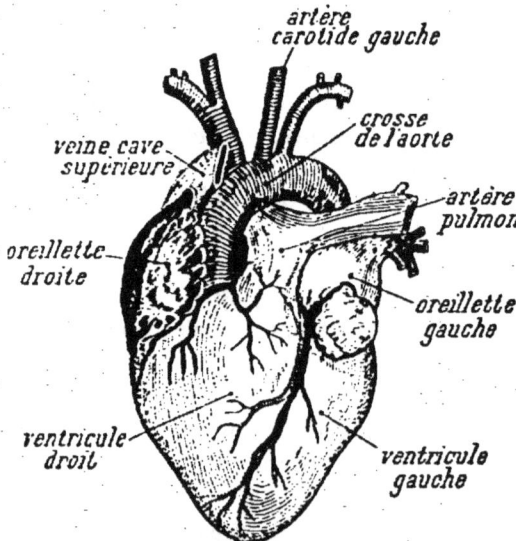

Fig. 174. — Coupe du cœur.

Les contractions artérielles reçoivent leurs impulsions du cœur, ce que l'on exprime en disant qu'il bat. Elles ont pour but de forcer le sang à se déplacer dans les vaisseaux qui le contiennent.

Le cœur *(fig.* 173 et 174) est un muscle creux de la grosseur du poing ; il est placé au milieu du thorax, entre les deux poumons.

Comme vous pouvez l'observer sur la gravure ci-contre *(fig.* 175), qui représente la coupe du cœur, cet organe est *double* et présente *quatre cavités.* Les deux supérieures se nomment *oreillettes,* les deux inférieures *ventricules.* Il n'existe aucune communication entre les parties gauche et droite du cœur, mais chaque oreillette communique par une ouverture avec le ventricule situé au-dessous.

En partant du sommet de la petite boucle du 8 (poumons), suivons le sang dans un tour complet. Des poumons il se rend par les *veines pulmonaires* à l'oreillette gauche, passe dans le ventricule correspondant, entre dans l'aorte, suit les artères, et chassé par les contractions de ces vaisseaux, se répand dans le corps entier *(fig.* 175), revient au cœur par les veines caves et pénètre dans l'oreillette droite, puis dans le ventricule droit. Une nouvelle contraction le lance dans les poumons par l'artère pulmonaire, qui part de ce dernier ventricule, et le même trajet recommence.

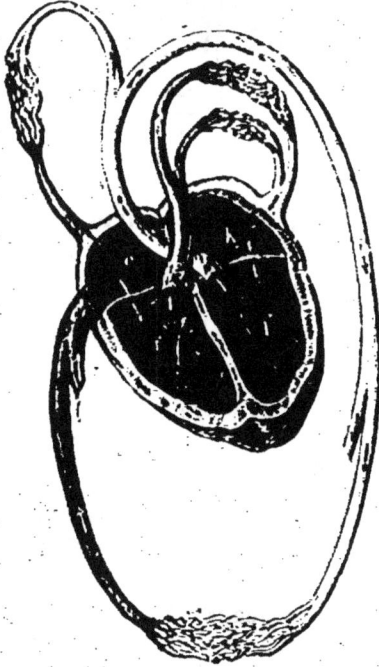

Fig. 175. — Figure théorique de la circulation et coupe du cœur.

La circulation du sang est très active; ce liquide parcourt le corps entier en une demi-minute; quant au cœur, il se contracte une fois par seconde environ.

Le sang. — Le sang est un liquide. Quand il a reçu l'action de l'oxygène, il est d'une belle couleur rouge. Il s'altère dans les capillaires et, quand il revient au cœur par les veines, il est noirâtre et écumeux. Il se coagule par refroidissement (*fig.* 176). Le liquide qui surnage se nomme *sérum*. Le *caillot*, placé au-dessous, renferme une multitude de petits disques rouges appelés *globules*.

Le rôle de ces globules est très important, chacun d'eux ayant pour fonction de fixer l'oxygène apporté par l'air dans les poumons.

Rôle du sang. — Le sang, nous le savons, reçoit le *chyle* ; dans son parcours, il le distribue à tous les organes pour les nourrir. Au retour,

Fig. 176. — En refroidissant, le sang coagule.

il ramène avec lui tous les *débris usés*, mais il traverse les *reins* et le *foie*, et il s'en débarrasse.

Le foie et les reins sont des organes d'épuration.

Quant au *gaz carbonique*, qui est aussi un déchet, le sang s'en dépouille dans les *poumons*.

Questions. — Quels sont les différents vaisseaux sanguins? — Indiquez le cours du sang dans les artères, dans les veines. — Comment passe-t-il des premières dans les secondes? — Indiquez ce que l'on entend par grande circulation, petite circulation. — Comment le sang est-il mis en mouvement dans les artères? — Où est placé le cœur? — Comment est-il divisé? — Quelle est la composition du sang? — A quoi servent les globules rouges? — Quel est le rôle du sang?

RÉSUMÉ. — Le sang circule dans des vaisseaux clos.

Il part du cœur par les artères, passe dans les capillaires et revient au cœur par les veines. C'est la grande circulation.

Il va aussi du cœur au cœur par les poumons, c'est la petite circulation.

Le cœur comprend les oreillettes et les ventricules, et il y a un cœur droit et un cœur gauche.

Le sang est un liquide coagulable; il renferme des globules rouges qui charrient l'oxygène. Le sang contient le chyle lequel nourrit les tissus. Dans son parcours il s'épure dans les reins, le foie et les poumons.

Exercices d'observation. — Paul est bien abattu, il a de la fièvre; le docteur appelé commence par lui tâter le pouls; pourquoi? — François le charpentier s'est coupé une artère en travaillant; pour-

quoi, pour arrêter le sang, faut-il faire une ligature au-dessus de la
coupure et non au-dessous? — L'usage des jarretières, des ceintures
trop étroites des chaussures trop justes, est mauvais ; pourquoi? —
Dans le but d'arrêter le sang qui s'échappe d'une coupure, on applique parfois sur cette dernière, à la campagne surtout, un petit
tampon fait de toiles d'araignée; pourquoi ce procédé offre-t-il un
danger?

Rédaction. — 1. Indiquez le trajet du sang dans un tour entier (grande
et petite circulation).

2. Le cœur et le sang. Rôle de ce liquide.

LES ANIMAUX

Imaginons, si vous le voulez bien, une petite excursion dans
un lieu de notre choix.

Nous allons prendre la route, puis gagner les champs par
les sentiers herbus ; nous flânerons sous les grands arbres,
puisque rien ne nous presse ; puis, reposés, nous longerons la
rivière avant d'escalader la colline ou de descendre à la grève.

Pourtant, en voyageurs qui observent, nous ferons connaître les impressions que nous aurons ressenties au cours de
cette excursion.

Nous laisserons de côté la richesse des plaines, la fraîcheur
des bois, le charme du cours d'eau, la beauté des sites et le
spectacle toujours imposant de la mer.

Nous ne voulons retenir, en cette circonstance, que la variété des espèces animales qu'il nous sera donné d'observer.

Aux champs, les *chevaux*, modestes et fidèles serviteurs du
fermier, l'aident dans ses travaux ; ils traînent la charrue, la
herse ou les autres instruments de culture.

Les *vaches* au pâturage (*fig.* 177) paissent l'herbe haute et
drue, pendant qu'au flanc du coteau les *chèvres* agiles broutent
les plantes folles. Réunis en troupeau serré, sous la conduite
du berger et de ses *chiens*, les *moutons* suivent la route pou-
dreuse. Ils gagnent les plaines découvertes à la recherche de
l'herbe rare, mais savoureuse et parfumée.

A notre passage les *perdrix* peureuses, cachées dans les
guérets, ont pris leur vol, et nous avons pu surprendre encore

la fuite rapide du *lièvre* dont les oreilles pointaient au ras des sillons.

Fig. 177. — Vaches au pâturage.

Mais avançons toujours : les abois joyeux des *chiens* de garde signalent l'approche des fermes, et dans l'air retentissent les cocoricos claironnants des *coqs* (*fig.* 178).

Fig. 178. — Poule et coq.

Alourdis par la chaleur du jour, et aussi par la digestion laborieuse d'un copieux repas, les *porcs* dorment à l'ombre de quelques vieux poiriers. Plus loin, près de la mare où coassent les *grenouilles*, les *oies* et les *canards* prennent leurs ébats (*fig.* 179); les *poules* picotent devant l'aire des granges et les *pigeons* roucoulent sur les vieilles tuiles du colombier.

Oie.   Dindon.   Pintade.   Canards.
Fig. 179.

Puis voici la rivière et ses frais ombrages ; dans un rayon de soleil dansent les *moucherons* que l'*hirondelle*, au vol sûr et rapide, saisit au passage. Sur le sable fin voici des *truites* aux écailles d'argent ; elles s'effarent à notre approche, glissent sous les grandes herbes flottantes qui s'agitent au fil de l'eau comme des chevelures vertes et sous lesquelles les *épinoches* font leur nid (*fig.* 180). Dans le feuillage des saules et des peupliers, les *oiseaux* font tapage ; sous l'herbe tiède chantent les *grillons* et les

Fig. 180. — Épinoches et leur nid.

cigales ; les *abeilles* laborieuses, toujours pressées, courent de fleur en fleur alors que les *bourdons*, étourdis et flâneurs, s'attardent en chemin.

Mais la vallée s'élargit, un bruit profond monte dans l'air et se fait plus distinct à mesure que nous avançons ; voici la mer immense et lumineuse.

Avec la rivière, qui roule ses eaux claires au milieu des galets, descendons à la grève. Nous n'y resterons qu'un instant, car il se fait tard déjà, mais nous pourrons néanmoins observer des milliers de *coquillages* qui couvrent les rochers, des *crevettes* (*fig.* 181) qui nagent dans des flaques d'eau, des *vers* qui

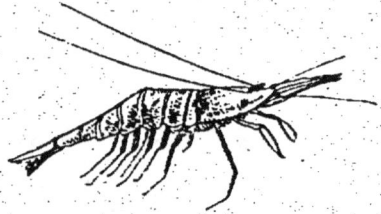

Fig. 181. — Crevette.

rampent sur le sable humide. Avant de partir soulevons ces longues traînes d'algues brunes, nous y découvrons des *moules* (*fig.* 182) attachées aux aspérités de la roche par des fils soyeux, pendant que des *crabes* (*fig.* 183), que nous avons surpris, s'enfuient éperdus sous les cailloux glissants.

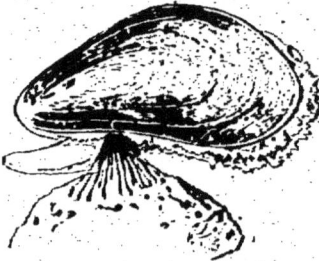

Fig. 182. — Moule.

Fig. 183. — Crabe.

Notre promenade a été courte; pourtant la liste des animaux que nous avons signalés en passant est déjà *longue*. Vous comprendrez donc facilement que, pour étudier toutes les espèces animales répandues à la surface de la terre, il ait fallu procéder par ordre, établir une *méthode*.

Pour cela, les naturalistes ont réuni en groupes distincts tous les ani-

maux qui présentent des caractères communs, et ainsi ils ont créé ce que l'on appelle une classification.

Remarquons simplement aujourd'hui que, parmi les espèces citées au cours de notre promenade, nous pouvons établir deux grands groupes d'animaux :

1° Ceux qui, comme le cheval, le bœuf, le mouton, le chien, les oiseaux, la grenouille, les poissons, sont pourvus d'os, ont un squelette.

Ils forment l'*embranchement des vertébrés*.

2° Ceux qui, comme le grillon, l'abeille, le bourdon, les moucherons, la crevette, les vers, la moule, le crabe, etc., sont dépourvus d'os.

Ils forment l'*embranchement des invertébrés*.

Voilà ce qu'il faut retenir de notre excursion.

Questions. — Quels sont les animaux que nous avons observés : 1° aux champs? 2° dans les prés? 3° à la ferme? 4° le long de la rivière? 5° au bord de la mer? — Qu'appelle-t-on vertébré? invertébré? — Nommez les vertébrés observés, les invertébrés.

RÉSUMÉ. — Aux champs et aux pâturages nous avons observé le cheval, le bœuf, le mouton, la chèvre, la perdrix, le lièvre; dans la cour de la ferme, le chien, le coq et les poules, les porcs, le canard, l'oie, le pigeon; dans la mare, les grenouilles; dans la rivière, la truite; dans le feuillage ou les herbes, l'abeille, le bourdon, le grillon, la cigale; à la mer, des coquillages, des crevettes, des moules, des crabes.
Tous ces animaux forment deux groupes : les vertébrés, pourvus de squelette; les invertébrés, qui en sont dépourvus.

Exercices d'observation. — Les poules se tiennent le plus souvent auprès des écuries ou des granges; pour quelle raison? — Les canards et les oies aiment le voisinage des mares et des étangs; pourquoi cette préférence? — L'hirondelle vole continuellement, sans trève ni repos; pourquoi? — Les abeilles courent de fleur en fleur et font preuve d'une incessante activité; dans quel but? — Vous désirez examiner les animaux que l'on a chance de rencontrer sur les grèves de la mer; quel moment est le plus propice pour cette excursion?

Rédaction. — Racontez une excursion que vous avez faite et dites quelles espèces d'animaux vous avez alors observés.

LES MAMMIFÈRES

Les vertébrés, avons-nous dit, ont pour caractère commun de *posséder un squelette*, dont la pièce principale est la *colonne vertébrale*.

Les vertébrés sont fort nombreux, et l'on a dû établir parmi eux de nouveaux groupements auxquels on a donné le nom de *classes*.

Le premier groupe comprend **tous les vertébrés dont le corps est couvert de poils; les femelles possèdent des mamelles qui sécrètent du lait avec lequel elles nourrissent leurs petits. Ces derniers naissent vivants.**

Ce groupe forme la classe des *mammifères*, que nous allons étudier aujourd'hui.

Remarquons, avant de commencer cette étude, que, si les *mammifères* ont des caractères *communs*, ils en ont aussi de moins importants qui les *différencient* entre eux, comme *le genre de nourriture*, la *disposition des membres*, le *milieu qu'ils habitent*.

Ces caractères secondaires nous permettront de diviser la classe des mammifères en groupes séparés que l'on nomme ordres.

Dans le premier groupe, nous placerons tous les mammifères qui se nourrissent de *chair*. Il formera l'ordre des *carnivores*.

Dans le second prendront place les mammifères qui se nourrissent d'*insectes*. C'est l'ordre des *insectivores*.

Dans le troisième, nous comprendrons ceux dont la nourriture est exclusivement végétale. Ce sont les *herbivores*.

Enfin, dans un quatrième groupe, nous mettrons les mammifères à régime variable, comme les *rongeurs* et les *singes*.

1. Les carnivores. — Examinons le chat, vivant librement à l'état sauvage et par ses propres moyens. De quoi se nourrira-t-il? De menu gibier et d'oiseaux.

Pour se procurer sa proie, il lui faudra de la ruse, de l'adresse, de la décision, de la patience. Ses mouvements seront lents ou rapides, toujours mesurés et précis. Il sera souple, fort et adroit, et, quand sa victime pantelante sera prise dans ses griffes cruelles, il aura des dents aiguës pour la dévorer.

Tous les carnivores ne sont pas aussi bien doués que le

Fig. 184. — Tigre au repos.

chat, mais tous possèdent une *dentition complète*, des *canines* et des *incisives* bien développées, des *molaires* tranchantes.

Fig. 185. — Hyène.

Tous sont bien musclés, rapides à la course, adroits et rusés. Leurs pattes sont armées de *griffes*. Leurs *fourrures* soyeuses et fournies sont fort estimées dans le commerce des *pelleteries*.

Au genre chat dont les *griffes sont rétractiles* appartiennent les *animaux féroces* : le *lynx* d'Europe, le *tigre* (*fig.* 184) et la *panthère* de l'Inde, le *lion*, le *léopard* et l'*hyène* d'Afrique (*fig.* 185), le *jaguar* d'Amérique. Les autres carnivores sont le *chien*, le *renard* (*fig.* 186), le *chacal*, le *loup*, la *belette*, la *martre*, le *putois*, le *furet*, les *ours*, etc. A part le chat et le chien, qui vivent à l'état domestique, tous les autres carnassiers sont sauvages et nuisibles.

Fig. 186. — Renard.

II. Les insectivores. — Ces mammifères se nourrissent d'insectes, mais certains, comme le *hérisson*, complètent ce

Fig. 187. — Chauve-souris au vol.

régime en y ajoutant des vers, des larves, des limaces, voire même des vipères et des souris.

Vous connaissez sans doute la *chauve-souris* (*fig.* 187); on la voit voler autour de nos demeures aux premières heures du crépuscule, et son vol est discret, tournoyant et silencieux. Toutefois elle n'a ni *ailes* ni *plumes*: la chauve-souris n'est pas un *oiseau*. Mais, pour se déplacer dans l'air à la poursuite de sa proie ailée, elle possède un organe qui lui permet de voler. Ses doigts sont longs et écartés ; ils soutiennent une peau mince qui, longeant les flancs, va se terminer à la queue.

Cette peau, animée d'un mouvement rapide, fait fonction d'ailes et lui permet de se déplacer facilement dans l'air.

Les chauves-souris ont une dentition complète ; elles possèdent des molaires couvertes de *pointes coniques* qui leur servent à briser la carapace des insectes. Leurs oreilles sont grandes, leur ouïe délicate, et leurs yeux leur permettent de se diriger sûrement dans une demi-obscurité. Elles s'engourdissent pendant l'hiver. Ce sont des animaux *très utiles* qu'il faut *protéger*. Les *roussettes* de l'Inde et de Madagascar sont de grandes chauves-souris qui mesurent plus d'un mètre et demi d'envergure.

Fig. 188. — Taupe.

Au cours de vos promenades parmi les champs ou les prés, il vous a été donné d'observer de petits *monticules* de terre fraîchement remuée. Ces monticules sont des *taupinières*, et le mineur qui les a édifiés est un insectivore, la *taupe* (*fig.* 188).

La taupe a le corps ramassé, sa fourrure est fine et veloutée, ses yeux si petits qu'elle passe pour être aveugle. Les pattes antérieures, courtes, armées de griffes, ont la forme de *palettes* ; elle les remue avec une vélocité extraordinaire. Elles lui servent à creuser des galeries souterraines afin d'y découvrir des vers dont elle fait sa nourriture. Malheureusement elle coupe ou déchausse les racines, culbute les semis, et partout où elle se multiplie trop, on la détruit.

La *musaraigne* est de la taille de la souris, mais son museau est plus pointu ; quant au *hérisson* (*fig.* 189), il a le corps couvert

Fig. 189. — Hérisson.

de *piquants* et se roule en boule quand on veut le saisir. Ce sont des animaux *fort utiles*.

Questions. —. Qu'est-ce qu'un mammifère? — Sur quels caractères se base-t-on pour former plusieurs groupes de mammifères? — Qu'est-ce qu'un carnivore? — Nommez des carnivores domestiques, des carnivores sauvages. — Donnez les caractères des insectivores. — Quel est le mode de locomotion des chauves-souris? — Quel est le genre de vie de la taupe? du hérisson?

RÉSUMÉ. — Les mammifères ont des petits qui naissent vivants, leur corps est couvert de poils et ils sécrètent du lait.

On les divise en plusieurs groupes suivant leur régime alimentaire et leur genre de vie.

Les deux premiers ordres comprennent les carnivores et les insectivores. Ces derniers sont fort utiles.

Exercices d'observation. — La plupart des mammifères sont couverts d'une fourrure épaisse; est-ce pour eux d'une grande utilité? — La chauve-souris vole comme les oiseaux; pourquoi n'est-ce pas un oiseau? — Vous avez vu les griffes d'un chat et aussi celles d'un chien; quelle différence avez-vous observée dans la conformation de ces griffes? — Les mammifères qui se nourrissent exclusivement de fruits ou d'insectes s'engourdissent le plus souvent l'hiver, surtout dans nos climats; pourriez-vous dire pour quelle raison? — L'utilité de la taupe est discutée; pourquoi?

Rédaction. — 1. Faites le portrait du chat. Indiquez les autres carnivores vivant chez nous et dites quels services ils nous rendent ou quels dommages ils nous causent.

2. Les insectivores. Caractères, services qu'ils nous rendent.

LES MAMMIFÈRES (suite)

III. Les herbivores. — Ces mammifères ont un régime qui, pour beaucoup, est exclusivement végétal : herbes et feuilles, tiges et bourgeons, écorces et racines, graines et tubercules.

Pour beaucoup encore, le *système dentaire* est *incomplet*.

Cependant tous les herbivores possèdent de grosses molaires à couronne plate, élargie; de plus, les mouvements de la mâchoire inférieure sont très étendus dans le sens horizontal.

Une observation attentive nous montre encore que certains organes sont particulièrement adaptés au genre de nourriture que chaque espèce emploie.

La *girafe* d'Afrique (*fig.* 190) a une *taille élevée*, un *cou démesurément long* afin de pouvoir saisir les basses branches des arbres.

Fig. 190. — La girafe, herbivore d'Afrique.

Fig. 191. — Éléphant.

L'*éléphant* (*fig.* 191), animal massif, ne pourrait facilement se baisser ou se soulever; son nez se transforme en *trompe*, laquelle est un organe de préhension parfait.

Fig. 192. — Sanglier.

Le *porc*, le *sanglier* (*fig.* 192, ont le *museau tronqué*, le *nez élargi*; ils sont *bas sur pattes*, afin de fouiller facilement le sol à la recherche de racines et de tubercules dont ils sont friands.

Le *bœuf* fauche l'herbe avec sa *langue* forte et charnue, le *cheval* la rase avec ses *lèvres* aidées des *dents incisives*.

Les herbivores ont souvent les doigts des membres protégés par une *matière cornée* qui forme un *sabot*. Ce dernier est *simple* chez le cheval, *fendu* chez le bœuf, le cerf.

La plupart sont rapides à la course ; ils se déplacent soit pour rechercher leur nourriture, soit pour échapper à la poursuite des carnassiers.

Comme conséquence de leur régime végétal, ils ont *l'estomac volumineux* et les *intestins fort longs*. Chez certains, comme le bœuf, l'estomac est *composé* et formé de *quatre poches* (*fig.* 193). Les deux premières, que l'on nomme la *panse* et le *bonnet*, reçoivent les herbes que l'animal avale sans les mâcher. Une

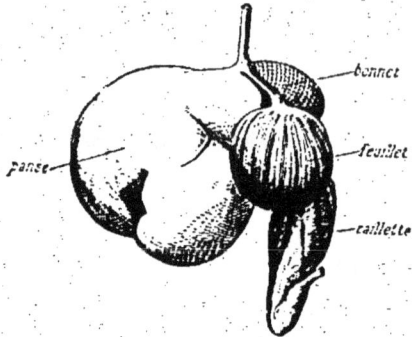

Fig. 193. — Estomac de ruminant.

fois repu, le bœuf cherche un abri tranquille et se couche sur le sol.

Fig. 194. — Zèbre d'Afrique.

Dès lors commence le vrai travail de la digestion ; les herbes réduites en boulettes remontent l'œsophage et lentement l'animal les triture avec les dents et les imbibe de salive. On dit qu'il rumine.

Quand les herbes forment une bouillie verte, il les avale de nouveau ; elles pénètrent cette fois dans les deux dernières poches, le *feuillet* et la *caillette*, où, sous l'influence du suc gastrique, s'opère le travail chimique de la digestion.

Tous les herbivores ont la *peau épaisse* et recouverte de *poils* plus ou moins grossiers. Quelques espèces possèdent des *cornes*.

Celles-ci sont fixées sur le crâne et constituent des organes de dé-
fense. Les cornes des animaux du genre cerf sont *pleines*; on les nomme *bois*; elles portent quelquefois des *ramifications*, et certaines tombent pour repousser : on dit qu'elles sont *caduques*.

Les cornes des bœufs et des espèces du même genre sont *creuses* et *lisses*. Elles sont de plus *persistantes* et, arrachées,

Fig. 195. — Chameau à une bosse ou dromadaire.

ne sauraient repousser. Les cornes des moutons, des chèvres sont creuses et bosselées.

Fig. 196. — Antilope.

Fig. 197. — Cerf d'Europe.

Les herbivores se divisent en deux groupes : les *pachy-*

dermes qui ont l'estomac *simple*, et les *ruminants* qui ont l'estomac *composé*.

Au premier ordre appartiennent l'*éléphant* et le *rhinocéros*, qui sont les géants des mammifères terrestres; le *cheval*, l'*âne*, le *mulet*, le *zèbre (fig.* 194), l'*hippopotame* des cours d'eau africains, le *sanglier*. Les ruminants comprennent les *chameaux (fig.* 195), les *lamas*, les *girafes*, les espèces du genre *bœuf*, le *bison*, le *buffle*. Puis viennent les *moutons*, les *chèvres*, les *antilopes (fig.* 196), les *gazelles*, les *chamois*. Enfin les ruminants à bois, *cerfs(fig.* 197), *daims, chevreuils, élans, rennes*. Les herbivores sont les mammifères les plus *utiles*. Ils nous donnent leur chair, leur lait ; on utilise leur peau transformée en cuir, leurs poils, leurs cornes, leurs sabots. Avec la laine de certains, on fait des tissus. Quelques herbivores domestiques aident l'homme dans ses travaux.

IV. Les rongeurs. — Ces animaux sont caractérisés par leurs incisives, qui *repoussent* à mesure qu'elles s'usent. La mâchoire inférieure se meut d'arrière en avant, de sorte que leurs dents agissent à la façon des *limes*. On dit qu'ils *rongent*.

Fig. 198. — Écureuil.

On utilise la fourrure des *écureuils (fig.* 198), des *castors*, des *chinchillas*, des *lièvres*, des *lapins*. Les *rats* et les *souris* (*fig.* 199) sont fort nuisibles. Le *porc-épic* fournit des piquants.

La *marmotte* vit dans les montagnes; le *loir* dévaste les arbres fruitiers.

On élève en captivité le *cochon* d'Inde ou *cobaye* et les *lapins*.

Fig. 199. — Souris.

V. Les singes. — Ces mammifères sont *quadrumanes*, c'est-à-dire qu'ils possèdent *quatre mains*. Ils vivent pour la plupart dans les forêts tropicales et se nourrissent de fruits, d'insectes. Ils se tiennent souvent sur les arbres et sont d'une agilité extraordinaire. Les singes d'Amérique ont une longue queue prenante dont ils se servent comme d'une main (*fig.* 200).

Les grands singes, *gorille* (*fig.* 201), *orang, chimpanzé,* sont les animaux qui se rapprochent le plus de l'homme, ils sont dangereux.

Fig. 200. — Singe américain
à queue prenante.

Fig. 201. — Tête de grand singe.

VI. Certains mammifères, comme la *baleine,* le *marsouin,*

Fig. 202. — Cachalot.

le *dauphin,* le *cachalot* (*fig.* 202), le *phoque,* le *morse,* sont *organisés* pour vivre dans l'eau.

Questions. — Quel est le genre de nourriture des herbivores? — Comment sont faites leurs molaires? — Donnez des exemples qui montrent que les organes sont appropriés au genre de vie. — Que présentent de particulier les doigts des herbivores? — Comment est constitué l'estomac des ruminants? — Quelles sont les différentes espèces de cornes? — Enumérez les pachydermes, les ruminants. — Quels services nous rendent-ils? — Que présentent de particulier les rongeurs? — Quels sont les caractères des singes?

RÉSUMÉ. — Les herbivores ont un régime végétal, leurs molaires sont à couronne élargie et plate; leurs doigts sont souvent réunis pour former des sabots, et quelques espèces possèdent des cornes.

Les ruminants ont l'estomac composé. Beaucoup d'herbivores sont utiles.

Les rongeurs ont des incisives à croissance continue, et les singes possèdent quatre mains.

Exercices d'observation. — Les mammifères les plus rapides à la course ont en général les doigts réunis dans un sabot; quel avantage présente cette disposition? — Quand les ruminants ont bien mangé, ils cherchent un abri tranquille; pour quelle raison? — La plupart des mammifères aux mœurs douces courent vite; ne semble-t-il pas que la nature l'ait fait à dessein, et pourquoi? — Les singes d'Amérique ont une queue prenante; quels avantages ont-ils sur ceux de l'ancien continent, qui n'en possèdent pas? — La baleine et le phoque ont une vie aquatique; pourquoi ne faut-il pas les prendre pour des poissons?

Rédactions. — 1. Caractères des herbivores. Herbivores domestiques, services qu'ils nous rendent.
2. Comparez un cheval et un bœuf.

LES OISEAUX

Examinons un moineau; c'est un *oiseau* que tous nous connaissons. Il a une *petite tête*, un *œil vif*, un *bec court* et gros pour sa taille; comme tous les oiseaux, son corps est entièrement couvert de *plumes*, sauf les *pattes* qui sont *grêles* et terminées par *quatre doigts flexibles* armés d'*ongles*. Il possède *deux ailes* et il *vole*. Pendant la belle saison, il construit un *nid*, y pond plusieurs *œufs* qu'il *couve*.

Au bout d'une quinzaine de jours, les œufs se fendent, les petits sortent des coquilles, mais leur *corps est nu* et ils sont *aveugles*.

Ils ne sauraient se développer sans l'aide de leurs parents,
qui pourvoient à leur nourriture.

Or, tous les oiseaux présentant des caractères semblables
à ceux que possède le moineau,
nous pourrons donc dire :

L'oiseau est un vertébré qui vit
dans l'air. Son corps est couvert de
plumes et ses membres antérieurs
sont transformés en ailes qui lui
servent à voler. Il possède deux pattes
comptant chacune quatre doigts. Il se
multiplie au moyen d'œufs qu'il abrite
dans un nid (*fig.* 203).

L'œuf. — L'œuf de l'oiseau
comprend (*fig.* 204) : 1° une coquille protectrice de nature calcaire, perméable à l'air; 2° une
membrane fine collée sur la
coquille quand l'œuf est frais. Cette membrane entoure une

Fig. 203. — Oiseau et son nid.

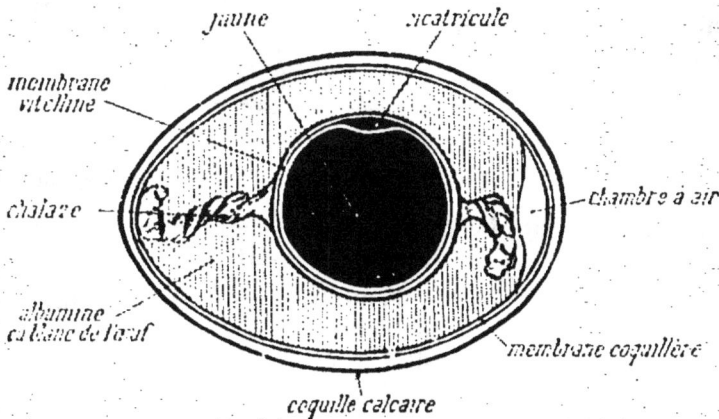

Fig. 204. — Coupe de l'œuf d'un oiseau.

masse fluide, blanche, nommée *blanc d'œuf* ou *albumine;*
3° une seconde membrane fine entourant un petit globe *jaune,*
à la surface duquel on observe une petite *tache* ou *cicatricule;*
4° au gros bout de l'œuf, une *chambre* contenant de l'air.

La **cicatricule** est la partie la plus importante de l'œuf ; elle deviendra le petit oiseau quand l'œuf sera couvé un temps suffisant.

Pour abriter ses œufs et les couver, l'oiseau construit un *nid*, qui est souvent une petite merveille d'art, de patience et d'habileté.

L'aile. La plume. — La faculté de *voler* est le propre de l'*oiseau :* toutefois on ne doit pas considérer comme oiseau tout animal volant : la chauve-souris, par exemple. De même, celle de *nager* caractérise le poisson ; ce qui explique pourquoi on est amené, à tort, à qualifier poissons des animaux comme le phoque et la baleine, qui sont des mammifères.

Fig. 205. — Autruches d'Afrique et leurs poussins.

La faculté de voler n'est donc pas exclusivement réservée aux oiseaux ; mais il n'y a qu'eux dont le corps soit couvert de plumes.

Fig. 206. — Pingouin.

Peut-être avez-vous entendu parler de l'autruche (*fig.* 205), ce gros oiseau des déserts africains dont les plumes sont si recherchées? Elle possède une aile trop faible pour son poids :

L'autruche ne vole pas, elle court.

Le pingouin (*fig.* 206) des régions polaires ne possède que des ailes rudimentaires.

Le pingouin ne vole pas davantage, il nage.

Examinons une poule ; son aile est courte, arrondie, bombée en dessus, creuse en dessous ; une telle disposition indique un vol difficile et lourd.

La poule peut voler, mais elle vole mal.

Les oiseaux dont le vol est facile, long et soutenu, ont une aile plane, dépassant le corps et effilée à la pointe.

L'aigle, l'hirondelle, le pigeon messager volent rapidement et longtemps.

Regardez ces plumes, elles sont différentes et pourtant elles proviennent du même oiseau.

Les grandes proviennent de l'aile et de la queue (*fig.* 207); elles ont un fort tuyau creux et leurs barbes serrées forment comme une petite rame légère et solide; on les nomme *pennes*.

Fig. 207. — Les grandes plumes de l'aile.

Elles sont disposées pour le vol.

Celles-ci sont arrondies et beaucoup plus petites. Elles proviennent du dos, du cou, du dessus des ailes. On les appelle *couvertures*.

Ce sont des plumes de protection.

Quant à celles-là qui sont fines et cotonneuses, elles sont appliquées sous les autres, contre la peau, et elles forment le *duvet*.

Elles conservent la chaleur du corps.

Les plumes ont donc chacune leur fonction particulière.

Fig. 208. — Aigle et sa proie.

Le régime alimentaire. Le bec. Les pattes. — Comme pour les mammifères, nous allons constater que les membres des oiseaux et certains de leurs organes sont merveilleusement adaptés à leur genre de vie.

Examinez cette gravure, elle représente un aigle (*fig.* 208); le regard est dur et cruel, les ailes sont puissantes, le bec fort et crochu, les griffes qui arment les doigts, et que l'on nomme *serres*, sont longues et acérées.

L'aigle est un carnassier.

Le canard (*fig.* 209) a des pattes courtes dont les doigts sont réunies par des palmures. Son bec plat lui permet de fouiller dans les eaux épaisses et troubles et d'y chercher des larves et des vers.

FIG. 209. — Canard.

Le canard a des pattes qui fonctionnent comme des rames, et son bec plat, dentelé sur les bords, sert à remuer la vase.

Questions. — Faites le portrait d'un moineau et donnez d'après cela les caractères principaux de l'oiseau. — Description de l'œuf. — Quelle est l'importance de la cicatricule? — Montrez par des exemples que la faculté de voler est liée au développement et à la forme de l'aile. — Parlez de la structure et de la fonction des plumes. — Montrez par des exemples pris sur l'aigle et le canard que la forme des pattes et du bec est en rapport avec le genre de vie et le régime de l'oiseau.

RÉSUMÉ. — L'oiseau est un vertébré dont le corps est couvert de plumes; il possède deux ailes, deux pattes comptant chacune quatre doigts; il a un bec et pond des œufs.

L'œuf comprend la coquille, le blanc, le jaune, la cicatricule et la chambre à air.

La puissance du vol dépend de la conformation et du développement de l'aile; quant au bec et à la patte, ils sont en rapport avec le genre de vie et le régime alimentaire.

Exercices d'observation. — La fermière a résolu de faire couver des œufs, pourquoi les mire-t-elle avant de les donner à la poule couveuse? — Vous savez que l'on préserve de l'altération un grand nombre de substances organiques en empêchant le contact de l'air; pourriez-vous dire, d'après cela, pourquoi on peut conserver les œufs en les vernissant? — Avez-vous remarqué que les oiseaux qui veulent observer quelque chose tournent la tête de côté; savez-vous pourquoi?

Rédaction. — **1.** Faites le portrait d'un petit oiseau de votre choix et tirez-en les caractères généraux qui s'appliquent à tous les oiseaux.

2. Les nids, les œufs. Faut-il protéger les nids?

LES OISEAUX (suite)

Nous avons observé que des oiseaux, comme l'aigle, le canard, ont une organisation générale appropriée à leur genre de vie. Nous pourrons encore faire à ce sujet quelques remarques importantes.

Le coq a le *bec fort* et les *pattes robustes* (*fig.* 210) : avec ses doigts aux *ongles* bien développés, il gratte *la terre* pour y chercher les vermisseaux et les larves dont il est friand.

Fig. 210. — Coq.

A son régime granivore le coq ajoute volontiers des substances d'origine animale qu'il cherche dans le sol.

Le moineau, le pinson, le chardonneret, la linotte ont également un régime granivore, et ils y ajoutent aussi des insectes; mais au lieu de les *chercher dans le sol*, comme fait le coq, ils les trouvent sur les *branches*, les *feuilles* et les *écorces*.

Leur bec est conique, arrondi, court, et leurs doigts sont grêles et indépendants les uns des autres.

La fauvette, le roitelet, la mésange ont le bec *fin et effilé*.

Un pareil bec convient à des oiseaux grands destructeurs de vers et de chenilles.

Nous n'aurons garde d'oublier l'hirondelle et avec elle le martinet et l'engoulevent, qui volent le *bec ouvert*.

Ce sont des insectivores, les plus utiles de tous les oiseaux.

Enfin le pic, dont le *bec long, droit et fort*, est un véritable instrument avec lequel cet oiseau précieux frappe nerveusement les écorces des arbres pour en faire sortir les insectes nuisibles, mangeurs de bois, dont il fait sa nourriture.

Ajoutons encore que le pic possède *quatre doigts*, deux en avant, deux en arrière, de manière à se fixer solidement sur les surfaces cylindriques comme les branches des arbres.

En résumé, les pattes et le bec des oiseaux sont appropriés à leur genre de vie, à leur régime alimentaire.

Les oiseaux sont des animaux *vifs et remuants;* leur *respiration est très active,* et la température de leur corps est de quelques degrés plus élevée que celle des mammifères.

Leurs *poumons* se prolongent dans l'abdomen sous forme de deux *sac aériens,* et ils communiquent avec les tuyaux des grandes plumes et l'intérieur des os, lesquels sont creux.

On peut dire que l'air pénètre de toutes parts le corps de l'oiseau *(fig.* 211).

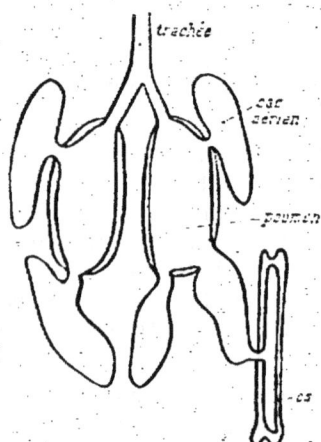

Fig. 211. — Figure montrant les poumons et les sacs aériens en communication avec les os creux.

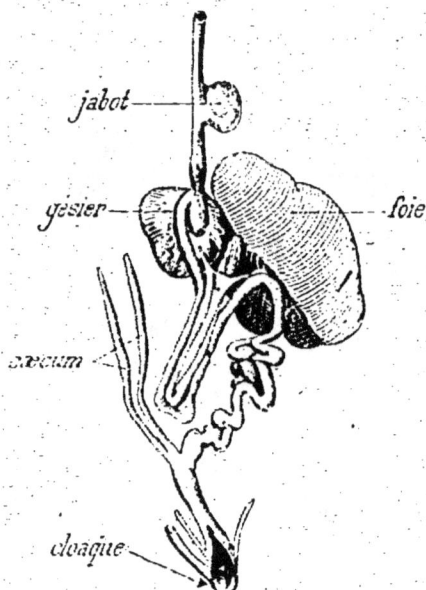

Fig. 212. — Estomac composé d'oiseau.

Cette activité, qui caractérise les oiseaux, demande une nourriture abondante, souvent renouvelée; ils supportent difficilement le jeûne et les privations.

Leur appareil digestif comprend d'abord le *jabot,* où s'amassent les aliments, puis deux estomacs successifs dont le plus important est le *gésier.*

Le *gésier* est un sac musculaire, capable de se contracter fortement; il contient souvent des petits cailloux qui facilitent le travail mécanique de la digestion. Les oiseaux, en effet, *n'ont pas de dents* et les *mandibules cornées du bec*, qui en font fonction, ne divisent qu'imparfaitement les matières alimentaires.

D'après l'ensemble des remarques que nous venons de faire, nous grouperons les oiseaux en réunissant dans une même catégorie tous ceux qui ont des caractères communs et un même genre de vie.

Premier groupe. — Les oiseaux qui se nourrissent de *graines et de vermisseaux* ayant pour type le *coq*.

Ce groupe comprend des oiseaux domestiques : *coqs* et leurs nombreuses variétés ; *dindon, pintade, paon, faisan* ; des oiseaux considérés comme gibier : *caille, perdrix, gélinotte* ; enfin des oiseaux au vol facile et soutenu : *pigeon* domestique, *pigeon* voyageur, *ramier, tourterelle.*

Deuxième groupe. — Les petits oiseaux, nommés encore *passereaux,* qui sautillent en marchant, se nourrissent de graines et surtout d'insectes et de chenilles ; ils sont *très utiles.*

Ce sont la *mésange,* le *roitelet,* le *moineau,* la *fauvette,* le *rossignol,* le *rouge-gorge,* le *pic,* l'*hirondelle,* le *gobe-mouches,* le *martinet,* l'*engoulevent,* le *merle,* la *grive,* la *huppe,* l'*alouette,* etc. La *pie,* le *geai,* le *corbeau,* du même groupe, sont toutefois considérés comme *nuisibles* (*fig.* 213).

FIG. 213. — Corbeau : oiseau nuisible.

Troisième groupe. — Les oiseaux au bec crochu et aux serres puissantes, désignés sous le nom de *rapaces.*

L'*aigle,* le *faucon,* l'*épervier,* la *buse,* l'*émouchet,* le *milan,* etc., tous *nuisibles.*

Par contre, les rapaces de nuit, *chouettes, ducs, hiboux,* sont des oiseaux *fort utiles.*

Quatrième groupe. — Les oiseaux au long bec et aux longues pattes, nommés *échassiers,* qui fréquentent les marais, les grèves et les cours d'eau : les *cigognes, hérons, grues, bécasses, canneaux, pluviers,* etc. C'est à ce groupe que se rat-

tachent les autruches désignées encore sous le nom de *cou-
reurs*.

Cinquième groupe. — Les oiseaux aquatiques aux pattes
palmées ou *palmipèdes*.

L'*oie*, le *cygne*, le *canard*, qui sont domestiques ; l'*albatros*, le
pélican, le *cormoran*, la *frégate*,
la *mouette*, qui sont des oiseaux
de mer (*fig.* 214), et les *manchots*
et *pingouins*, que l'on trouve dans
les terres glacées des pôles.

Beaucoup d'oiseaux nous
fournissent pour notre nourriture leur *chair*, souvent fort
délicate ; il en est de même
des *œufs*. Enfin les *plumes* et
le *duvet* font l'objet d'un commerce actif.

Questions. — Pourquoi le coq
a-t-il le bec fort et les pattes robustes ? — Pourquoi les petits oiseaux qui ont même régime que le
coq ont-ils les pattes et le bec plus
faibles ? — Quel est le régime d'un

Fig. 214. — Oiseau de mer.

oiseau qui a le bec fin et effilé ? — Comment sont les pattes et le bec du pic ?
— Parlez de l'estomac des oiseaux, de leurs poumons. — Énoncez les caractères et énumérez les oiseaux des genres coq, moineau, aigle, héron, canard.

RÉSUMÉ. — Les granivores ont le bec fort et arrondi ; ceux qui
fouillent le sol comme le coq, ont les pattes robustes ; le bec des
insectivores est fin et effilé, leurs doigts sont grêles.

Les poumons des oiseaux se prolongent par des sacs aériens et
l'air pénètre dans les grandes plumes et les os.

L'oiseau a un bec et deux estomacs dont le principal est le gésier.

On divise les oiseaux en cinq groupes d'après leur genre de
nourriture. Beaucoup sont utiles.

Exercices d'observation. — Les poules détruisent des vers et des
insectes nuisibles : pourquoi ne leur permet-on pas d'aller dans les
jardins ? — Les hirondelles volent le bec ouvert ; pour quelle raison ? — Connaissez-vous le pic et mérite-t-il son nom ? — Sur l'aire
des volières, on sème des graviers ; dans quel but ? — Il arrive
quelquefois que les oiseaux enfermés pondent des œufs dépourvus
de coquilles, d'où vient cela et comment y remédier ?

Rédactions. — **1.** Enumérez les oiseaux élevés à l'état domestique. Dites à quel genre ils appartiennent et quels avantages ils présentent pour nous.

2. Quels sont les oiseaux nuisibles de notre pays? Quels dommages nous causent-ils?

LES REPTILES, LES BATRACIENS ET LES POISSONS

Les deux classes de vertébrés que nous avons précédemment étudiées présentent chacune des animaux dont la température est assez élevée; cela provient de ce que leurs poumons sont développés et leur respiration active.

La température, d'ailleurs fixe, des mammifères est d'environ 38°; celle des oiseaux, laquelle est également fixe, est de 40°.

Les mammifères et les oiseaux sont des animaux à température fixe; ils sont dits à *sang chaud*.

Les reptiles, les batraciens et les poissons, dont nous allons parler à l'instant, forment au contraire trois autres classes de vertébrés dits à *sang froid.*

Ces animaux ont une respiration bien moins active, la température de leur corps est variable et change avec celle du milieu dans lequel ils vivent.

1° Les reptiles. — Vous connaissez tous ces jolies petites bêtes que l'on nomme des *lézards (fig.* 215); leur corps en fuseau se prolonge par une longue queue; le cou est peu apparent, les yeux sont doux et intelligents; la bouche, assez large, possède une langue fine avec laquelle ils saisissent les insectes

Fig. 215. — Lézard des murs.

dont ils font leur nourriture. Le corps est couvert de fines écailles et présente, de côté, quatre membres courts terminés par des doigts.

Les lézards se traînent sur le sol, on dit qu'ils rampent.

Ce sont des animaux inoffensifs et, comme ils sont *insecti-cores*, on doit les regarder comme *utiles* à l'agriculture.

Fig. 216. — Crocodile.

Les *crocodiles* (*fig.* 216) sont d'énormes lézards qui vivent dans les eaux des fleuves de l'Asie, de l'Afrique et de l'Amérique. Leur corps est couvert d'écailles fort dures; leur queue aplatie sur les côtés leur permet de fouetter l'eau et de nager rapidement.

Ce sont des animaux fé-roces et dangereux.

Les *tortues* (*fig.* 217) sont aussi des reptiles dont le corps est protégé par une *carapace* très solide. Les petites es-pèces vivent à terre ou

Fig. 217. — Tortue.

dans les marais; les grandes, dans les fleuves et la mer. Elles fournissent une matière précieuse nommée *écaille*.

Enfin il existe des reptiles dépourvus de membres, ce sont les *serpents*. Leur corps souple et poli, leurs côtes nombreuses et lisses sous la peau, leur permettent de glisser facilement sur le sol. La *couleuvre* (*fig.* 218) est, avec l'*orvet*, le serpent que nous connaissons le mieux.

On trouve dans les pays chauds des serpents de grande taille, comme les *boas* et les *pythons*. Quant à la *vipère*, elle possède dans la bouche des *crochets à venin*, et il en est de même de l'*aspic*, du

Fig. 218. — Couleuvre.

Fig. 219. — Œufs de serpent.

crotale ou *serpent à sonnettes*, du *cobra* et du *naja*, qui sont des animaux fort dangereux.

Tous les reptiles sont ovipares (*fig.* 219).

2e Les batraciens. — Examinons une grenouille (*fig.* 220); comme les reptiles, elle naît d'un *œuf* dépourvu de coquille, mais elle n'a pas d'abord la forme sous laquelle nous l'observons plus tard.

Fig. 220. — La grenouille subit des métamorphoses.

La grenouille subit des métamorphoses; l'œuf donne naissance à un têtard qui vit quelque temps à la manière des poissons.

Or, le poisson respire l'air dissous dans l'eau à l'aide d'organes nommés branchies.

Le têtard est dépourvu de pattes, il a une *queue allongée* qui lui permet de nager; il possède enfin des *branchies* et il est *herbivore*.

Peu à peu il se transforme; des membres apparaissent pendant que la queue se fait de plus en plus courte; enfin des poumons font place aux branchies et à la respiration aquatique succède la respiration aérienne.

La grenouille, d'abord poisson, devient reptile; mais ses membres sont longs et sa peau nue.

La grenouille est *insectivore*.

Le *crapaud* est aussi un batracien ; c'est un animal fort laid, mais fort utile ; il faut le protéger. Il en est de même des *salamandres*.

3° **Les poissons.** — Regardez ce poisson (*fig.* 221), la tête se confond avec le corps, lequel est allongé et couvert d'*écailles*

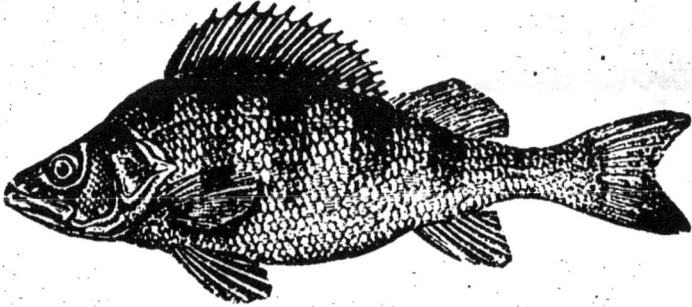

Fig. 221. — Le poisson possède des nageoires pour se mouvoir dans l'eau.

souvent libres d'un côté. Une *nageoire* forme la queue ; c'est la principale, mais d'autres s'observent sur les côtés du corps et sur le dos.

Le poisson est organisé pour se mouvoir dans l'eau.

Soulevons cette petite lame mobile qui recouvre les joues et qu'on nomme *opercule*, nous apercevons des *peignes rouges* placés dans la bouche : ce sont les *branchies*. Elles communiquent par des vaisseaux avec le cœur, et le sang du poisson les traverse.

Les branchies absorbent l'oxygène de l'air dissous dans l'eau, ce sont donc les organes de la respiration, et le poisson meurt bientôt si on le plonge dans l'eau privée d'air.

Les poissons sont carnassiers et voraces ; ils se multiplient au moyen d'œufs, petits et fort nombreux. Ces œufs, qui s'observent chez les femelles, forment des amas nommés *rogues*. La ponte des œufs se nomme *frai*. La chair de nombreux poissons est estimée ; les intestins, nageoires, vessies, servent à fabriquer la *colle de poisson ;* les *foies* de certains donnent de l'*huile*.

La classe des poissons comprend les poissons à *arêtes dures* ou poissons *osseux* et les poissons à *arêtes molles* ou *poissons cartilagineux*.

Groupe des poissons osseux. — 1° *Poissons de mer*: maquereau, hareng, morue, sardine, vive, rouget, merlan, congre, thon, saumon, anchois, etc.;

2° *Poissons plats* : turbot, sole, carrelet, barbue, etc. ;

3° *Poissons d'eau douce* : truite, anguille, brochet, carpe, tanche, goujon, etc.

Groupe des poissons cartilagineux : esturgeon, raie, chien de mer, roussette, requin, etc.

Questions. — Quel est le caractère de la température du corps chez les vertébrés supérieurs, mammifères, oiseaux ? — Quel est ce même caractère chez les vertébrés inférieurs, reptiles, batraciens, poissons ? — Faites la description du lézard et indiquez les caractères des reptiles. — Que savez-vous sur les crocodiles, les tortues, les serpents? — Comment naît la grenouille? — Quels sont les caractères du têtard ? — Quelles modifications subit-il ? — Parlez du crapaud. — Qu'appelle-t-on poissons? — Comment se déplacent-ils dans l'eau? — Comment respirent-ils ? — Nommez des poissons de mer, d'eau douce. — Nommez des poissons cartilagineux.

RÉSUMÉ. — Les mammifères et les oiseaux sont des vertébrés à température fixe ; les reptiles, batraciens et poissons sont des vertébrés à température variable. Les reptiles, à part les serpents, ont quatre membres courts ; ils rampent sur le sol, leur peau est écailleuse, ils possèdent des poumons.

Les batraciens, comme la grenouille et le crapaud, sont d'abord organisés comme les poissons, puis se transforment et ressemblent aux reptiles. Leur peau est nue.

Les poissons vivent dans l'eau, respirent par des branchies et possèdent des nageoires.

Exercices d'observation. — Les reptiles, les batraciens et les poissons paraissent froids quand on les touche ; pourquoi ? — Le jardinier avisé dit qu'il faut respecter les couleuvres, les lézards, les crapauds, les grenouilles ; pour quelle raison ? — Quand un pêcheur prend un gros poisson dans ses filets, il commence par lui briser la queue; pour quelle cause ?

Rédactions. — **1.** Comparez un lézard et une grenouille. — Nommez d'autres animaux des mêmes genres. — Services qu'ils nous rendent.

2. Organisation des poissons. — Poissons de mer et poissons d'eau douce. — Utilité.

Expérience. — Elever des têtards et observer leurs métamorphoses.

LES INSECTES

Au cours de nos promenades, nous avons recueilli une certaine quantité d'insectes et nous les avons fixés proprement, à l'aide d'épingles, sur de légers cartons.

Nous allons aujourd'hui vous les montrer.

Un seul va d'abord retenir notre attention; nous le connaissons tous, c'est le *hanneton*, et nous savons encore, pour en avoir maintes fois écrasé avec le pied, que ces animaux sont *dépourvus de squelette*. Ce sont des *invertébrés*. Les parties dures de leur corps sont *extérieures*.

Le corps de l'insecte. — Remarquons d'abord que le corps du *hanneton* est formé d'*anneaux emboîtés;* ceux du ventre sont particulièrement développés. La partie avant, assez petite, forme la *tête*. Elle compte la *bouche*, les *yeux*, et des organes déliés terminés par des houppes délicates. On a donné le nom d'*antennes* à ces organes.

Les anneaux qui suivent et qui séparent la tête de l'abdomen constituent le *thorax ;* ils portent en dessus *deux paires d'ailes* et en dessous *trois paires de pattes*. La première paire d'ailes est formée de membranes dures.

En examinant les anneaux du ventre, les naturalistes y ont découvert des ouvertures microscopiques; ce sont comme autant de bouches par lesquelles l'air pénètre dans le corps de l'insecte.

Ces ouvertures sont l'orifice de tubes situés intérieurement et nommés trachées ; c'est par ces dernières que s'opère la fonction respiratoire.

Vous comprendrez maintenant pourquoi les insectes dont on vernit les anneaux du ventre meurent asphyxiés.

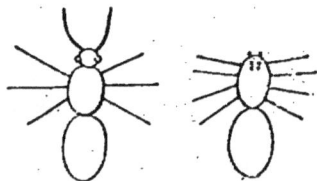

Les autres insectes, fixés à côté, *sauterelle, libellule, bourdon,* ayant

Fig. 222. — Corps de l'insecte.

le corps disposé de façon semblable, nous pourrons dire que :

Les insectes sont des invertébrés dont le corps formé d'anneaux comprend la tête, le thorax et l'abdomen. Ils ont 6 pattes et souvent 4 ailes (*fig.* 222).

L'œuf. Les métamorphoses. — Les insectes pondent des œufs ; mais, comme pour la grenouille, l'œuf ne donne pas naissance à un *individu parfait.*

L'insecte subit des métamorphoses (*fig.* 223).

De l'œuf naît une *larve ;* on dit *chenille* quand il s'agit d'un papillon, et vous n'avez pas été sans observer ces chenilles sur les feuilles des végétaux.

La larve ou la chenille est d'une *voracité* extraordinaire ; celle du hanneton se nomme *ver blanc* ou *man* et se tient sous le sol où elle dévore les racines.

C'est sous la forme de larves que les insectes causent surtout des dommages et constituent souvent pour l'agriculteur un véritable fléau.

FIG. 223. — Métamorphoses du hanneton.

Après un temps d'activité, variable suivant les espèces et qui dure

FIG. 224. — Mouches à viande avec leurs œufs et leurs larves.

deux ans et demi pour le hanneton, la larve cherche un abri, se construit parfois une demeure, change encore de forme et devient une *nymphe.* Cette dernière reste immobile et comme privée de vie, puis se modifiant encore, elle se transforme finalement en *insecte parfait*.

L'insecte *pond alors des œufs* et meurt souvent peu de temps après. Les insectes ne pondent pas leurs œufs à l'aventure. Tous, obéissant à un instinct merveilleux, les déposent de façon que leur éclosion et leur développement soient assurés. Nous vous donnerons quelques exemples.

Les *mouches bleues*, dites à viande, déposent leurs œufs sur les matières animales, viandes de boucherie, poissons. Les larves qui en naissent et que l'on nomme communément *asticots*, dévorent les substances sur lesquelles elles sont placées et en déterminent l'altération rapide (*fig.* 224).

Les *nécrophores* (*fig.* 225)

Fig. 225. — Nécrophores enfouissant le cadavre d'un petit animal.

recherchent les cadavres des petits animaux, souris, oiseaux. Véritables fossoyeurs, ils les enfouissent et les recouvrent de terre après avoir pondu leurs œufs dans le corps même des animaux morts, lesquels deviennent ainsi l'abri, puis la pâture des larves.

Fig. 226.
Coccinelle.

1° Insectes utiles. — Outre l'*abeille* et le *bombyx du mûrier*, dont la larve se nomme *ver à soie*, certains insectes nous rendent des services précieux: ce sont les *ichneumons*, les *vers luisants*, les *carabes dorés*, les *coccinelles* (*fig.* 236), les *libellules* ou demoiselles, les *fourmis-lions*, etc.

Tous ces insectes sont carnassiers et s'attaquent surtout aux autres insectes et à leurs larves. Il faut apprendre à les connaître et se garder de les détruire.

2° Insectes nuisibles. — Les *sauterelles* (*fig.* 227) et les *hannetons* sont de véritables fléaux. Les *fourmis*, les *pucerons*, les *perce-oreille*, les *bruches des pois*, les *courtilières*, les

papillons des choux, etc., sont les ennemis du jardin. Le *phylloxera* (*fig.* 228), l'*eumolpe*, la *pyrale* sont ceux de la vigne. Les *charançons*, les *teignes*, l'*alucite* s'attaquent aux graines comme le blé. Le *puceron lanigère*,

Fig. 227. — Sauterelle.

Espèce ailée.   Espèce non ailée.

Fig. 228. — Phylloxera.

l'*anthonome* sont les ennemis des pommiers. Il faut détruire tous ces insectes et avec eux les *mouches*, les *guêpes*, les *frelons*, les *cousins* ou *moustiques* et la plupart des *papillons*.

Questions. — Quelles sont les diverses parties du corps de l'insecte ? — Où sont situés les yeux, les antennes ? — Combien le hanneton a-t-il d'ailes, de pattes ? — Comment respirent les insectes ? — Définissez un insecte ? — Que donne l'œuf de l'insecte ? — Que devient la larve ? la nymphe ? — Sous quelle forme l'insecte est-il le plus souvent nuisible ? — Donnez des exemples qui montrent que les insectes déposent souvent leurs œufs dans certaines conditions qui assurent leur éclosion et rendent leur développement facile. — Nommez des insectes utiles, des insectes nuisibles.

RESUMÉ. — Le corps des insectes se divise en trois parties : 1° la tête avec la bouche, les yeux et les antennes ; 2° le thorax, qui porte six pattes et souvent quatre ailes ; 3° l'abdomen, qui renferme l'appareil respiratoire.

L'œuf de l'insecte devient larve, puis nymphe, puis insecte parfait. Beaucoup d'insectes sont nuisibles.

Exercices d'observation. — Il y a eu cette année beaucoup de hannetons ; pourquoi dit-on que deux années passeront encore avant d'en avoir à nouveau ? — Pour prendre beaucoup d'insectes ailés, on se sert de pièges lumineux, pour quelle raison ? — Certains insectes constituent de véritables fléaux pour l'agriculture ; sur quels auxi-

liaires faut-il compter pour les combattre? — Lorsqu'un insecte est
nuisible, vaut-il mieux le détruire sous forme de larve ou à l'état
parfait?

Rédaction. — **1.** Racontez les métamorphoses d'un hanneton et montrez que, presque sous toutes ses formes, il nous cause des dommages
considérables.

LES AUTRES INVERTÉBRÉS

Les araignées. — Examinons une araignée : la *tête, soudée
au thorax*, forme une première division; l'*abdomen, gros et
renflé*, forme l'autre.

Fig. 229. — Épeire des jardins et sa toile.

Le corps est *privé d'ailes*, il est supporté par quatre *paires
de pattes*, longues et velues, et il se termine en arrière par un
organe nommé *filière*.

Cet organe sécrète une matière consistante avec laquelle
l'araignée *file sa toile*. Cette dernière est merveilleusement
tissée, mais si fine, si ténue, qu'il semble que le moindre
souffle doive l'emporter. Il n'en est rien pourtant; le piège est

solide, et la grosse mouche étourdie qui s'y laisse prendre en fait l'expérience à ses dépens.

L'araignée tisse des toiles pour prendre les mouches dont elle fait sa nourriture.

Les araignées peuvent être considérées comme des animaux *utiles*. Celles que nous pouvons rencontrer sont la *tégénaire*, qui vit dans nos appartements et se tient cachée dans un étui conique ; l'*épeire* des jardins (*fig.* 229), qui tend au milieu des branches une grande toile à lignes géométriques ; les *faucheurs*, qui, en quelques heures, couvrent les chaumes et les prés de leurs fils cotonneux ; l'*araignée d'eau*, qui se construit dans les marais une véritable cloche à plongeur dans laquelle elle vit.

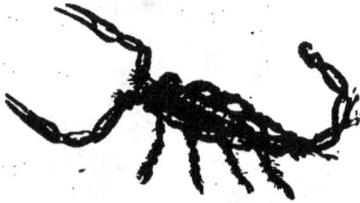

Fig. 230. — Scorpion.

Au genre araignée appartiennent encore le *scorpion* d'Afrique (*fig.* 230), animal redouté qui se tient caché sous les pierres et dont le corps se termine par un *crochet venimeux ;* les *acares*, qui vivent dans la croûte des fromages pendant qu'une autre espèce microscopique se creuse des galeries sous la peau de l'homme et cause une affection répugnante, la *gale*, que l'on combat à l'aide de pommades sulfurées.

Les crustacés. — Ce sont des invertébrés dont le corps est couvert d'une *carapace solide ;* ils vivent dans l'*eau* et respirent par des *branchies*. Ex. : le homard, la langouste, les crevettes, les crabes, l'écrevisse, etc.

Tous ces animaux sont recherchés pour leur chair délicate.

Le *cloporte* des caves et des jardins est le seul crustacé terrestre.

Les vers. — Ces animaux sont *dépourvus de membres ;* leur corps est mou, arrondi chez le *ver de terre*, aplati chez le *ver solitaire* ou *ténia*, qui se rencontre dans l'intestin de l'homme et dont il est difficile de se débarrasser.

Les œufs des ténias subissent leurs métamorphoses dans le corps des porcs. Ceux-ci sont dits ladres. Le ver n'atteint l'état parfait que dans l'intestin de l'homme.

Il est bon de ne faire usage de la viande de porc que lorsqu'elle est bien cuite. Outre le ténia, il existe encore beaucoup de *vers parasites* qui habitent l'intestin de l'homme ou celui des animaux. On les détruit à l'aide de *vermifuges*.

Au groupe des vers appartiennent aussi les *sangsues* des mares, utilisées parfois en médecine.

Les mollusques. — Vous connaissez tous l'*huître*, la *moule*, l'*escargot*; ce sont des animaux au corps mou protégé par une *coquille*. Cette dernière affecte diverses formes.

Voici une coquille d'escargot, elle est contournée et d'une seule pièce : c'est une *coquille univalve*; celle de la moule, de l'huître, est formée de deux pièces, elle peut s'ouvrir ou se fermer : c'est une *coquille bivalve*.

Fig. 231. — Pieuvre.

Les huîtres et les moules n'ont pas la faculté de se déplacer. Leur chair est estimée. Les *limaces* n'ont pas de coquilles; elles sont fort *nuisibles*.

La mer renferme de nombreux mollusques; les plus répugnants sont les *pieuvres* (*fig.* 231) et les *seiches* dont le corps visqueux est entouré de longs bras munis de *ventouses*. La *pieuvre* est un animal redouté des pêcheurs.

Fig. 232. — Éponge de mer.

Les animaux-plantes. — On donne ce nom à des animaux marins qui, à part l'*étoile de mer*, sont très petits. Les *éponges* (*fig.* 232), les *coraux* et les *madrépores* vivent en colonies; on utilise parfois leur squelette: *corail rouge*, *éponge* *de toilette.* En Océanie, on observe des îles entières formées par des débris madréporiques ; on les nomme *atolls.*

Les infiniment petits. — Enfin il existe une multitude infinie d'animaux si petits qu'ils échappent à la vue: il en existe partout, dans l'air, dans l'eau, dans le sol ; on leur a donné le nom de *microbes,* de *bactéries (fig.* 233) ; beaucoup sont redoutables. et il n'y a plus de doute que de terribles affections ou maladies comme le *croup,* la *rage,* le *charbon,* le *choléra,* la *variole,* le *typhus,* la *tuberculose* ne soient leur œuvre. On combat, en général, leur développement par une *vaccination appropriée ;* mais beaucoup de *vaccins* restent encore à découvrir.

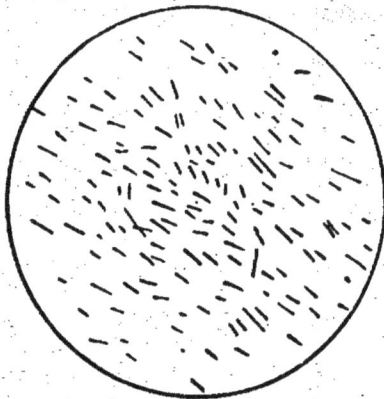

Fig. 233. — Bactéries grossies.

Questions. — Parlez de l'araignée, de son corps, de ses pattes. — Qu'est-ce que la filière? — A quoi sert la toile que tend cet animal ? — Nommez des araignées. — Parlez des vers. — Où vit le ténia ? — Qu'est-ce qu'un crustacé? — Nommez des crustacés. — Qui protège le corps des mollusques? — Nommez quelques mollusques utiles ou nuisibles. — Comment vivent les animaux-plantes, à part l'étoile de mer? — Danger des microbes.

RÉSUMÉ. — Les araignées sont dépourvues d'ailes, elles ont huit pattes et filent une toile pour prendre des mouches. Les acares sont nuisibles et le scorpion dangereux.

Les crustacés ont une carapace, ils vivent dans l'eau. Leur chair est estimée.

Les vers n'ont pas de membres, presque tous sont nuisibles.

Les mollusques sont mous et ont souvent une coquille.

Les microbes propagent de terribles maladies.

Rédactions. — **1.** Les araignées et leur genre de vie. Ces animaux sont-ils utiles?

2. Parlez des animaux autres que les poissons et qui vivent dans la mer. Dites ceux qui sont utiles ou nuisibles et pourquoi.

LES VÉGÉTAUX. LA RACINE

Examinons avec attention ce petit végétal que nous venons d'arracher à l'instant. C'est un jeune chêne, fils d'un gland. Depuis quelque temps déjà, nous avions placé ce gland dans la terre humide où il s'est développé.

Au premier examen, nous voyons que la *plantule* est formée de deux parties différentes : 1° une de *couleur pâle*, laquelle était enfouie dans le sol; 2° une autre de *couleur verte*, qui s'est développée librement à l'air.

La partie souterraine du jeune chêne a reçu le nom de racine et on a donné celui de tige et de feuilles à la partie aérienne.

Beaucoup de végétaux ont une structure semblable à celle que nous présente le chêne ; nous pouvons donc dire :

La plupart des végétaux sont constitués par une racine, une tige et des feuilles.

PREMIÈRE PARTIE. — **La racine.** — La *racine* que nous avons sous les yeux se compose d'une partie principale qui s'enfonce dans le sol et de divisions secondaires qui se ramifient et deviennent de plus en plus fines à mesure qu'elles s'écartent du centre (*fig.* 234).

Ces *fines terminaisons* prennent le nom de *radicelles* et, dans leur ensemble, elles forment ce que l'on appelle le *chevelu* de la racine.

Fig. 234.
Gland
germé.

En grandissant, la racine du chêne prendra une extension considérable ; elle deviendra volumineuse et formera une *grosse souche*, d'où partiront en rayonnant en tous sens des ramifications longues et robustes.

Le jeune végétal deviendra un *grand arbre* et, pour résister plus tard aux assauts des vents, il a besoin d'une base puissante et solide.

Les grandes racines appartiennent aux arbres comme le chêne, le hêtre, l'orme.

Regardez maintenant cette racine de blé, elle est grêle et délicate. C'est une *racine fibreuse*. Or, le blé, l'herbe, sont des végétaux dont le développement et la durée sont très limités.

Les racines fibreuses appartiennent aux plantes dites herbacées, lesquelles ne durent guère plus d'une année.

Voici d'autre part une jeune carotte (*fig.* 235), la racine est déjà *grosse et charnue*, gonflée de matières nutritives qui entrent dans l'alimentation de l'homme et dans celle des animaux. C'est une *racine pivotante* comme celle du navet, de la betterave, du radis, etc.

Les racines pivotantes et charnues appartiennent à des plantes bisannuelles, c'est-à-dire à des plantes qui ne fleurissent et ne donnent des graines que la deuxième année de leur végétation.

Enfin, dans le plant de fraisier que voici, observons encore qu'il existe à la hauteur du collet, c'est-à-dire au ras du sol, des divisions que l'on désigne sous le nom de *coulants*. Ce sont des *racines aériennes* ou *adventives*.

Double rôle de la racine. — Je premier rôle de la racine est de fixer la plante au sol.
Le second, c'est de la nourrir.

Fig.
Carotte.

Regardez ce pois que nous avons fait germer depuis quelque temps déjà : ses racines sont bien développées et nous pouvons remarquer que les parties terminales du chevelu sont recouvertes de filaments très petits, disposés avec ordre. Ce sont les *poils absorbants*, et c'est par leur intermédiaire que s'opère la *fonction de nutrition*.

Les poils absorbants sont comme autant de suçoirs par lesquels la plante puise dans la terre les éléments dont elle vit.

L'expérience a établi que l'absorption nutritive ne se fait que par les *poils absorbants seulement* : ces organes se reforment sur des parties neuves à mesure qu'ils s'usent.

Enfin chaque radicelle porte au delà des poils absorbants une espèce de capuchon protecteur nommé *coiffe* (*fig.* 235 bis).

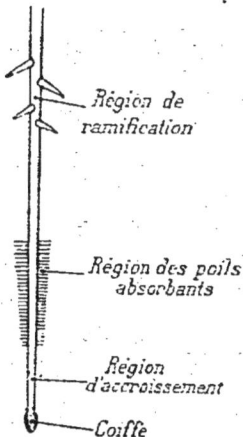

Région de ramification

Région des poils absorbants

Région d'accroissement

Coiffe

FIG. 235 bis.
Coiffe.

La coiffe fait fonction de vrille, elle perfore le sol et ménage un chemin à la radicelle dont elle est la terminaison.

Les racines, avons-nous dit, s'enfoncent plus ou moins dans le sol; il en est de *superficielles* et de *profondes*.

L'agriculteur doit connaître le mode de développement des racines de la plante qu'il cultive, afin de donner au sol des façons culturales en rapport avec la faculté de pénétration de ces organes.

Vous connaissez les pois, le trèfle, la luzerne: ce sont des plantes dont les graines sont enfermées dans des *gousses*; elles forment la famille des *légumineuses*. Or, ces plantes possèdent des racines couvertes de renflements ou *nodosités* dans lesquelles vivent des *microbes*. Ces derniers absorbent et emmagasinent l'*azote de l'atmosphère*.

Les légumineuses sont des plantes précieuses qui enrichissent en azote le sol sur lequel elles vivent, mais, seules, elles possèdent cette propriété.

Questions. — Quels sont les organes principaux de la jeune plante? — Comment nomme-t-on la partie souterraine? les parties aériennes? — Quelles sont les parties principales de la racine? — Qu'appelle-t-on chevelu? — Comment sont faites les racines des arbres? la racine du blé? celle de la carotte? — Qu'appelle-t-on coulants du fraisier? — Quelles sont les fonctions de la racine? A quoi servent les poils absorbants? la coiffe? — Qu'ont de particulier les racines des légumineuses?

RÉSUMÉ. — La racine est la partie souterraine de la plante, elle comprend le pivot, les divisions secondaires, les radicelles. Celles-ci portent les poils absorbants et se terminent par la coiffe.

On observe diverses espèces de racines: arbre, blé, carotte, fraisier.

La racine fixe la plante au sol et absorbe les matières nutritives par les poils absorbants.

Les racines des légumineuses fixent l'azote de l'air.

Exercices d'observation. — Le jardinier a soulevé légèrement toutes les plantes de la corbeille, lesquelles poussaient trop vite; que s'est-il passé? — Sur les terrains mouvants ou en pente et sur les talus, on cultive des plantes dont les racines courent sous le sol dans toutes les directions; pourquoi? — Jean a labouré son champ de trèfle, mais il n'a pas brûlé les racines que la charrue a retournées; a-t-il eu raison? — Lorsqu'on repique certains végétaux, on supprime une partie du chevelu; quel est le résultat de cette opération?

Rédactions. — 1. Parties principales de la racine, son rôle.
2. Quelles sont les principales espèces de racines?

VÉGÉTAUX. — LA TIGE

La tige est la continuation naturelle de la racine, dont elle n'est séparée que par un léger renflement nommé *collet*.

Le plus souvent elle s'élève au-dessus du sol et son développement se fait dans l'air.

Remarquons en passant que l'accroissement de la tige s'opère à la fois dans deux sens différents : suivant le *diamètre* et suivant la *longueur.*

La plupart des plantes ont une *tige faible.* Certaines se *dressent au-dessus* du sol ; d'autres *rampent* à la surface. Il est des tiges comme celles de la vigne, du houblon, du pois qui réclament un *appui :* ce sont des *tiges grimpantes.* Voici une tige de blé autour de laquelle un liseron s'est naturellement enroulé. La tige du liseron est dite *volubile.* Quant à celle du blé, elle est *creuse* et garnie de *nœuds :* c'est un *chaume.* Il en est de même pour la tige du seigle, de l'avoine, du bambou, du roseau.

L'oignon, la tulipe, le lis ont une tige renflée à la base et nommée *bulbe* (*fig.* 236). Celle du carex, du chiendent, de la pomme de terre est *souterraine.*

Enfin la tige des herbes et des plantes qui leur ressemblent, et dites pour cela *herbacées,* est *flexible et sans consistance.* Celle des arbustes, des arbrisseaux et des arbres est au contraire *dure et rigide ;* on dit qu'elle est *ligneuse.* Remarquons encore qu'au point de vue de la durée on observe des végétaux dont les tiges meurent chaque année (plantes *annuelles*), ou tous les deux ans (plantes *bisannuelles*), ou au bout d'une période plus ou moins longue (plantes *vivaces*).

Fig. 236. — Tige renflée en bulbe.

En résumé, on observe une grande variété dans la tige des végétaux. La consistance, le port, la durée, la forme, changent d'une plante à l'autre.

La tige des arbres. — Examinons cette coupe pratiquée horizontalement dans une tige de chêne (*fig.* 237). Au centre nous observons une *étoile blanche* faite d'une matière molle, c'est la *moelle*.

Abondante dans les jeunes arbres, la moelle disparaît à mesure qu'ils grandissent. Elle reste cependant toujours très développée chez certains végétaux comme le sureau.

Autour de la moelle se trouvent des couches concentriques et serrées d'un tissu qui a reçu le nom de *ligneux* ou de *bois*. Une couche nouvelle s'ajoute *chaque année* à celle déjà existante, de sorte que le diamètre de la tige va en augmentant.

Les couches du bois sont d'abord peu consistantes, mais elles s'incrustent bientôt de substances solides que la sève y dépose. Il s'ensuit que le durcissement s'opère avec le temps.

Le nombre de couches dans un tronc d'arbre scié en travers indique l'âge de cet arbre.

Le bois voisin de la moelle est le *plus dur* et le *plus coloré*, il forme le *cœur*, mais à mesure que l'on s'éloigne du centre la couleur se fait plus claire et le tissu est moins serré.

Près de l'écorce il devient complètement blanc : c'est l'*aubier*.

La partie extérieure de l'aubier, que l'on désigne sous le nom de *cambium*, de *zone d'accroissement*, est riche en vaisseaux. Ces derniers, venant de la racine, portent dans les parties supérieures du végétal les principes nutritifs puisés dans le sol par les poils absorbants.

FIG. 237. — Coupe d'un tronc d'arbre.

Cette zone est la région du végétal où la vie est la plus active. La sève, qui y circule, est comme le sang de la plante et c'est par cette portion que la tige s'accroît.

La dernière enveloppe de la tige se nomme *écorce*. Jeune, elle est délicate et semi-transparente; mais, en vieillissant, elle s'épaissit, devient écailleuse et de couleur foncée. Parfois, elle tombe pour se renouveler. Dans certaines variétés de chênes, l'écorce est utilisée sous le nom de *liège*.

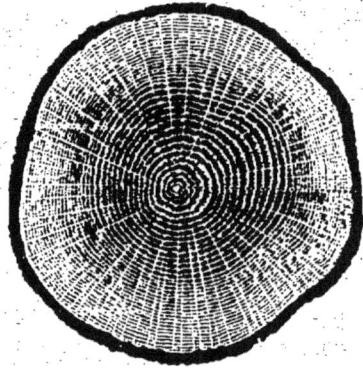

L'écorce qui revêt les tiges végétales, ainsi qu'une partie des racines est en tout comparable à la peau qui couvre le corps des animaux. Comme cette dernière, elle est perméable aux gaz et, par son intermédiaire, il s'opère des fonctions de transpiration et de respiration qui ont leur importance.

C'est donc une bonne pratique que de nettoyer les écorces des arbres fruitiers afin de leur conserver leur souplesse et leur perméabilité.

Questions. — Qu'est-ce que la tige? — Qui la sépare de la racine? — Qu'est-ce qu'une tige dressée? une tige rampante? une tige grimpante? une tige volubile? — Qu'appelle-t-on chaume? bulbe? tige souterraine? herbacée? ligneuse? — Donnez des exemples. — Citez les parties principales de la tige des arbres. — Qu'est-ce que la moelle? le bois? l'aubier? le cambium ou la zone d'accroissement? l'écorce? — Quelle est la fonction de l'écorce?

RÉSUMÉ. — La tige fait suite à la racine et est le plus souvent aérienne. Il en existe de diverses espèces.

La tige herbacée est sans consistance, la tige ligneuse est rigide.

La tige des arbres se nomme tronc et comprend à partir du centre : la moelle, le cœur du bois, l'aubier et l'écorce. La partie extérieure de l'aubier se nomme cambium ou zone d'accroissement.

L'écorce revêt le tronc et est le siège d'une sorte de respiration.

Exercices d'observation. — On met des rames à certaines espèces de haricots pendant que d'autres espèces s'en passent aisément; pourquoi? — Le charron utilise surtout le bois d'orme et celui de frêne, pourquoi préfère-t-il les couches voisines de la moelle? — Dans quel but le jardinier soigneux enlève-t-il les mousses et les lichens qui couvrent le tronc des arbres fruitiers? — Le voisin a planté de jeunes arbres et il les a entourés d'armatures en fer; pourquoi?

Rédactions. — **1.** Indiquez les diverses tiges des plantes herbacées ou autres que les arbres.
2. Description du tronc d'un arbre.

VÉGÉTAUX. — LA FEUILLE

Pendant la longue saison d'hiver, à part quelques espèces désignées sous le nom de végétaux à *feuillage persistant*, sapin, houx, lierre des murs, etc., beaucoup de plantes, et notamment les arbres, paraissent privés de vie.

La vie végétative a perdu de son activité; mais, momentanément affaiblie ou suspendue, elle n'est pas éteinte et le printemps qui suivra la verra renaître.

Il s'opère même pendant cette période de repos un travail particulier : les racines concentrent dans leurs vaisseaux une sève riche et nouvelle, laquelle, aux premiers beaux jours, et sous l'impulsion d'une poussée mystérieuse et puissante, va monter dans les parties les plus élevées du végétal.

Alors l'aubier va se gonfler de sucs; les écorces vont se tendre et craquer et les rameaux se couvrir de nombreux organes pointus et arrondis que l'on appelle *bourgeons* (*fig.* 238).

Le bourgeon est pour ainsi dire le berceau de la feuille, laquelle forme la troisième partie du végétal.

Les bourgeons, avant leur épanouissement, sont visibles sur les rameaux; ils forment des petites saillies que les jardiniers désignent sous le nom d'*yeux*. Ces organes donnent, suivant le cas, des rameaux nouveaux : *yeux à bois* ; des fleurs: *yeux à fruits*, ou des *feuilles*.

Fig. 238. — Bourgeon de poirier, grandeur naturelle.

La nature a pris des précautions multiples afin de soustraire les organes délicats que le bourgeon renferme aux influences extérieures : des *écailles robustes* forment une cuirasse solide que les insectes ne pourront percer que difficilement; un *duvet* soyeux qui les garnit, les défendra contre le froid et une *matière résineuse*, comme on peut l'observer sur les gros bourgeons du marronnier, les protégera des atteintes de la pluie.

Aux premiers beaux jours du printemps, les bourgeons s'ouvrent par le sommet et les feuilles apparaissent enroulées ou plissées de mille façons; lentement, elles se dégagent de leurs enveloppes de protection et étalent leurs *limbes* délicats à l'action bienfaisante de l'air et de la lumière.

Structure de la feuille. — Examinons avec attention une feuille placée sur le rameau qui la porte; elle a la forme d'une *lame verte* appelée *limbe* et elle comprend *deux feuillets*.

Le *feuillet supérieur*, tourné vers le ciel, est luisant, poli, et d'un vert plus sombre que le *feuillet inférieur*, lequel, tourné vers la terre, a une surface rugueuse et une couleur plus claire.

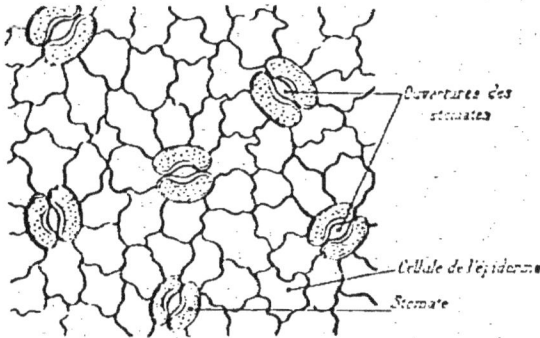

Examiné à la loupe, le feuillet supérieur présente une surface uniforme sur laquelle on n'observe aucune ouverture. Le feuillet inférieur, au contraire, présente de nombreuses petites bouches par lesquelles l'air peut pénétrer entre les deux feuillets. Ces ouvertures se nomment *stomates* (*fig.* 239).

Fig. 239. — Portion de feuille montrant les stomates.

C'est par les stomates du feuillet inférieur des feuilles que s'opère la fonction de la respiration.

Regardez cette feuille de lierre, elle est réunie au rameau par une *queue* ou *pétiole* (*fig.* 240). Ce pétiole se ramifie dans la feuille et lui apporte la sève.

Les nervures ne sont autre chose que les vaisseaux que nous avons signalés dans la tige; ces vaisseaux se prolongent à travers le pétiole et viennent s'épanouir dans le limbe de la feuille où ils apportent la sève.

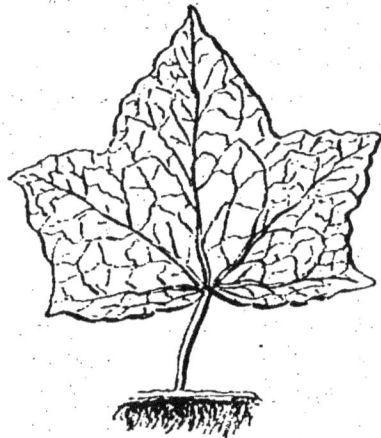

Fig. 240. — Feuille de lierre.

Diverses espèces de feuilles. — Les feuilles ont toutes sortes de formes : ovales, triangulaires, etc. Elles sont disposées sur les rameaux avec un certain ordre (*fig.* 241); celles du lilas sont attachées deux à deux sur la tige à la même hauteur; ce sont des feuilles *opposées*. Les feuilles du chêne, du noisetier, du prunier sont *isolées*, et on n'en observe jamais deux à la même hauteur; on dit qu'elles sont *alternes*. Enfin les feuilles du laurier-rose sont disposées autour de la tige en rosettes comprenant cinq ou six feuilles; on les appelle *verticillées*.

Les feuilles du lilas sont opposées.

Les feuilles du prunier sont alternes.

Les feuilles du laurier-rose sont verticillées.

Fig. 241.

Questions. — Sous quel aspect se présentent les végétaux, l'hiver? — Nommez des végétaux faisant exception. — Comment est dit leur feuillage? — Qu'arrive-t-il au printemps quand la végétation se réveille? — Qu'y a-t-il dans le bourgeon? — Comment cet organe est-il protégé contre certaines influences? — Quelles sont les parties principales d'une feuille? — Observe-t-on une différence entre les deux feuillets qui la constituent? — Qu'est-ce que le pétiole? les nervures? les stomates? — Comment la sève vient-elle dans la feuille? — Nommez diverses espèces de feuilles d'après leur position sur le rameau.

RÉSUMÉ. — Le premier signe d'activité végétale se manifeste au printemps par l'apparition des bourgeons. Ces organes qui présentent des enveloppes protectrices renferment les feuilles ou les fleurs, et finissent par s'ouvrir.

Toute feuille comprend un pétiole continué par des nervures sur lesquelles s'appliquent deux feuillets. Le feuillet inférieur seul présente des ouvertures ou stomates par lesquels s'opère la respiration.

On observe une variété infinie de feuilles d'après leur forme générale, le dessin de leurs contours, leur mode d'attache sur les rameaux.

Exercices d'observation. — Nous sommes en hiver et les arbres dépouillés de leurs feuilles paraissent comme morts ; à quels signes reconnaîtrez-vous que cette mort n'est qu'apparente ? — Beaucoup d'insectes malfaisants ont tissé des toiles autour des feuilles des arbres, est-ce que cela présente un inconvénient ? — Les arbres n'ont plus de feuilles ; est-ce que la fonction de respiration est complètement suspendue ? — Votre mère lave souvent avec une éponge les feuilles de la plante verte qui orne la table de la salle ; pour quelle raison ?

Rédactions. — **1.** Indiquez comment naissent et se développent les feuilles. Faites la description d'une feuille de chêne.

2. Diverses espèces de feuilles. Citez des exemples.

LES FONCTIONS VÉGÉTALES

Les végétaux sont des *êtres vivants* ; ils ont donc besoin de se *nourrir* et de *respirer*.

La *nutrition* se fait à l'aide des *racines* et exclusivement par les *poils absorbants*, comme nous l'avons déjà dit.

Nous savons, d'autre part, que les matières nutritives nécessaires à la plante sont l'*azote organique*, l'*acide phosphorique*, la *potasse* et la *chaux* et, de plus, que ces substances doivent être telles que leur *assimilation* puisse se faire.

Les matières nutritives solubles dans l'eau sont celles qui conviennent le mieux aux racines.

De ce fait que le végétal tire sa nourriture *de la partie du sol* dans laquelle vivent ses racines, il en résulte :

1° Que l'agriculteur doit, au moyen d'engrais sans cesse renouvelés, entretenir constante la composition de la terre ;

2° Qu'il y a avantage à faire succéder, sur le même sol, des végétaux dont les racines ont un mode différent de développement.

Ainsi, à une plante à *racines superficielles*, on fera succéder une autre plante à *racines profondes*, et, d'autre part, une *culture épuisante* sera avantageusement suivie d'une autre *améliorante* ou d'exigence moindre.

L'ordre raisonné que l'on observe dans la succession des cultures se nomme assolement.

Voici un exemple d'assolement biennal (*fig.* 242), ainsi

nommé parce que chaque plante revient au même endroit tous les deux ans.

Avant de suivre les liquides nourriciers qui, partant de la racine, vont s'élever jusqu'aux parties supérieures du végétal, procédons à quelques expériences préliminaires dont nous vous donnerons le résultat, qu'il vous sera facile de contrôler par la suite.

1° Coupons une tige d'*œillet blanc* portant une fleur épanouie et plongeons cette tige dans l'*encre rouge*. Demain, les pétales de l'œillet seront eux-mêmes du plus beau *rouge*.

Il se produit donc dans les vaisseaux de la tige comme une sorte d'aspiration qui entraîne les liquides vers les parties terminales les plus élevées.

2° Dans un tube assez large et contenant de l'eau dont le niveau est marqué, faisons tremper les racines d'une jeune plante que nous venons d'arracher.

1re année. — Plante épuisante (betterave).

2e année. — Plante améliorante (luzerne).

Fig. 242.

Fermons le tube avec de la glaise. Dans quelque temps le niveau de l'eau aura baissé sensiblement.

Les racines puisent de l'eau, laquelle monte dans les feuilles où elle s'évapore dans l'air; c'est la transpiration végétale.

Nous avons déjà fait cette constatation par une autre expérience quand nous avons étudié le rôle de l'eau dans la végétation.

3° Dans un vase contenant de l'eau, plongeons quelques tiges *feuillées et vertes* d'une plante aquatique (*fig.* 243), versons dans le vase un peu d'eau chargée de *gaz carbonique* (eau de Seltz). Renfermons les feuilles dans une éprouvette pleine d'eau (*fig.* A) et plaçons

l'appareil ainsi disposé au grand soleil. Nous pourrons constater :

a. Que de petites bulles gazeuses qui semblent partir des feuilles montent dans l'éprouvette dont elles font descendre l'eau *(fig.* B);

b. Que le dégagement gazeux se fait d'autant plus abondant que la radiation solaire est plus active;

c. Que, dans l'obscurité, le dégagement de gaz est sensiblement nul;

d. Que le gaz dégagé est de l'oxygène comme on peut le constater avec une allumette ayant encore un point rouge, laquelle se rallume au contact du gaz et brûle avec éclat.

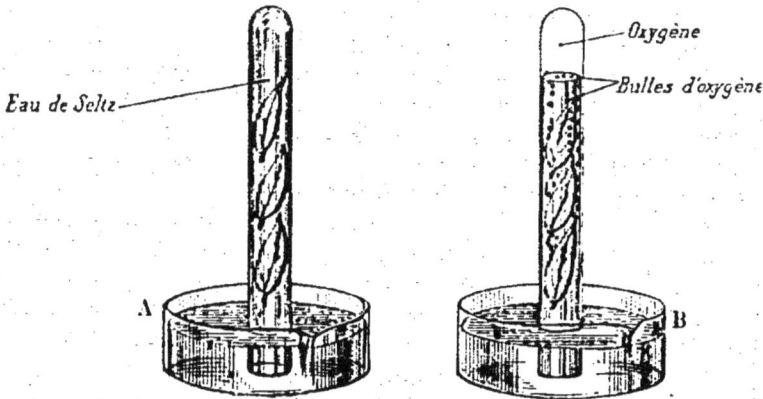

FIG. 243.

Cette expérience très concluante nous montre que les *feuilles vertes*, soumises à l'*action de la lumière*, décomposent le gaz carbonique en ses deux éléments, *oxygène* et *carbone;* qu'elles rejettent le premier pour *fixer le carbone* dans leur tissu.

Marche des liquides nourriciers. — Les matières nutritives empruntées au sol par les *poils absorbants*, s'engagent dans les *vaisseaux de la racine*, puis dans *ceux de la tige* qui leur font suite. On donne le nom de *sève brute* à ces matières qui, lentement, montent vers les parties supérieures pour, finalement, *pénétrer dans les feuilles* par les *canaux des nervures*.

Dans son mouvement d'ascension, la sève brute s'épaissit par suite de la perte de l'eau, qui s'évapore par transpiration; mais c'est dans la feuille qu'elle subit une transformation radicale sous l'influence bienfaisante de l'air et de la lumière.

La feuille, en effet, contient une réserve de *carbone* (comme nous l'a montré l'expérience citée plus haut); la sève brute s'en empare et elle redescend vers la racine en déposant en chemin les matières nécessaires à l'accroissement de la plante.

La transformation de la sève brute en sève riche a reçu le nom d'*assimilation chlorophyllienne;* elle ne peut se faire qu'à la *lumière* et grâce à la *matière verte* des feuilles, matière que l'on nomme *chlorophylle.*

Remarquons que la sève brute monte par les *vaisseaux éloignés de l'écorce* et qu'elle redescend par les vaisseaux *superficiels de l'aubier.*

C'est donc par les couches extérieures placées sous l'écorce que se fait l'accroissement végétal.

Nous dirons enfin que toutes les parties de la plante, racines, écorces, feuilles, sont encore le siège d'une *respiration analogue à celle des animaux.*

Cette fonction, qu'il ne faut pas confondre avec l'assimilation chlorophyllienne, laquelle est bien plus importante, se fait avec *absorption d'oxygène* et *rejet de gaz carbonique.*

Questions. — Quel est le mode de nutrition des végétaux? — Quelle est la marche suivie par les matières nutritives depuis les poils absorbants jusqu'à la feuille? — Dans cette marche ascendante, la sève subit-elle une modification? — Quelle modification importante subit-elle dans la feuille? — Comment est fixé le carbone? — Précisez le mode de respiration de la feuille. — La plante n'a-t-elle pas un autre genre de respiration? — Indiquez le mouvement de la sève descendante.

RÉSUMÉ. — L'absorption des substances nutritives se fait par les poils absorbants exclusivement.

Le liquide nourricier ou sève gagne les feuilles en passant par les canaux de la tige voisins de l'axe. Arrivé dans les feuilles, il perd de son eau (transpiration) et s'enrichit du carbone emmagasiné dans les feuilles par la fonction chlorophyllienne.

La sève redescend par les vaisseaux voisins de l'écorce et dépose en chemin les matières qui servent à l'accroissement du végétal.

Exercices d'observation. — Les lettres et les dessins que certaines personnes gravent sur les arbres en enlevant les écorces avec la lame d'un canif disparaissent avec le temps; pourquoi? — Pour faire couler la résine des pins, on perce l'écorce et l'aubier en forant un trou de quelques centimètres; que se passe-t-il? — Deux arbres de même espèce croissent côte à côte; en grandissant, ils finissent par se toucher et se souder, comment expliquer ce phénomène?

Rédactions. — 1. Indiquez la fonction des feuilles chez les végétaux.
2. La marche de la sève et les modifications qu'elle subit dans un tour entier.

VÉGÉTAUX. — LA FLEUR

Modifications de la feuille. — La feuille que nous venons
d'étudier est susceptible d'éprouver de nombreuses modifications. Parfois la queue disparaît et la feuille est directement
posée sur le rameau sans l'intermédiaire
d'un pétiole.

Fig. 244. — Artichaut.

Chez le prunier sauvage, l'aubépine,
ce sont certaines feuilles au contraire
qui disparaissent et le pétiole devenu
ligneux se transforme en *aiguillon*, en
épine. Observez les plantes grimpantes,
le pois, la vigne, par exemple, et vous
verrez certaines nervures médianes
pousser seules, prendre un grand développement et se contourner pour former
des *vrilles* avec lesquelles la plante se fixe sur les supports voisins. Les grosses *écailles* comestibles de l'artichaut sont également des feuilles modifiées (*fig.* 244) et il en est de même
de ces frisures semblables à de la mousse, que l'on voit sur les
boutons de certaines roses.

**Mais la transformation la plus remarquable qu'éprouvent les feuilles
est celle qui en fait des fleurs.**

La *fleur*, en effet, est considérée par les botanistes comme
le résultat de *feuilles modifiées*.

Voici une branche de giroflée que l'un
de vos camarades a apportée; nous allons
vous donner à chacun une fleur et ensemble nous l'examinerons attentivement.

En partant de l'extérieur nous observons : 1° une première enveloppe faite
de quatre petites feuilles vertes, semblables et indépendantes.

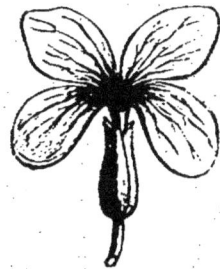

Fig. 245. — Calice
et corolle de ravenelle.

**Cette première enveloppe se nomme calice et
les pièces qui la forment sont des sépales (*fig.* 245).**

2° Une deuxième enveloppe, comprenant également quatre

pièces, libres, semblables, mais plus grandes que les précédentes, plus délicates, colorées en jaune et étalées en croix.

Cette deuxième enveloppe est la corolle et les pièces se nomment des pétales.

3° Six petits fils fins, quatre plus grands, deux plus petits, indépendants les uns des autres et renflés au sommet sous forme de petites bourses contenant une poussière jaune *(fig. 246)*.

Cette troisième enveloppe est l'organe mâle et les pièces sont les étamines.

4° Un organe central, fait de deux pièces soudées renfermant de tout petits embryons nommés *ovules*, lesquels, plus tard, formeront les graines.

Cette quatrième enveloppe est l'organe femelle qui s'appelle le pistil.

Toute fleur qui contient, comme celle de la girofée, un *calice*, une *corolle*, un organe *mâle* et un organe *femelle* est une *fleur complète*. Si l'un des organes manque, la fleur est *incomplète*.

Les enveloppes extérieures de la fleur, *calice* et *corolle*, ne sont que des *organes protecteurs ;* les *étamines* et le *pistil* sont les *organes de la fécondation*, et ils donneront naissance à la *graine*.

Les étamines. — L'étamine comprend une petite tige ou *filet*, lequel se termine en haut par *deux petits sacs* placés côte à côte et appelés *anthères*. Quand ces derniers sont mûrs, ils s'ouvrent et laissent échapper une poussière fécondante ou *pollen*.

Le pistil. — Cet organe occupe le centre de la fleur ; sa base renflée se nomme *ovaire* et contient, comme nous l'avons dit déjà, les *ovules* ou germes des graines. La partie supérieure de l'ovaire forme souvent un tube fin ou *style* présentant à sa partie libre un renflement élargi ou *stigmate*. Le stigmate et le style sont creux.

Pour que la fécondation ait lieu, il faut que le pollen des étamines, recueilli par le stigmate, pénètre dans l'ovaire et arrive au contact des ovules.

Si cette condition n'est pas remplie, on dit que les *fleurs*

FIG. 246.
Etamines
de
ravenelle.

coulent. Dès lors, les ovules non fécondés ne donnent pas de graines. La dissémination du pollen sur le pistil est facilitée par *l'agitation de l'air* et aussi par les allées et venues incessantes des *insectes* qui vont butiner sur les fleurs et dont les ailes, les pattes, la trompe sont couvertes de pollen qu'à leur insu ils déposent sur le pistil (*fig.* 247).

Fig. 247. — Insectes sur les fleurs.

Questions. — La feuille peut-elle se modifier? — Qu'est-ce qu'une vrille, une épine, une écaille? — Donnez des exemples. — Comment faut-il considérer la fleur? — Nommez successivement les quatre enveloppes florales. — Comment se nomment les pièces du calice? de la corolle? de l'organe mâle? du pistil? — Qu'appelle-t-on anthères? pollen? ovaire? ovules? style? stigmate? — Comment s'opère la fécondation? — Comment le vent, les insectes peuvent-ils favoriser la fécondation?

RÉSUMÉ. — La feuille peut se modifier et devenir épine, vrille écaille et même fleur. Celle-ci est donc un ensemble de feuilles modifiées.

Une fleur complète comprend, de dehors en dedans, quatre enveloppes : calice, corolle, organe mâle et pistil.

Les organes reproducteurs essentiels sont les étamines et le pistil. L'étamine comprend le filet, les anthères et le pollen ; le pistil comprend l'ovaire et les ovules, le style et le stigmate.

La fécondation s'opère par le contact du pollen et des ovules.

Exercices d'observation. — Avril et mai ont été très pluvieux, est-ce un obstacle à la fécondation des fleurs? — Les insectes comme les abeilles, les bourdons, qui vont de fleurs en fleurs, facilitent la fécondation; pourquoi ? — Vous êtes allé vous promener dans la sapinière et vous avez trouvé le sol couvert d'une poussière jaune analogue à du soufre; d'où provenait-elle et quelle est sa nature ? — On transporte le pollen d'un œillet rouge sur le stigmate d'un œillet blanc ; qu'arrivera-t-il pour l'œillet qui naîtra de la graine de ce dernier ?

Rédactions. — 1. Faites la description d'une fleur de votre choix.

2. Faites la description des étamines et du pistil. — Parlez de leur rôle et des circonstances qui favorisent la fécondation.

VÉGÉTAUX. — LES FRUITS

Quand la substance du *pollen* a fécondé les *ovules*, la fleur subit une transformation complète. Les *enveloppes florales* et les *étamines*, désormais inutiles, se fanent et disparaissent. Un à un, les brillants pétales perdent leurs jolies couleurs et leur parfum pour tomber à terre. L'*ovaire* seul persiste et parfois avec lui le *calice* qui l'enveloppe à la base.

Le fruit est donc l'ovaire fécondé et renfermant les ovules transformés en graines.

Diversité des fruits, forme, etc. — On observe une grande diversité dans le volume, la consistance, la forme des fruits, et nous pouvons remarquer déjà qu'il n'existe *aucune relation* entre le végétal et la grosseur des fruits qu'il produit. Ces derniers sont *petits* pour l'orme, le frêne, le chêne, le hêtre, qui sont de grands arbres; ils sont fort *gros* pour le potiron, par exemple, végétal herbacé de dimensions modestes.

Nous allons, d'ailleurs, examiner quelques fruits; les uns sont à peine mûrs, les autres sont de l'année dernière.

Parmi les nouveaux, voici une cosse de pois (*fig.* 248), une autre de colza, un épi de seigle, un abricot, une cerise, une grappe de groseilles, une fraise.

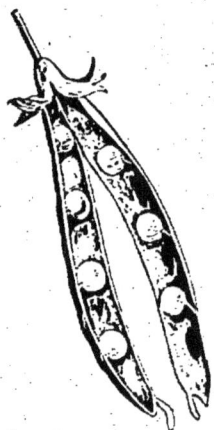

Fig. 248. — Cosse de pois.

Parmi les anciens, une noix, une capsule de pavot (*fig.* 249), un gland, une pomme de pin (*fig.* 250).

Ouvrons la cosse de pois; cela nous est facile, car cette cosse présente latéralement deux fentes longitudinales; nous y trouvons plusieurs grains arrondis attachés du même côté par un petit cordon. Nous savons par expérience que la cosse du pois se *dessèche* assez vite et s'ouvre seule, quand elle est mûre, pour laisser échapper les graines. On a donné à ce fruit le nom de *gousse* ou *légume*.

La gousse est un fruit sec qui s'ouvre seul quand il est mûr. Il contient plusieurs graines. C'est le fruit du pois, du haricot, du genet et d'un grand nombre de végétaux que l'on désigne sous le nom de légumineuses.

Ouvrons maintenant la cosse du colza ; extérieurement elle ressemble beaucoup à la gousse du pois, à part les dimensions ; mais
elle en diffère intérieurement par l'existence d'un *refend* qui la par-

Fig. 249. — Pavot et capsule.

Fig. 250. — Pin.

tage en *deux moitiés*. Ce refend ou cloison porte les graines. On a
donné à cette cosse le nom de *silique*.

**La silique est un fruit sec qui s'ouvre aussi quand il est mûr, mais il
présente deux compartiments. C'est le fruit du colza, du chou, du radis,
du cresson, de la girolée et des végétaux de la famille des crucifères.**

Examinons maintenant l'épi de seigle ; les graines sont sèches
et chacune d'elles est protégée par des écailles que l'on a peine à
séparer du grain. L'épi ne s'ouvre pas, et il faut le battre pour en
extraire les grains.

**Le blé, l'avoine, l'orge, qui sont des céréales comme le seigle, ont un
fruit sec protégé par des écailles et ne s'ouvrant pas.**

Bien différents sont la pêche (*fig.* 251), l'abricot, la cerise, où la graine est enfermée dans un *noyau* ligneux. De plus, l'enveloppe extérieure est *charnue*. Elle constitue une pulpe parfumée de goût fort agréable.

Les fruits à noyau sont la cerise, l'abricot, la pêche, la prune; ils comptent parmi les plus estimés.

La *poire* et la *pomme* sont aussi des *fruits charnus*, mais ils sont dépourvus de noyau et renferment plusieurs graines que l'on nomme des *pépins*.

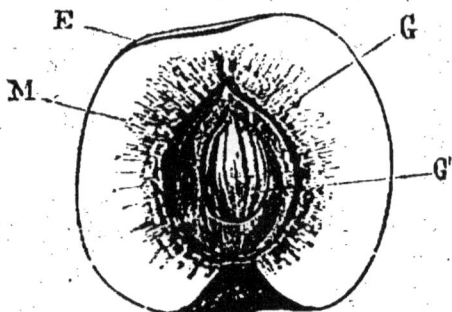

FIG. 251. — Pêche coupée.

Enfin la groseille, le raisin, la tomate sont encore des fruits charnus que l'on désigne sous le nom de *baies*.

Quant à la fraise, c'est un *fruit multiple* formé par un assemblage de baies; il en est de même de la framboise et de la mûre.

Dans les fruits à *noyau* ou à *pépins*, dans ceux à *baies simples* ou *multiples*, la partie comestible est constituée par l'enveloppe extérieure que les botanistes désignent sous le nom de *péricarpe charnu ;* il en est autrement dans les *noix* où l'on mange l'*amande* ou *graine*. Cette dernière est enfermée dans une *coque* dure ayant la consistance du bois. L'amande de la noix contient de l'huile.

Regardez maintenant cette tête de pavot; elle est munie d'une espèce de couvercle ou chapeau qui la coiffe. On donne à ce fruit le nom de *capsule*. Ouvrons cette dernière, nous y trouvons de nombreux refends, et chaque compartiment renferme beaucoup de graines minuscules qui s'échappent à la maturité par des trous s'ouvrant sous le chapeau.

Le pavot, le coquelicot ont pour fruit une capsule sèche qui s'ouvre au sommet quand elle est mûre.

Le gland du chêne est placé dans une petite *coupe* ou *cupule* qui s'observe à la base seulement, pendant qu'elle couvre complètement le fruit dans le marron, la châtaigne et la faîne du hêtre.

Les graines du sapin sont séparées par des écailles ligneuses, et l'ensemble forme un *cône*.

Beaucoup de fruits se consomment à l'état frais ; ceux qui sont altérables sont cuits dans le sucre ou conservés dans l'alcool.

Questions. — Qu'est-ce que le fruit? — Quelle partie de la fleur persiste après la fécondation? — Que deviennent les ovules? — Les fruits se ressemblent-ils? — Donnez des exemples. — Qu'est-ce qu'une gousse? une silique? — Comment est le fruit du seigle? — Qu'est-ce qu'un fruit charnu? à noyau? à pépins? — Donnez des exemples de ces divers fruits. — Qu'est-ce qu'une baie? une baie simple? une baie multiple? — Qu'est-ce qu'une noix? une capsule? un fruit à cupule? un cône?

RÉSUMÉ. — Après la fécondation, l'ovaire et les ovules se développent seuls, l'ensemble forme le fruit.

Les fruits présentent une grande diversité, les uns sont secs, les autres charnus. Certains ne renferment qu'une seule loge, d'autres plusieurs séparées par des refends.

Les fruits les plus caractéristiques sont la gousse (pois), la silique (colza), la capsule (pavot), les fruits à noyau (cerise), à pépins (pomme), la baie (groseille), la baie multiple (framboise), les fruits à cupule (châtaignier), les fruits à cône (sapin).

Exercices d'observation. — Le même jour on met en terre un pois, un pépin, un noyau; la germination se produira-t-elle aussi facilement pour les trois fruits? — Le cultivateur coupe le colza et fauche le blé avant qu'ils soient complètement mûrs; pour quelle raison? — Quand on arrache les pavots, il faut avoir soin de ne pas renverser les tiges; pourquoi?

Rédaction. — Vous avez un jardin, dites les fruits que l'on y trouve et ce que vous savez sur chacun d'eux.

MODES DE MULTIPLICATION DES VÉGÉTAUX

I. Multiplication par les graines. — La graine est une portion du fruit, c'est d'ailleurs la portion la plus précieuse, puisqu'elle a pour fonction de reproduire un nouveau végétal semblable à celui dont elle provient elle-même.

La multiplication par les graines est donc pour les végétaux la plus naturelle.

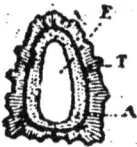

Fig. 252. — Graine de gueule-de-loup. (Très grossie.)
T, téguments; — A, albumen; — E, embryon.

En examinant une graine avec attention, on y découvre toujours un petit organe désigné sous le nom d'*embryon*, lequel est souvent accompagné d'une masse plus ou moins volumineuse que l'on appelle *albumen* (*fig.* 252).

Coupons un grain de blé suivant la longueur; l'embryon

s'observe à une extrémité et l'albumen est la masse farineuse qui lui fait suite.

La graine est l'œuf du végétal; l'albumen en est le blanc; l'embryon représente le jaune et sa cicatricule.

Pour que la graine donne un nouveau végétal, il faut qu'elle *germe.*

La germination est donc le développement de l'embryon.

D'autre part, nous savons que, pour germer, il faut à la graine de la *chaleur,* de l'*air* et de l'*eau.* Si ces conditions sont convenables, on voit l'enveloppe de la graine se fendre et apparaître successivement : 1° une pointe qui s'enfonce dans le sol, c'est la *radicule,* laquelle deviendra la *racine;* 2° un pivot qui s'élève verticalement et deviendra la *tige;* on lui donne le nom de *tigelle;* 3° un bourgeon ou *gemmule* qui donnera naissance aux *feuilles (fig.* 253).

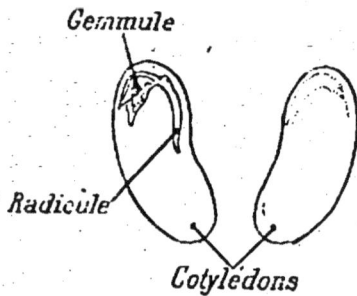

Fig. 253 *bis.* — Graine ouverte de haricot.

Fig. 253. Gland germant.

Pendant la période de germination, la jeune plantule vit aux dépens des matières qui constituent l'albumen, comme le jeune oiseau, enfermé dans la coquille de l'œuf, vit aux dépens de la substance même de cet œuf.

La substance nutritive se montre parfois sous la forme de lames charnues appelées *cotylédons* (*fig.* 253 *bis*) qu'on observe sur la tigelle. Les cotylédons disparaissent quand la plante peut se suffire à elle-même.

II. Autres modes de multiplication.

— Certains végétaux comme la pomme de terre, le topinambour, portent des tubercules souterrains sur lesquels on observe des *yeux.* On en observe également sur les racines renflées des dah-

lias; sur les *griffes* des asperges, etc. Toutes ces parties,
ainsi que les *bulbes* des oignons, du lis, de l'ail, peuvent servir
à multiplier ces végétaux.

**Il existe donc, pour certaines plantes du moins, un mode de multipli-
cation par tubercules, griffes ou bulbes.**

D'autre part, les fraisiers, par exemple, donnent des *coulants* qui, après avoir rampé sur le sol, sous le nom de *filets*,
reproduisent un nouveau fraisier. Et il en est de même de
beaucoup d'autres plantes
rampantes comme les bou-
tons d'or, les potentilles,
les verveines, les violettes.

**Ce genre de multiplication a
été désigné sous le nom de marcottage naturel et il a été étendu
par l'homme à beaucoup d'autres
plantes.**

Fig. 254. — Marcottage.

Pour *marcotter*, l'horticul-
teur courbe un rameau du vé-
gétal, enlève un lambeau d'écorce au point où ce dernier rencontre
le sol et le recouvre de terre (*fig.* 254).

**Au contact du sol humide, le cambium mis à nu ne tarde pas à émettre des
racines. Quand ces
dernières sont bien
poussées, on sépare
le rameau du sujet.**

Le jeune plant
obtenu par ce pro-
cédé imité de la
nature est en tous
points semblable
au végétal dont il
dérive.

Pour multiplier
certaines espèces
ornementales,
comme les géra-
niums, les œillets,

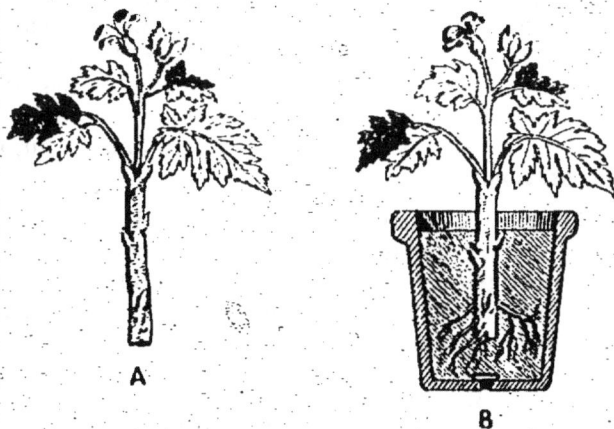

Fig. 255. — Rameau disposé pour le bouturage.

les fuschias, les chrysanthèmes, on détache de la plante mère un jeune
rameau pourvu d'un bourgeon et de quelques feuilles (*fig.* 255). Ce ra-

meau est enfoui dans le sol que l'on maintient humide. Des racines ne tardent pas à apparaître. Ce procédé se nomme *bouturage*, et il s'étend aux *arbres à bois tendre*, comme le saule, le bouleau, le peuplier.

Enfin, on pratique encore la *greffe* (*fig.* 256) pour la multiplication des bonnes espèces. Cette opération consiste à implanter, sur un *sujet* nommé *sauvageon*, un rameau provenant d'une espèce cultivée, rameau que l'on nomme *greffon*. La greffe s'applique surtout aux *arbres fruitiers* qui ne donneraient que des produits inférieurs si on les multipliait par leurs graines.

Il faut, pour que la greffe réussisse, que le cambium du greffon et celui du sujet se continuent parfaitement.

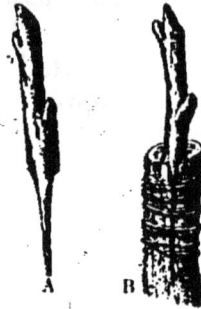

FIG. 256.

A, greffon; B, greffon mis en place. Il n'y a plus qu'à recouvrir la plaie avec du mastic.

Questions. — Qu'est-ce que la graine ? l'embryon ? l'albumen ? — Comment se fait la germination ? — Quelles sont les parties essentielles de la plantule ? — Quelle est la fonction des cotylédons ? — Donnez des exemples. — Nommez des plantes qui se multiplient par des tubercules, par des bulbes. — Qu'est-ce que le marcottage ? le bouturage ? la greffe ?

RÉSUMÉ. — Les plantes se multiplient par leurs graines. La partie principale de celles-ci est l'embryon, que l'on peut considérer comme l'œuf du végétal. De l'embryon naît la plantule, qui comprend la radicule, la tigelle, la gemmule et parfois des cotylédons.

Certaines plantes se multiplient par des tubercules et d'autres par les bulbes. Enfin il existe des méthodes de multiplication, le plus souvent artificielles ; ce sont la marcotte, la bouture et la greffe. Dans tous les cas, le cambium, mis à nu, émet des racines en présence du sol humide.

Exercices d'observation. — Le jardinier a fait un semis de haricots, et il a enfoncé les graines à la même profondeur, d'où vient-il que les tigelles ne pointent pas au ras du sol en même temps, bien que le sol soit supposé chaud et humide de façon égale en tous ses points ? — Les semis étant faits, le jardinier répand souvent sur le sol de la chaux, des cendres, de la suie ; quel est le but de cette opération ? — Il est préférable de couper obliquement le rameau que l'on veut bouturer ou greffer, pourquoi ? — Quand les pommes de terre sont volumineuses, on peut diviser en plusieurs morceaux les tubercules que l'on plante ; à quelle condition ces fragments de tubercules donneront-ils un nouveau plant ?

Rédactions. — **1.** Vous avez fait germer un haricot dans un pot. Décrivez les différentes phases par lesquelles passe la jeune plante.

2. La marcotte, la bouture et la greffe. Décrivez ces opérations.

GRANDES DIVISIONS DU RÈGNE VÉGÉTAL

Nous avons placé en bon endroit les plantes recueillies hier au cours de notre excursion ; nous allons les examiner à l'instant et essayer de réunir, en *quelques groupes* bien distincts, les espèces ayant entre elles des ressemblances au moins générales.

PREMIER TYPE : **La rose églantine.** — C'est une jolie fleur présentant cinq pétales d'un blanc rosé, tous semblables entre eux, et indépendants les uns des autres (*fig.* 237).

Le premier groupe comprendra donc toutes les fleurs régulières à pétales libres.

DEUXIÈME TYPE : **La fleur du jonc marin.** — Elle est aussi bien jolie avec ses cinq pétales jaunes, mais ces pétales, toujours libres pourtant, ne sont pas semblables entre eux.

Le deuxième groupe comprendra toutes les fleurs irrégulières à pétales libres.

FIG. 237. — Églantier.

TROISIÈME TYPE : **La primevère.** — C'est la fleur du printemps, symbole du retour de la belle saison ; les pétales sont d'un jaune vert, ils se ressemblent, mais ils sont soudés en grande partie et constituent un tube dressé.

Le troisième groupe comprendra toutes les fleurs régulières à pétales soudés.

QUATRIÈME TYPE : **L'ortie blanche.** — La fleur de cette plante, si commune dans les décombres et les lieux incultes, est encore tubulée à la base ; mais la corolle est fendue en deux lèvres inégales dont la supérieure ressemble à un petit capuchon (*fig.* 258).

Le quatrième groupe comprendra les fleurs irrégulières à pétales soudés.

CINQUIÈME TYPE : **L'ortie brûlante.** — Au premier examen cette plante passe pour être dépourvue de fleurs, parce que ces dernières sont peu visibles et incomplètes. Il en est de même pour la plupart des arbres de nos bois.

Le cinquième groupe comprendra les végétaux ayant des fleurs peu apparentes et dépourvues de corolle.

FIG. 258. — Ortie blanche.

Pour compléter cette classification superficielle, mais suffisante pour nous, ajoutons encore trois ou quatre types de végétaux.

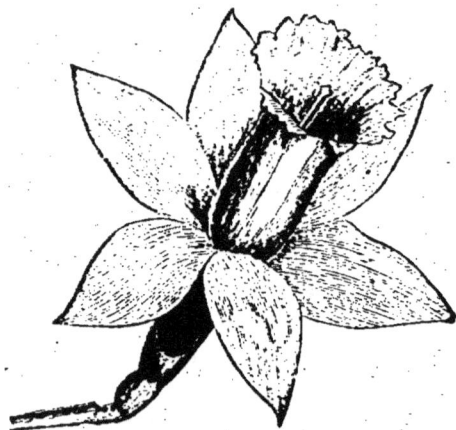

SIXIÈME TYPE : **Le narcisse des bois** (*fig.* 259).

Les végétaux de ce groupe possèdent un bulbe à la base de la tige et les feuilles ont des nervures parallèles et semblables.

SEPTIÈME TYPE : **Le seigle.** — Les fleurs petites, et plus tard les graines, forment des épis ; la tige est un chaume garni de nœuds et les feuilles sont rubanées.

FIG. 259. — Narcisse.

HUITIÈME TYPE : **Le sapin.** — Les végétaux de ce groupe sont des arbres toujours verts et dont le bois est imprégné de résine. Les fruits sont des cônes écailleux.

NEUVIÈME TYPE : **La fougère; la mousse.** — Ces végétaux n'ont jamais de fleurs; ils forment donc une classe spéciale avec les champignons et les algues aquatiques, qui en sont également dépourvus (*fig. 260*).

PREMIER GROUPE. — **Rosacées.** — Fleurs en coupe, étamines nombreuses, fruits variables :

Eglantier, rosier, framboisier, ronce, prunier, cerisier, pêcher, pommier, poirier, sorbier, etc.

Crucifères. — Quatre pétales en croix; six étamines; pour fruits, des siliques :

Chou, navet, radis, moutarde, colza, cresson, giroflée, julienne, etc.

Ombellifères. — Fleurs petites, souvent blanches, en parasol :

Carotte, céleri, cerfeuil, persil, anis, angélique, ciguë.

Renonculacées. — Fleurs à étamines nombreuses tournées en dehors :

Renoncules, aconit, anémone, pivoine (*fig.* 261), ellébore, clématite.

FIG. 260. — Pied de mousse.

FIG. 261. — Pivoine.

DEUXIÈME GROUPE. — **Légumineuses.** — Plantes ayant des gousses comme fruit :

Pois, haricot, trèfles, vesce, luzerne, ajonc, genêt, glycine, acacia, etc.

TROISIÈME GROUPE. — **Solanées.** — Fleurs en tube, cinq étamines; pour fruits, des baies ou des capsules :

Pomme de terre, tabac, tomate, aubergine, douce-amère, belladone, stramoine, jusquiame, morelle, pétunia.

Primulacées. — Fleurs en tubes, cinq étamines fixées sur la corolle; pour fruits, des capsules :

Primevères, mouron rouge.

QUATRIÈME GROUPE. — **Labiées.** — Fleurs en deux lèvres; quatre étamines, deux grandes, deux petites. Plantes aromatiques :

Sauge, menthe, lavande, romarin, thym, hysope, lamiers, lierre de terre, etc.

CINQUIÈME GROUPE. — *Composées.* — Fleurs nombreuses, petites, groupée ssur un même plateau que l'on nomme capitule (*fig.* 262) :

FIG. 262. — Composée; soleil. FIG. 263. — Maïs.

Chardons, scabieuse, soleil, centaurée, laitue, salsifis, pissenlit, camomille, pâquerette, bleuet, chrysanthème, etc.

SIXIÈME GROUPE. — **Végétaux à bulbes ou à tiges souterraines nommées rhizomes :**

Ail, oignon, asperge, narcisse, iris, gouet, jacinthe, orchis, etc.

SEPTIÈME GROUPE. — *Graminées.* — **Plantes à tiges creuses ou chaumes :**

Céréales, maïs (*fig.* 263), herbes, canne à sucre, roseaux.

HUITIÈME GROUPE. — *Conifères.* — **Arbres résineux :**

Pin, sapin, if, mélèze, genévrier, thuya, cèdre.

NEUVIÈME GROUPE. — **Plantes sans fleurs :**

Fougère, mousse, lichen (*fig.* 264).

Questions. — Quelles sont les familles de plantes à pétales libres? à pétales soudés? — Nommez des plantes à fleurs petites et incomplètes, des plantes à bulbes, des végétaux à chaumes munis de nœuds. — Nommez des arbres résineux, des végétaux sans fleurs.

Fig. 264. — Lichen.

RESUMÉ. — Les rosacées, ombellifères, crucifères, renonculacées, polygonées, ont une corolle régulière à pétales libres. — Les légumineuses ont des pétales libres, mais la corolle est irrégulière.

Les solanées ont une corolle régulière et des pétales soudés.

Les labiées et les composées ont des pétales soudés et une corolle irrégulière.

Il y a encore des plantes à fleur incomplète, des plantes à bulbes, des plantes à chaume, des arbres résineux et des plantes sans fleurs.

Rédaction. — Sur quels caractères principaux s'est-on basé pour classer les plantes en groupes ou familles?

LES PLANTES UTILES

Les végétaux sont la *parure* de la terre ; ils en sont aussi la *richesse*, et toute étendue qui est privée d'arbres et de plantes est sauvage et inhabitable.

Nous allons rechercher brièvement de quelle utilité sont pour nous les végétaux répandus avec une aussi grande pro-

fusion à la surface de notre globe, en remarquant toutefois
que la terre ne doit réellement sa richesse qu'au travail de
l'homme.

La culture, en effet, améliore les espèces, augmente le rendement, corrige les défauts et fait naître des qualités nouvelles.

1° **Végétaux cultivés pour leurs fruits.** — Les fruits
de certains végétaux sont pour nous une précieuse ressource
et font l'objet d'un commerce considérable. Beaucoup ont un
goût exquis, un parfum délicat, de riches couleurs; ils sont
le régal des yeux avant d'être celui de l'estomac.

Citons, dans cette catégorie, les cerises, les prunes, les abricots,
les pêches, les poires, les pommes, les framboises, les fraises, qui proviennent d'arbres ou de plantes de la famille des *Rosacées*. Les groseilles, les raisins, les oranges, les citrons, les noix, les châtaignes
sont également des fruits très estimés. Nos colonies nous fournissent
des figues, des dattes, des cocos, des ananas, des grenades, des bananes.

2° **Végétaux cultivés pour leurs graines.** — Les
graines n'ont pas, en général, la beauté ni le parfum des
fruits, mais elles peuvent passer à bon droit pour les productions les plus remarquables que nous fournit le règne végétal.
Elles entrent, en effet, pour une large part dans l'*alimentation*
de l'homme et dans celle des animaux.

Tels sont le blé, le seigle, l'orge, l'avoine, le maïs, le millet, qui sont
des *céréales*; le sarrasin, cultivé dans l'ouest et le centre; le riz,
qui nous vient des colonies.
Quant à la famille des *Légumineuses*, elle nous procure des graines
fort nourrissantes : pois, fèves, haricots, lentilles, etc.

3° **Végétaux cultivés dans le jardin.** — On les désigne
sous le nom de *plantes potagères* ou *légumes* et, outre les légumineuses déjà citées, on trouve dans le jardin des laitues,
pissenlits, salsifis, chicorées, artichauts, lesquels appartiennent aux *composées*; les choux, les navets, les radis, le
cresson, qui sont des *crucifères*; la carotte, le persil, le cerfeuil, le céleri, le panais, de la famille des *ombellifères*; la
pomme de terre et la tomate, appartenant aux *solanées*. On
cultive encore dans le jardin, et avec avantage, l'épinard,

l'oseille, l'asperge et les nombreuses plantes à bulbes, oignons, ail, poireaux, échalotes, etc.

4° **Végétaux industriels.** — Un certain nombre de végétaux fournissent des matières premières à diverses industries :

La betterave et la canne donnent du sucre ; le chanvre (*fig.* 265) et le lin (*fig.* 266), des fibres propres à fabriquer des tissus et des cordages : ce sont des plantes *textiles*.

FIG. 265. — Sommité du chanvre femelle.

FIG. 266. — Lin.

FIG. 267. Olivier.

Avec le fruit de l'olivier (*fig.* 267) et les graines de colza, d'œillette, de lin, on fabrique de l'huile ; ce sont des plantes *oléagineuses*.

Le pastel, la garance, le genêt, la gaude, le safran donnent des matières colorantes ; ce sont des plantes *tinctoriales*.

L'industrie utilise encore certains produits coloniaux : les fibres d'aloès, de jute, de ramie, d'alfa, le duvet du cotonnier, la résine de l'arbre à caoutchouc, les graines oléagineuses de sésame et d'arachide, celles de café et de cacaoyer, ainsi que les feuilles de l'arbre à thé.

5° **Végétaux utilisés pour leur bois.** — Tous les arbres de nos forêts nous fournissent des bois qui sont presque tous utilisés.

Les essences d'orme, de hêtre, de chêne, de frêne, de charme, d'acacia, de poirier, de buis sont des *bois durs*. On les emploie dans l'ameublement et la construction, la fabrication des instruments et des outils, l'ébénisterie, la sculpture.

Les essences de peuplier, de bouleau, de saule, de fusain sont des *bois légers* ; on en fait du charbon, des allumettes, des échalas, des caisses d'emballage, des jouets.

Avec les *bois résineux*, pin, sapin, mélèze, on fait des charpentes, des pals, des poteaux, des mâts, etc.

Enfin beaucoup de bois sont employés dans le *chauffage*.

Quant aux bois les plus précieux, ébène, acajou, palissandre, érable moucheté, bois de rose, ils nous viennent des pays chauds.

6° Végétaux fourragers. — Ce sont les végétaux dont on utilise les diverses parties pour la nourriture des animaux domestiques.

A ce groupe appartiennent les trèfles, le sainfoin, la vesce, la luzerne, la gesse, qui sont des légumineuses.

Le cultivateur utilise encore les choux fourragers et certaines variétés de betteraves et de carottes, ainsi que les herbes ou *graminées*.

Questions. — Quel est l'effet de la culture sur les végétaux ? — Nommez les principaux végétaux cultivés pour leurs fruits. — Quelles sont les plantes dont on utilise les graines dans l'alimentation ? — Parlez des légumes du jardin. — Citez des industries qui tirent leurs matières premières du règne végétal. — Qu'est-ce qu'une plante textile ? une plante oléagineuse ? une plante tinctoriale ? — Nommez des bois durs, des bois tendres, des bois précieux. — Quels usages en fait-on ? — Qu'appelle-t-on plantes fourragères ?

RÉSUMÉ. — La culture améliore les qualités des parties utilisables des végétaux ; elle augmente aussi le rendement.

Les végétaux utiles comprennent : 1° ceux qui produisent les fruits comestibles ; 2° ceux qui donnent des graines alimentaires ; 3° les légumes ; 4° les plantes industrielles ; 5° les arbres dont on utilise le bois ; 6° les plantes fourragères.

Rédactions. — 1. Les bois ; diverses catégories. Usages que l'on en fait.

2. Les plantes industrielles de la France. Leur emploi.

I. PLANTES ORNEMENTALES. — II. PLANTES MÉDICINALES
III. PLANTES VENÉNEUSES OU NUISIBLES

I. Plantes ornementales. — Dans tout jardin on cultive les *plantes potagères* pour le profit que l'on en tire ; on y cultive également les *fleurs* dont elles font la grâce et le charme ; aussi doit-on réserver à celles-ci une petite place, si modestes et si exiguës que soient les proportions du terrain dont on dispose.

Le sol sera bien meuble et bien fumé, tenu très proprement ; on le sarclera souvent et on fera la chasse aux insectes, chenilles et limaces qui s'attaquent aux jeunes plants, alors qu'ils sont encore frêles et délicats.

Les semis se font rarement en *place* ; il vaut mieux semer en pépinières, dans des pots ou sous châssis. Quand les plants sont devenus assez forts, on procède au *repiquage*, et alors seulement on donne à chacun d'eux une place définitive.

Les plants se disposent en *bordures* ou en *corbeilles* ; on les remplace à mesure qu'ils défleurissent.

Un jardin d'agrément doit être fleuri pendant toute la durée de la belle saison; à une plante à floraison précoce succède une autre à floraison plus tardive.

Les plantes à fleurs se multiplient aussi par boutures, marcottes, éclats: l'iris, le glaïeul, le lis, la jacinthe (*fig.* 268) ; les narcisses, par bulbes ou oignons.

Fig. 268. — Fleur de jacinthe.

Les fleurs les plus précoces sont les primevères, les narcisses, les violettes, les pensées, les tulipes, les jacinthes, les ravenelles, les anémones, etc.

Fleurissent plus tard les géraniums, les fuchsias, le réséda, les marguerites, les œillets, les pavots, les mufliers, les chrysanthèmes, etc...

II. Plantes médicinales. — Les végétaux renferment dans leurs tissus autre chose que de la *sève* ; ils renferment un suc, fabriqué par le végétal même, et variable d'une espèce à l'autre.

Voici une *chicorée* ; coupons la racine, un liquide blanc apparaît ; goûtons-le, il est doué d'amertume. D'autre part, brisons la tige de cette autre plante que nous avons trouvée sur des décombres ; le liquide est rougeâtre, gardons-nous d'y goûter, car il brûle la peau ; aussi l'emploie-t-on pour détruire les verrues. Quant à la plante, elle se nomme *chélidoine* (vulgairement *éclaire*) et appartient à la même famille que le *pavot*. Ce dernier contient d'ailleurs un suc laiteux qui fournit l'*opium*, terrible poison.

Ces deux exemples suffisent pour vous montrer que les plantes renferment certains sucs ayant souvent des propriétés curieuses ; mais ce qu'il importe surtout de remarquer, c'est que ces sucs ont *une action sur nos tissus*.

Prenez ces feuilles d'oseille et mâchez-les ; une salivation abondante se produit.

L'oseille agit sur les glandes salivaires.

Vous avez les gencives enflées et elles saignent ; écrasez avec vos dents des groseilles non encore mûres, le sang cesse de couler.

Le jus des groseilles acides agit sur les vaisseaux capillaires et les resserre.

Or, on nomme *plantes médicinales* toutes celles dont les sucs bienfaisants agissent sur nos organes, calment la douleur, guérissent jusqu'à un certain point les maladies.

On les a classées d'après les effets qu'elles produisent.

1° Les *plantes fortifiantes* ou *toniques*, comme le houblon, la gentiane, le cresson de fontaine, la consoude, sont le plus souvent amères ; elles consolident les tissus et sont aussi apéritives, car elles excitent l'appétit.

2° Les *plantes émollientes* calment les inflammations et s'emploient surtout en cataplasmes : guimauve, lin, lis.

3° Les *plantes astringentes* resserrent les tissus et produisent l'effet opposé des précédentes : pervenche, mille-feuilles.

4° Les *plantes pectorales* calment la toux et se prennent sous forme de tisanes : violette, lierre de terre, bourrache.

5° Les *plantes sudorifiques* excitent la sécrétion de la sueur : sureau, tilleul, douce-amère, genévrier.

6° Les *plantes dépuratives* purifient le sang (la patience, le pissenlit).

Enfin les plantes *fébrifuges* (amande amère, houx, centaurée) calment la fièvre ; les plantes *vermifuges* (l'armoise, l'écorce de mûrier, de grenadier) combattent les vers ; les plantes *diurétiques* (chiendent, colchique, asperge) facilitent la sécrétion urinaire, etc.

III. Plantes vénéneuses. — Quelques plantes renferment

FIG. 269.
Sommité
d'Aconit.

Sommité fleurie.

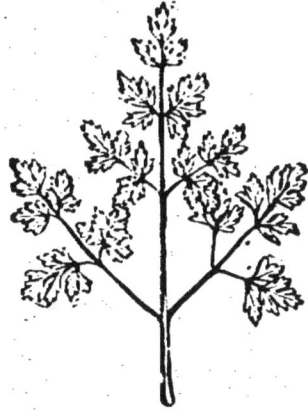

FIG. 270. — Ciguë.

feuilles.

des sucs dangereux, des poisons violents; l'aconit (*fig.* 269),
certaines renoncules,
l'anémone, de la famille

FIG. 271.—Sommité de Stramoine.

FIG. 272. — Sommité de
Jusquiame.

des renonculacées, sont dans ce cas ; il en est de même de la
petite ciguë (*fig.* 270), qui ressemble à s'y méprendre au

persil, et de quelques solanées comme la stramoine (*fig.* 271), la jusquiame (*fig.* 272), la belladone (*fig.* 273) aux fruits rouges. Nous tâcherons, dans nos excursions, de vous les faire connaître ; mais, dans tous les cas, n'oubliez point la recommandation suivante :

Il ne faut ni froisser avec les mains, ni porter à la bouche, les tiges, feuilles, fleurs ou fruits de plantes que l'on ne connaît pas.

D'autre part, beaucoup de *champignons* sont vénéneux ; il est préférable de ne pas en faire usage.

Plantes nuisibles aux cultures. — Il est une certaine catégorie de plantes dont l'agriculteur et le jardinier ont intérêt à se débarrasser. Certaines *salissent les terres et épuisent le sol*, sans donner aucun profit ; elles enlèvent aux plantes

Fig. 273. — Sommité de Belladone.

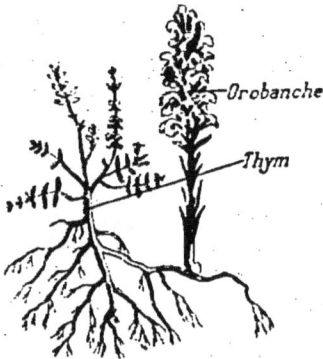

Fig. 274. — Orobanche rameuse sur un pied de thym.

Fig. 275. — Cuscute sur une tige de trèfle.

cultivées qu'elles étouffent une *grande part de l'air et de la lumière* si indispensables à la végétation.

On désigne ces plantes sous le nom général de *mauvaises herbes*, et on les supprime par des *sarclages* répétés.

Les plantes nuisibles aux moissons sont les coquelicots, les chardons, les liserons, l'ivraie, le chiendent. On doit arracher toutes ces plantes *avant qu'elles aient fleuri*. Les *orobanches* (*fig*. 274) et la *cuscute* (*fig*. 275) sont des plantes parasites. Cette dernière surtout, pourvue de suçoirs, s'étend rapidement sur les plantes fourragères. On isole les parties atteintes et on les brûle. Enfin la *mousse*, les *lichens*, les *champignons* nuisent également aux végétaux ; il faut en débarrasser les arbres et faire de même du *gui* que l'on observe trop souvent sur le pommier en Normandie.

Questions. — Faut-il cultiver des fleurs dans le jardin? — Quel emplacement donne-t-on à cette culture? — Qu'est-ce que le repiquage? — Nommez des plantes cultivées pour leurs fleurs. — En quoi le suc des plantes peut-il être utile? — Qu'est-ce qu'une plante médicinale? — Nommez des plantes fortifiantes, émollientes, astringentes, pectorales, etc. — Citez des plantes vénéneuses, des plantes nuisibles aux cultures, des plantes parasites.

RÉSUMÉ. — Les fleurs ont une place au jardin dont elles font l'agrément.

Les plantes médicinales agissent par les sucs particuliers qu'elles renferment. On les classe suivant les effets qu'elles produisent.

Il faut se défier des plantes vénéneuses et détruire celles qui sont nuisibles aux cultures.

Rédactions. — **1.** Les plantes à fleurs. Emplacement, multiplication. Soins. Espèces principales.

2. Plantes nuisibles aux cultures et aux arbres. Modes de destruction.

HYGIÈNE CORPORELLE. — CONSEILS

L'hygiène est l'ensemble des règles à observer, des précautions à prendre pour conserver notre santé, pour arriver à rendre notre corps robuste et vigoureux.

L'hygiène tend à diminuer les chances de maladies chez l'individu et à en atténuer les effets si elles éclatent malgré les précautions prises.

Hygiène de la peau. — La peau qui revêt notre corps, et dont elle est pour ainsi dire l'écorce, doit être maintenue dans un *état parfait de propreté*. Nous y remarquons, en effet, une infinité de petits trous nommés *pores* par lesquels s'opère une *double fonction* : 1° un genre de *respiration* dite *cutanée*; 2° une *sécrétion* de matières grasses, provenant de *glandes* cachées sous la peau même.

Ces matières qui s'épanchent par les pores ont pour but de maintenir à la peau sa *souplesse* sans nuire à sa *perméabilité*. L'hygiène de la peau tiendra donc tout entière dans cette prescription :

Maintenir cette peau souple et perméable.

Or, les matières grasses sécrétées peuvent être parfois trop abondantes; d'autre part, la peau est constamment salie par son contact avec les corps extérieurs. Il en résulte donc que des *lavages* fréquents et s'étendant au corps entier s'imposent.

Comme les substances qui salissent la peau sont de nature grasse, on facilite leur départ en employant du *savon*, mais il faut rejeter l'emploi des pâtes, poudres, crèmes, fards, lesquelles, sous le nom de *cosmétiques*, ne rendent *aucun service*, sont presque toujours *nuisibles* et parfois *dangereuses* par les substances chimiques qui entrent dans leur composition. Les *vinaigres de toilette*, étendus de beaucoup d'eau, sont toutefois d'un bon emploi. Ils facilitent le nettoyage de l'épiderme et donnent à ce dernier du ton et de la fraîcheur.

La *chevelure* demande des soins particuliers; on la lave, on la brosse et on la peigne chaque jour; les lavages à l'*eau de son* enlèvent les *pellicules*.

Il ne faut pas oublier que le cuir chevelu est le siège de maladies contagieuses, comme la *teigne* et la *pelade*.

L'usage en commun de peignes et de brosses est mauvais; il ne faut pas non plus placer les coiffures les unes sur les autres ni en changer avec les camarades.

Les bains. — Prendre un bain, c'est séjourner un temps plus ou moins long dans un milieu liquide. Si ce dernier est froid, on éprouve une impression assez vive, une gêne, une suffocation même. La peau perd de sa couleur et on ressent un frisson particulier; cette période de malaise est de peu de durée, surtout si le baigneur se donne du mouvement.

Au sortir du bain, il faut s'essuyer le corps tout de suite, se vêtir et se livrer à un exercice modéré. Il se produit alors une vive *réaction*, laquelle est bienfaisante. On se sent plus léger, plus dispos; la respiration se fait large et facile, la circulation du sang s'active, une douce chaleur envahit tout le corps.

Tous les bains sont recommandables : bains de mer, de rivière, bains froids, bains chauds; mais on doit sortir du bain avant d'éprouver de la fatigue. Enfin il ne faut prendre aucun bain moins de trois heures après avoir mangé.

Les *ablutions* d'eau froide, les *douches*, exercent sur notre corps une grande action; il faut donc en faire usage, *même en hiver*, ce qui nous habitue à supporter sans inconvénient les variations brusques de température.

Il ne faut pas regarder les bains et les douches comme un luxe, mais bien comme une nécessité.

Hygiène de la bouche. —Après les repas, il est bon de se rincer la bouche avec de l'*eau bouillie* et refroidie. De plus, le soir et le matin surtout, on fait la toilette des *dents* à l'aide d'une *brosse* que l'on nettoie chaque fois avec beaucoup de soin. Il n'est pas nécessaire de faire usage de *dentifrices;* un mélange de charbon de bois pulvérisé et de poussière de quinquina est suffisant.

Il ne faut pas oublier que les dents s'altèrent vite et se carient dès que l'*émail* présente une fêlure; aussi faut-il éviter de boire trop chaud ou trop froid. D'autre part, le contact irritant de matières acides ou caustiques détermine aussi la *carie.*

Hygiène des organes. — Nous avons parlé en son lieu de l'hygiène de l'alimentation, du danger de l'air confiné, de la ventilation, des exercices propres à développer les forces musculaires et du repos réparateur. Nous ne reviendrons pas sur ces questions.

Sommeil. — Nous ajouterons cependant que le *sommeil* est un repos pour le corps et pour l'esprit; trop court, il entraîne une dépression des forces ; trop long, il alourdit le corps et l'intelligence et prédispose à la paresse.

Le sommeil des enfants doit avoir une durée moyenne de dix heures.

Il est bon de ne pas trop se couvrir pendant la nuit; il faut que la tête soit découverte et non enfouie sous les couvertures; seuls, les pieds demandent à être tenus plus chaudement. On peut donc faire usage d'édredons, mais légers et de peu d'étendue.

Il faut dormir de préférence sur le côté droit; le corps doit être complètement allongé et il est bon de n'employer ni chauffe-pieds ni bouillottes.

Questions. — Quel est le but de l'hygiène? — Parlez des fonctions de la peau. — A quoi se réduit l'hygiène de la peau? — Comment faut-il soigner la peau? la chevelure? — Quelles impressions éprouve-t-on en prenant un bain? — Quelle réaction se produit-il après le bain? — Comment faut-il regarder les bains et les douches? — Comment faut-il soigner la bouche? les dents? — Quel est le but du sommeil? — Comment faut-il dormir?

RÉSUMÉ. — L'hygiène a pour but de prévenir les maladies. La peau est le siège d'une transpiration et d'une sécrétion. Elle doit être toujours propre et perméable. Pour cela on procède à des lavages fréquents, on fait usage du savon et on s'abstient des cosmétiques. Il faut soigner la chevelure.

L'usage des bains est très recommandable; il en est de même des ablutions et des douches. On se lavera souvent les dents et la bouche, et il faut veiller à la conservation parfaite de l'émail.

Le sommeil est réparateur, si l'on prend certaines précautions.

Exercices d'observation. — Pour empêcher la peau de se dessécher sous l'influence de la chaleur, certains peuples d'Afrique se frottent le corps avec des corps gras; est-ce que cette coutume est exempte d'inconvénients? — Jules casse des noix avec ses dents; a-t-il raison, et, sinon, pourquoi? — Lorsque au sortir du bain le corps est mouillé, pourquoi est-il imprudent de se mettre dans un courant d'air? — Pour voyager par le temps pluvieux, on met quelquefois des vêtements dits imperméables. Pourquoi ces derniers ne sont-ils guère hygiéniques?

Rédaction. — Les soins de propreté. Lavages, bains, ablutions, douches.

HYGIÈNE (suite)

Hygiène du vêtement. — Les vêtements servent à protéger le corps contre les influences extérieures, vents, humidité, chaleur, froid. Ils ne sauraient être les mêmes pour tous les hommes et varient forcément avec les saisons, le climat, l'âge et même l'état de santé et la profession.

Les qualités que doit présenter tout bon vêtement peuvent se résumer ainsi :

Etre ample, chaud modérément, commode, propre et convenable ; il ne doit jamais être gênant.

Remarquons que la *mode*, si changeante d'ailleurs, n'est pas toujours en rapport avec les prescriptions de l'hygiène. Il ne faut donc accepter, de cette puissance tyrannique qu'est la mode, que ce qui est pratique et convenable, et rejeter tout ce qui est outré ou mauvais.

La substance du vêtement doit être *mauvaise conductrice* de la chaleur ; elle nous met ainsi, l'hiver, en mesure d'éviter une déperdition de notre calorique propre et nous protège l'été contre l'action trop vive de la température extérieure.

Les substances les plus convenables sont, dans un ordre décroissant, les fourrures, la laine, la soie, le coton, la toile. Pratiquement, les *vêtements de laine sont les meilleurs*. Ceux à *mailles larges* sont très chauds, à cause de l'air emprisonné, lequel est très mauvais conducteur.

En résumé, le meilleur vêtement est celui qui, au point de vue de la chaleur, nous isole le mieux du milieu extérieur.

Il faut toutefois que les vêtements soient *perméables*, afin que la *respiration cutanée* et la *transpiration* ne soient pas gênées. Sous ce rapport, les vêtements de *caoutchouc* sont mauvais.

La couleur du vêtement n'est pas indifférente : les *couleurs sombres absorbent la chaleur ; les couleurs claires la réfléchissent*.

Aussi, pendant les chaleurs de l'été, il est préférable de se coiffer, de se vêtir et de se chausser avec des pailles ou feutres, étoffes ou tissus, cuirs ou toiles, de couleur tirant sur le blanc.

Hygiène de l'habitation. — La maison salubre. — Une maison salubre doit offrir, pour la santé de ses habitants, toutes les garanties désirables. Solide et bien construite, elle doit être *édifiée* avec des matériaux de choix, *orientée* en bonne exposition, *aménagée* intérieurement avec goût et commodité, *entretenue* avec soin.

Le choix des matériaux, leur agencement, la distribution intérieure des appartements, sont du ressort de l'architecte et de l'entrepreneur, mais ces

derniers, pour les questions d'éclairage, de chauffage, de ventilation, etc., doivent s'inspirer des prescriptions de l'hygiène.

Or les facteurs de la santé sont le *sol*, l'*air*, la *température*, la *lumière* et l'*eau;* si donc l'un d'eux est négligé par le constructeur, la maison n'est pas salubre.

La maison est placée avec avantage sur une *partie élevée* dont le sol est bien sec et solide. L'orientation varie avec le climat. Une exposition au nord est souvent trop froide, celle au midi est trop chaude.

Dans tous les cas, on tourne la façade de l'habitation à l'opposé des vents dominants qui sont souvent ou froids ou pluvieux.

Si on a le choix de l'emplacement on s'éloigne des usines, des chantiers de construction, des gares, des marchés où l'on ne trouve guère la tranquillité que l'on est en droit de rechercher; le voisinage immédiat des cours d'eau, des étangs et surtout des marais, expose à des brouillards fréquents et quelquefois malsains. Dans les exploitations agricoles, on isole la maison des étables et des écuries et on la met à l'abri des émanations qui se dégagent des fosses à fumier, par exemple.

La situation que nous occupons dans le monde est différente pour chacun de nous, et tous nous ne pouvons habiter un château ou un palais. Nous ne serons point jaloux de ceux auxquels la fortune a souri ; mais il nous est permis, si modeste que soit notre position, de rechercher une maison saine et convenable que nous avons d'ailleurs le strict devoir de maintenir propre.

Il n'est pas déshonorant d'habiter une chaumière, mais il est déshonorant d'en faire un taudis.

La propreté est donc la qualité maîtresse qu'il faut rechercher dans toute habitation, et une maison propre est déjà à moitié saine. Il importe que les murs soient couverts de peintures lavables, ou, pour les appartements modestes, blanchis souvent à la chaux.

L'emploi de tentures, de rideaux épais, de tapis couvrant les planchers, lesquels emmagasinent des poussières et des microbes nuisibles, tend à se faire plus réservé dans la maison moderne.

La chambre à coucher, où nous passons un tiers de notre existence, doit être l'objet de tous nos soins. Ce sera donc la pièce la plus vaste et la plus saine de l'habitation. Les lits de fer, les matelas de laine, de crin et de varech, les sommiers élastiques sont les plus convenables ; les paillasses, les grosses couvertures, les édredons épais, les literies de plumes le sont beaucoup moins.

La cuisine sera pourvue d'un tirage et d'une ventilation actifs ; l'évier, toujours propre, ne dégagera aucune odeur ; il en sera de même des lieux d'aisances souvent nettoyés et pour lesquels on fera usage, l'été surtout, de désinfectants. Enfin la maison, pour être salubre, sera pourvue abondamment d'eau.

Questions. — Quelles sont les qualités d'un bon vêtement? — Pourquoi la substance du vêtement doit-elle être mauvaise conductrice? perméable? — Citez les tissus les plus convenables. — Doit-on se préoccuper de la couleur des vêtements? Pourquoi? — Quelles sont les conditions générales de salubrité d'une maison? — Quels sont les principaux facteurs de la santé? — Parlez de la situation donnée à la maison, de son orientation. — Quelle est la qualité maîtresse que l'on doit observer dans une maison? — Parlez de la chambre à coucher, des murs, de la cuisine, de l'évier, des fosses d'aisances.

RÉSUMÉ. — Le vêtement doit être ample, commode, moyennement chaud, propre et convenable. La substance qui le constitue doit être mauvaise conductrice ; la laine est une des meilleures. Le tissu et la couleur varieront avec les saisons.

Dans la construction d'une maison, il faut se préoccuper de la situation, de l'orientation, de la disposition intérieure, de l'ameublement, de l'entretien des murs, des planchers, de la chambre à coucher, de la cuisine ; les lieux d'aisances seront l'objet de soins particuliers.

Exercices d'observation. — Georges est coquet, et, comme il est riche, il suit la mode : ses chaussures sont fines, mais étroites, son habit le pince et le serre à la taille, son faux-col très élevé lui enserre le cou. A-t-il raison, et, sinon, pourquoi ? — Les Arabes se couvrent d'un long burnous blanc fait de laine ; est-ce que la substance du tissu et la couleur ont une importance au point de vue de l'hygiène et laquelle? — On couvre souvent les murs des appartements avec des papiers peints ; ne pourrait-on pas procéder autrement et avec avantage ? — Dans l'été, on jette souvent dans les lieux d'aisances de la poussière de charbon, de la tannée, du chlore ; pour quelles raisons ?

Rédactions. — 1. Comment doit-on s'habiller? Hygiène du vêtement. 2. Conditions de salubrité de l'habitation.

LA PESANTEUR. — LA BALANCE ORDINAIRE

Expériences. — Voici une bille couverte de blanc que nous plaçons dans la main ; ouvrons celle-ci : la bille se précipite vers le sol sur lequel elle laisse une petite empreinte blanche. On dit que la bille *tombe*, et il en serait de même pour d'autres objets, comme une balle de plomb, un morceau de bois, une boulette de papier.

On a donné le nom de pesanteur à la force qui attire ainsi les corps vers la terre.

En second lieu, inclinons ce verre rempli d'eau, le liquide s'écoule et tombe aussi à terre, et nous avons déjà constaté que le gaz carbonique que l'on verse à l'ouverture d'un flacon éteint la bougie allumée placée au fond.

L'eau, le gaz carbonique obéissent aussi à l'action de la pesanteur.

Verticale. Fil à plomb. — Remarquons que, dans l'expérience de la bille, s'il nous était facile de joindre à l'aide d'un fil le point d'où cette bille est partie à celui marqué en blanc sur le plancher, nous aurions le chemin qu'elle a parcouru en tombant.

Or, l'expérience nous apprend que ce chemin est une *ligne droite*, une *verticale*.

Dans la pratique, on obtient cette direction à l'aide d'une petite masse pesante sus-

FIG. 276. — Fil à plomb.

pendue librement à l'extrémité d'un fil dont on maintient l'autre bout.

Cet appareil se nomme *fil à plomb* (*fig.* 276).

Expérience. — Au-dessus de l'eau contenue dans une cuvette, plaçons un fil à plomb. Vous remarquez maintenant que le fil est

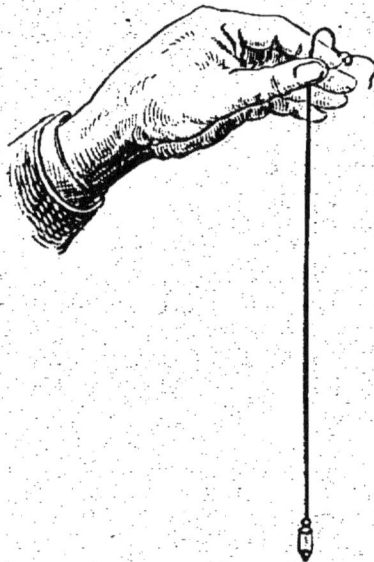

immobile, que son image dans l'eau est exactement dans son propre prolongement. C'est donc que la surface de l'eau est *perpendiculaire* au fil à plomb. En conséquence, le niveau de l'eau tranquille donne la direction *horizontale*.

Dans la construction mécanique, la menuiserie, la charpente, la maçonnerie, on a constamment besoin soit de la direction verticale, soit de la direction horizontale; on se sert pour cela de *fils* et de *niveaux* appropriés.

Poids. — Pour empêcher un corps de tomber, il faut le maintenir, c'est-à-dire opposer à la pesanteur qui l'entraîne une force égale. Cette force, variable suivant les corps, se nomme le *poids du corps*.

Nous disons force variable, car nous savons qu'il est plus facile de maintenir une petite masse qu'une grosse, une bille de pierre qu'une de plomb de même volume.

Le poids varie avec la nature des corps et avec leur volume.

Pour avoir une *idée exacte du poids* d'un corps, *on le pèse*, et on se sert pour cela d'un instrument nommé *balance* (*fig.* 277).

Fig. 277. — Balance.

Balance. — Cet appareil comprend : 1° un support vertical désigné sous le nom de *potence* et terminé en haut par une *fourche;* 2° une tige horizontale ou *fléau* passant dans la fourche; 3° un prisme d'acier ou *couteau* traversant le fléau en son milieu et reposant par ses extrémités sur les parties terminales de la fourche ; 4° *deux plateaux*, un à chaque extrémité du fléau, auquel ils sont suspendus par le moyen de petites *chaines*.

Remarquons que l'*arête vive* du couteau est tournée vers le bas et que la partie mobile de la balance ne repose sur la potence que par cette arête vive.

C'est le point d'appui du fléau; il le partage en deux moitiés égales en longueur et en poids, moitiés que l'on désigne sous le nom de bras.

Une balance ainsi construite est dite *juste*, et son fléau se maintient horizontal quand les plateaux ne supportent aucune charge.

Si la balance trébuche sous l'influence d'une toute petite masse placée dans l'un des plateaux, on dit qu'elle est *sensible*. L'expérience montre que cette sensibilité est d'autant plus grande que les *bras sont plus longs et plus légers*. Pour les allonger sans les alourdir, on les *évide*.

Enfin, la balance, après une pesée, et alors que les plateaux sont vides, doit revenir seule après quelques oscillations à sa position d'équilibre, position dans laquelle le fléau est horizontal; s'il en est ainsi, on dit qu'elle est *stable*.

En résumé, une balance doit être juste, sensible et stable.

Pesée simple. — Pour peser un corps, on le place dans un des plateaux et on met de l'autre côté des *poids gradués* et *exacts* jusqu'à ce que l'équilibre soit établi. La *somme* de ces poids est le poids du corps.

Nous avons étudié, en système métrique, la série des poids employés, nous n'y reviendrons donc pas ici.

Double pesée. — Pour peser *très exactement*, même avec une balance qui n'est pas juste, pourvu qu'elle soit sensible, on emploie une méthode imaginée par Borda et dite de la *double pesée*.

Procédons à cette opération; elle comprend deux temps.

PREMIER TEMPS. — Dans le plateau A, le corps; dans le plateau B, du sable jusqu'à ce que l'équilibre soit établi. Ce sable se nomme *tare*.

DEUXIÈME TEMPS. — Enlevons le corps et remplaçons-le par des *poids gradués* jusqu'à ce que l'équilibre soit rétabli.

La somme de ces poids est le poids du corps puisque, dans les mêmes conditions, le corps d'abord, les poids ensuite, ont équilibré la même tare, laquelle est restée dans le même plateau pendant toute la durée de l'opération.

Questions. — Qu'est-ce que la pesanteur? — Tous les corps tombent-ils? — Qu'est-ce que la verticale? — Comment trouve-t-on cette direction? — Qu'appelle-t-on horizontale? — Qu'appelle-t-on poids? — Comment peut-on trouver le poids d'un corps? — Décrivez la balance. — Quelles qualités doit-elle posséder? — Quand dit-on qu'elle est juste? sensible? stable? — Comment pèse-t-on un corps ordinairement? — Dites comment on pratique la double pesée.

RÉSUMÉ. — Tous les corps tombent sous l'influence de la pesanteur et, en tombant, ils suivent une direction verticale. Dans la pratique, on détermine la verticale avec un fil à plomb et l'horizontale avec un niveau.

Le poids d'un corps est l'effort qu'il faut faire pour l'empêcher de tomber.

On détermine ce poids en pesant le corps à l'aide d'une balance. Toute balance doit être juste, sensible et stable. La double pesée donne le poids exact des corps, même avec des balances imparfaites.

Exercices d'observation. — On prend deux feuilles de papier identiques, on roule l'une d'elles en boulette, puis on abandonne les deux feuilles d'un même point; laquelle des deux atteindra le sol la première; dites pourquoi? — Le bijoutier pèse les objets précieux dans une balance très juste, mais dont les bras sont fort longs; pourquoi cela? — Aussitôt que l'épicier a pesé la marchandise que le client réclame, il vide les plateaux de sa balance; a-t-il raison de procéder ainsi et pourquoi?

Rédactions. — Description d'une balance, qualités qu'elle doit posséder. — Comment pèse-t-on un corps?

LES LEVIERS

Réduite à sa plus simple expression, la balance se compose d'une barre reposant en son milieu sur un point fixe autour duquel elle oscille.

À l'une des extrémités, on place le corps à peser : c'est la *résistance* ; à l'autre bout, on met les poids pour faire équilibre : c'est la *puissance*. De plus, la barre est divisée au *point d'appui* en deux moitiés que l'on nomme *bras*. Un tel appareil a reçu le nom de *levier*.

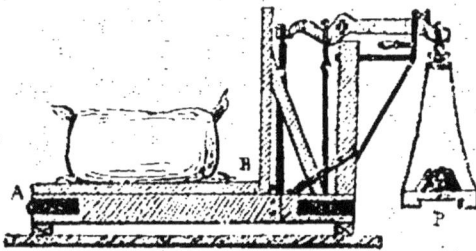

Fig. 278. — Bascule.

On distingue donc dans un levier la puissance, la résistance et le point d'appui.

Dans la balance ordinaire, les deux bras de levier sont *égaux;*

il en résulte que *la puissance est égale à la résistance*, mais il n'en est pas toujours de même.

La *bascule* (*fig.* 278), par exemple, est une balance *à bras inégaux* et dans le modèle ordinaire, le bras de la puissance (poids) est dix fois plus grand que le bras de la résistance (corps à peser).

Dans ces conditions, la masse des poids est *dix fois moindre* que la masse des corps à peser, lorsqu'il y a équilibre.

Ainsi 1 kilogramme poids fait équilibre à 10 kilogrammes marchandises ; 10 kilogrammes poids font équilibre à 100 kilogrammes marchandises.

Dans la bascule commune, il faut multiplier par 10 les poids placés dans le plateau pour avoir, l'équilibre étant établi, le poids des marchandises placées sur le tablier de cette balance.

Les trois genres de leviers. — Les outils dont nous nous servons tous les jours sont des leviers ; il en est de simples et de compliqués, mais dans tous nous reconnaîtrons des organes destinés *à utiliser les forces, à les transmettre* et surtout *à les multiplier*.

Voici un gros bloc de pierre qu'un ouvrier désire soulever ; il se sert pour cela d'une barre de fer qu'il engage

FIG. 279. — Levier.

sous la pierre par une extrémité (*fig.* 279). Sous la barre et près du bloc, il place une cale, c'est-à-dire une petite pierre ou un rouleau qui sert de *point d'appui*, et, pesant de toutes ses forces sur l'autre extrémité, il soulève le bloc.

La cale partage le levier en deux bras inégaux, et l'ouvrier agit sur le grand bras.

Il gagne d'autant plus de force que ce dernier bras est plus grand par rapport à l'autre.

Les leviers se distinguent entre eux par la position qu'occupe le point d'appui comparativement à celles occupées par la puissance et par la résistance.

Dans le *premier genre*, le point d'appui est situé entre la puissance et la résistance. Les leviers de ce genre sont les plus nombreux. La balance, la pince, la poulie, les ciseaux, le sécateur, la tenaille sont des leviers du premier genre.

Dans le *second genre*, le point d'appui est à une extrémité, la puissance à l'autre et la résistance entre les deux. Tels sont la brouette, le casse-noix (*fig.* 280).

Enfin, dans le *troisième genre*, la puissance est située entre la résistance et le point d'appui, comme dans la pince à sucre, les pincettes (*fig.* 281), la pédale du rémouleur.

Les os qui forment le squelette, soit du corps de l'homme, soit de celui des animaux, ne sont autre chose que des leviers dont les muscles sont les forces. On y observe facilement les trois genres ; ainsi, la *tête* en équilibre sur la colonne vertébrale, est un levier du *premier genre* ; le *pied*, reposant sur le sol par la pointe, est un levier du *second genre*, et le *bras*, un levier du *troisième*.

FIG. 280.
Casse-noix.

FIG. 281.
Pincettes.

N'oublions pas que le levier est d'autant plus fort que le bras de la puissance est plus long et par conséquent que celui de la résistance est plus court ; aussi, Archimède, qui vivait trois siècles avant Jésus-Christ, avait pu dire : « Donnez-moi un levier assez long et un point d'appui et je soulèverai la terre. »

Un grand nombre de *machines simples*, dont l'homme se sert journellement, sont réalisées par un levier de forme particulière ou par un assemblage peu complexe de quelques leviers élémentaires.

De ce nombre sont la *poulie simple*, la *poulie composée* appelée encore *moufle* ou *palan*, le *treuil*, avec lesquels on soulève des fardeaux.

Le *cabestan* est un treuil vertical utilisé sur les navires.

FIG. 282. — Pressoir.

La *chèvre* est employée par les charpentiers.

Enfin le *coin*, qui sert à fendre le bois ; le *cric*, avec lequel on soulève les voitures ; la *grue*, utilisée au chargement ou au déchargement des wagons et des bateaux, et la vis, que l'on observe dans les *pressoirs* (*fig.* 282), sont des leviers fort puissants.

Questions. — Quels sont les éléments d'un levier? — Indiquez leur position dans une balance ordinaire. — Parlez d'un levier à bras inégaux comme la bascule. — Énumérez le principe du levier. — Donnez un exemple. — Indiquez la position respective des trois éléments du levier: 1° dans les leviers du premier genre; 2° dans ceux du deuxième; 3° dans ceux du troisième. — Nommez des leviers de chaque genre. — Nommez des machines simples et dites quelle est leur utilité.

RÉSUMÉ. — La balance ordinaire est un levier à bras égaux; on y distingue comme dans tout levier le point d'appui, la puissance et la résistance.

La balance-bascule est un levier à bras inégaux. Chaque genre de levier est caractérisé par la position qu'occupe le point d'appui par rapport à la puissance et à la résistance. On compte trois genres de leviers. Les machines simples sont des leviers appropriés à un genre de travail spécial.

Exercices d'observation. — Pour couper du papier peint, les colleurs se servent de ciseaux à longues lames; au contraire, les lames des ciseaux du tailleur sont fortes, mais courtes; est-ce que les dimensions des lames de ces outils ont une importance; dites laquelle. — Pourquoi les balanciers des pompes sont-ils en général longs et lourds? — Pour que l'écrou de la vis d'un pressoir descende d'une toute petite longueur, il faut faire exécuter un grand tour au levier qui commande l'écrou; savez-vous ce qui en résulte?

Rédactions. — 1. Quelles sont les parties principales d'un levier? — Montrez que la balance est un levier; parlez de la bascule et dites comment l'on pèse avec cet appareil.

2. Parlez des trois genres de leviers et donnez des exemples.

PROPRIÉTÉS DES LIQUIDES. PRESSIONS

Nous savons que les liquides prennent exactement la forme des vases dans lesquels on les met et qu'une fois à l'état de repos leur *surface libre est horizontale.*

Il est d'autre part évident que les molécules, qui forment un liquide, pressent les unes sur les autres, et que cette pres-

sion est d'autant plus grande qu'on *s'enfonce davantage* dans
le liquide.

**Toute molécule prise dans un liquide supporte le poids des molécules
placées au-dessus.**

En conséquence, c'est dans le *fond des vases* que les pressions sont les *plus grandes.*

Considérons maintenant un corps solide placé au sein d'un liquide;
il devra nécessairement éprouver les mêmes pressions qu'éprouveraient les molécules liquides dont il a pris la place, si ces molécules
n'avaient pas été déplacées par le corps.

Or, comme ces pressions croissent avec la profondeur, nous comprendrons facilement que pour un plongeur, par exemple, il arrive
un moment où les pressions qu'il supporte sont si considérables
qu'il ne saurait s'enfoncer dans l'eau davantage.

Poussée. — Étendez la main et enfoncez-la dans l'eau, vous
éprouverez une résistance qui vient du fond; on la désigne
sous le nom de *poussée.*

**La poussée est une force verticale qui s'exerce de bas en haut dans les
liquides. L'expérience montre qu'elle s'exerce également dans les gaz.**

A la surface de l'eau, maintenons une rondelle métallique mince
et bien plane, posons dessus un verre de lampe et appuyons sur ce
dernier avec précaution.

Le verre s'enfonce dans l'eau sans que la rondelle tombe, bien
qu'elle soit plus lourde que le liquide. Versons maintenant de
l'eau dans le tube, la rondelle ne se détache toujours pas.

**Elle ne le fera que lorsque le liquide dans le tube atteindra le niveau de
l'eau dans le vase extérieur.**

La rondelle était maintenue par la *poussée venant du fond* et cette
poussée était égale au poids de l'eau versée dans le tube, c'est-à-
dire au *poids de l'eau déplacée.*

**Les corps plongés dans un liquide ou dans un gaz éprouvent de bas
en haut une poussée verticale égale au poids du fluide déplacé.**

Vous comprendrez maintenant pourquoi un bouchon maintenu au
fond de l'eau monte à la surface de celle-ci dès qu'on l'abandonne,
et pourquoi encore un ballon gonflé de gaz léger s'élève dans l'atmosphère.

**Le bouchon de liège pèse moins que l'eau sous le même volume et il
en est de même du ballon par rapport à l'air. Ils reçoivent donc, chacun**

dans leur milieu, une poussée de bas en haut supérieure à leur poids, ce qui explique leur ascension.

Vases communicants. — Voici un verre (*fig.* 283) que nous réunissons à un autre verre par un caout-chouc. Versons de l'eau dans le premier verre ; le liquide pénètre dans le caoutchouc, monte dans le verre, puis s'arrête.

Or un fil tendu suivant le niveau de l'eau dans le premier verre passe aussi par le niveau de l'eau dans le second verre.

Quand on verse un liquide dans un système de vases qui communiquent entre eux par leurs bases, le liquide s'élève dans tous à la même hauteur horizontale.

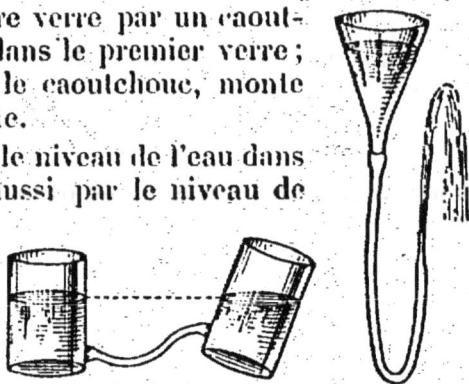

Fig. 283. — Vases communicants.

La forme, la grandeur des vases, n'ont dans ce cas aucune influence, et si nous abaissons le tube effilé, l'eau s'élance au dehors (*fig.* 283 *bis*) et tend à reprendre le niveau qu'elle occupait tout à l'heure.

Jets d'eau. — Les jets d'eau, qui font un si joli effet au centre d'un jardin public, fonctionnent d'après le principe des vases communicants.

L'eau provient d'un réservoir élevé, source captée ou bassin artificiel, pour se rendre par un canal de distribution à un point situé plus bas, d'où elle s'élance pour regagner la ligne passant par le niveau primitif.

Puits artésiens. — L'eau de pluie qui pénètre dans le sol en gagne les parties profondes et s'arrête quand elle rencontre des couches imperméables comme les argiles, par exemple. Elle forme alors des *nappes souterraines* qui parfois occupent une étendue assez grande, comme celles du bassin de Paris. Si alors on vient à forer le sol au-dessus d'un point où la nappe s'enfonce profondément, le liquide monte dans le trou de forage dès qu'on atteint la surface de cette nappe (*fig.* 284).

L'eau gagnera l'orifice supérieur du puits, si cet orifice est placé plus bas que la partie la plus élevée de la nappe souterraine.

FIG. 284. — Puits artésien.

On a alors un *puits jaillissant* ou *puits artésien*.

Certaines sources à pétrole sont jaillissantes (*fig. 285*).

FIG. 285. — Source jaillissante de pétrole.

De même, dans les villes, l'eau gagne les étages les plus élevés des maisons en circulant dans des tuyaux qui proviennent d'un bassin de départ placé plus haut que toutes les maisons de ces villes.

Les *niveaux* avec lesquels les *arpenteurs* trouvent des directions horizontales, ceux que l'on adapte aux *tonneaux* ou aux *machines à vapeur* pour connaitre à chaque instant la hauteur du liquide placé à l'intérieur, les bassins fermés par des *écluses* qui mettent en communication des *canaux* situés à des niveaux différents sont des applications courantes du principe des vases communicants.

Questions. — Quelle est la forme que prend un liquide ? — Quelle pression supporte une molécule ? — A quel endroit le liquide est-il le plus pressé et pourquoi ?

— Qu'est-ce que la poussée? — Comment peut-on se rendre compte de son existence? — Qu'arrive-t-il pour un corps plongé dans l'eau? dans l'air? — Enoncez le principe qui exprime cette perte. — Qu'appelle-t-on vases communicants? — Enoncez le principe qui se rapporte à ces vases. — Comment fonctionne un jet d'eau? — Comment peut-on établir un puits artésien? — Comment distribue-t-on l'eau dans les villes? — Citez d'autres applications relatives au principe des vases communicants.

RÉSUMÉ. — Toute molécule liquide supporte le poids des molécules placées au-dessus d'elle ; cette pression grandit avec la profondeur du liquide et c'est au fond du vase qu'elle atteint son maximum.

Dans tout liquide, on observe une pression verticale qui vient du fond et que l'on nomme poussée.

Tout corps plongé dans un fluide perd de son poids le poids du fluide déplacé.

Si l'on verse un liquide dans un système de vases communicants, celui-ci s'élève dans tous les vases à la même hauteur. Le jet d'eau, les puits artésiens, les niveaux d'eau, etc., sont des applications de ce principe.

Exercices d'observation. — Au moment de la crue d'une rivière, les caves des maisons situées le long de cette rivière se remplissent. Pourquoi? — Dans un naufrage, et alors que le navire est près de couler, on jette à la mer les planches, cages, boîtes, panneaux de bois; pourquoi? — Joseph est maigre, Lucien est pourvu au contraire d'un bel embonpoint; lequel des deux nage le plus facilement; dites pourquoi.

Rédaction. — Les vases communicants et leurs applications.

LES FORCES MOTRICES. LA VAPEUR

Réduit à ses propres forces, l'homme serait incapable de mener à bien les travaux si nombreux et si variés qui constituent la vie industrielle, agricole et commerciale.

Pour extraire les minerais du sol, percer des puits de mines, ouvrir des carrières, creuser des ports, élever des digues, tracer des routes et des canaux, construire des chemins de fer et des navires, façonner les métaux, fabriquer les produits chimiques et industriels, travailler le sol, faire les semailles et la moisson, transporter les marchandises, etc., il faut à l'homme une réserve inépuisable de forces d'une puissance illimitée.

FIG. 286. — Moulin à vent.

Ces forces se nomment *moteurs*, et il en est de plusieurs genres.

En premier lieu l'homme utilise ses forces propres et aussi celles des animaux qu'il a su réduire à l'état domestique; ces forces constituent les *moteurs animés*.

En second lieu, l'homme utilise la force de l'*eau* et celle du *vent*; ce sont des forces *motrices naturelles*.

Le vent fait tourner les ailes des moulins (*fig.* 286) et gonfle les voiles des navires; l'eau des torrents et des chutes actionne les *roues hydrauliques* (*fig.* 287), qui à leur tour mettent en mouvement une multitude de machines et d'outils.

Cette force de l'eau a reçu, dans le langage moderne, le nom de *houille blanche*, par analogie avec celle produite dans les *machines à vapeur* par le charbon, la *houille noire*.

Enfin, en troisième lieu, l'homme dispose encore de la *vapeur*, de l'*électricité*.

FIG. 287. — Moulin à eau.

Machines à vapeur. — Nous savons que l'eau passe en vapeur à toute température, c'est le phénomène de l'*évapora-*

tion; nous savons aussi que, portée à 100°, elle *bout*. Les vapeurs qui s'échappent alors ont une *force élastique* égale à la *pression atmosphérique*; mais cette force grandit *si on ferme* le vase et si on empêche ainsi les vapeurs de s'échapper.

L'eau enfermée dans un vase clos et portée à 100° ne saurait bouillir, mais les vapeurs qu'elle produit ont une force élastique qui grandit rapidement à mesure que la température s'élève.

Fermons un vase de métal avec un bouchon et chauffons l'eau qu'il contient; le bouchon finit par sauter sous l'effort de la vapeur produite.

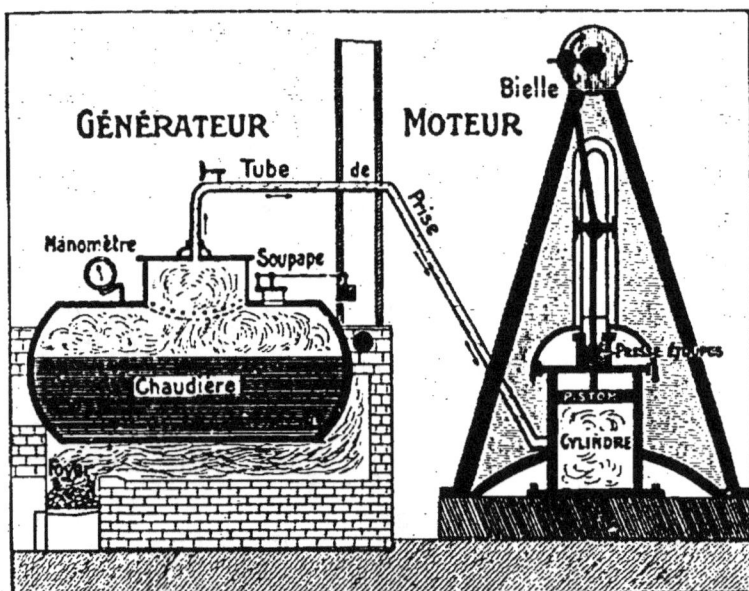

FIG. 288. — Machine à vapeur.

L'idée d'utiliser la force élastique de la vapeur est due à Denis Papin (1690); elle fut réalisée pratiquement un siècle plus tard par le célèbre ingénieur anglais Watt.

Réduite à ses éléments essentiels, la machine à vapeur comprend un *générateur* et un *moteur* (*fig.* 288).

Le générateur ou *chaudière* renferme l'eau qui produira la vapeur; il est fermé et repose sur un *foyer*.

Le moteur est destiné à utiliser la force élastique de la vapeur produite par le générateur. Son organe essentiel est un *cylindre* résistant dans lequel se meut un *piston*.

Sur les côtés du cylindre on observe la *boîte à vapeur*, laquelle communique par un tube avec la chaudière.

C'est dans cette boîte que la vapeur arrive, et un appareil très ingénieux nommé *tiroir* la distribue alternativement sur l'une, puis sur l'autre face du piston, qui se trouve ainsi animé d'un mouvement rapide de va-et-vient.

Ce mouvement de va-et-vient est transformé en mouvement de rotation à l'aide d'une *bielle* et d'une manivelle fixée sur l'essieu d'une roue qu'on veut faire tourner.

L'homme a encore à sa disposition une autre force également puissante, l'*électricité*. On la produit à l'aide d'organes nommés *dynamos*.

Remarquons que, pour obtenir ce résultat, c'est-à-dire pour mettre les dynamos en rotation, on est forcé d'employer une force étrangère, eau, vapeur. Il s'ensuit que ces appareils ne font que *transformer* en électricité d'autres forces naturelles ou artificielles.

L'électricité ainsi obtenue actionne des machines-outils, des tramways, des voitures, des canots, des sous-marins ou est employée dans l'éclairage.

Enfin la vapeur d'eau est remplacée parfois, dans certaines machines modernes, par le gaz d'éclairage, les vapeurs de pétrole ou d'alcool que l'on fait exploser dans le cylindre du moteur pour chasser le piston : automobiles, canots, aéroplanes, dirigeables.

Questions. — Quelles sont les forces naturelles dont l'homme dispose? — Citez aussi des forces artificielles. — Quelles applications générales l'homme fait-il de ces forces? — Qu'est-ce que la force élastique de la vapeur? — Peut-on la mettre en évidence par une expérience? — Qu'est-ce que le générateur à vapeur? le moteur? — Quel est le but des dynamos? — Quel emploi fait-on de l'électricité qu'ils produisent? — La vapeur d'eau peut-elle être remplacée par une autre vapeur?

RÉSUMÉ. — L'homme dispose de forces naturelles : vent, eau; de forces artificielles : vapeur, électricité.

La machine à vapeur utilise la force élastique de la vapeur provenant d'eau chauffée en vase clos; elle comprend le générateur et le moteur.

Les dynamos transforment en électricité la force qui les fait tourner et, dans certains appareils, on remplace la vapeur d'eau par le gaz d'éclairage ou les vapeurs d'alcool ou d'essence.

Exercices d'observation. — Un grand nombre d'usines hydrauliques s'établissent dans les montagnes; pour quelle raison ? — Les moulins à vent sont construits sur les grandes plaines nues, les coteaux ou les endroits élevés; pourquoi ? — L'eau bout fortement dans le bain-marie du fourneau de la cuisine; pour quelle cause ne faut-il pas charger le couvercle du bain avec un corps lourd ? — A cause du bruit qu'elles font, les motocyclettes ont reçu le nom de *teuf-teuf;* expliquez la cause de ce bruit. — L'automobile laisse derrière elle une fumée à odeur désagréable; d'où provient-elle ?

Rédactions. — **1.** Quelles sont les forces naturelles ou artificielles dont l'homme dispose? — Quel emploi fait-il de ces forces?

2. Vous avez regardé battre du blé avec une machine à vapeur; expliquez comment elle fonctionne.

LE SON

Production du son. —Voici un verre fin sur le bord duquel nous appliquons un coup sec; un *son* clair, cristallin, retentit, et, à travers l'air de la salle, va impressionner vos oreilles.

Le *choc* du doigt sur le verre sonore a produit le son, et il en sera de même pour le marteau du forgeron qui fait chanter l'enclume, pour la baguette qui tombe sur la peau du tambour et le fait résonner.

Les sons du piano sont obtenus par le choc de petits marteaux sur des cordes d'acier, marteaux que l'on met en mouvement en appuyant sur les touches du clavier. Le carillon joyeux qui vous appelle à l'école est dû à la rencontre du battant avec le bronze de la cloche.

Un certain nombre de sons ont donc pour origine le choc ou la percussion.

Frottons maintenant avec le pouce la planche du pupitre ou le carreau de la fenêtre; traînons un corps sur le pavé; faisons glisser les crins de l'archet sur les cordes tendues du violon ou rouler la boule dans le grelot : voilà autant de manières nouvelles de produire des sons.

Le frottement de certains corps entre eux est une deuxième cause propre à engendrer des sons.

Les *liquides* et les *gaz* peuvent aussi produire des sons, soit qu'ils se heurtent entre eux comme le clapotement de la pluie qui tombe dans l'eau d'un bassin, soit qu'ils choquent des corps solides. On explique ainsi le chant monotone de la cascade, le bruissement du vent dans les branches, le bruit profond de la mer, le sifflement aigu de la bise à l'angle des toits.

Voici une baguette flexible ; frappons vivement l'air, nous la faisons vibrer et siffler comme nous le ferions encore avec la lanière d'un fouet. Le bourdonnement que font certains insectes en volant résulte du choc rapide de leurs ailes sur l'élément gazeux dans lequel ils se meuvent.

Enfin la voix de l'homme, les cris des animaux, les sons produits par les instruments à vent n'ont pas d'autre cause que l'*ébranlement* plus ou moins prolongé de l'air. Le bruit du tonnerre et celui du canon font trembler les vitres.

Approchons le doigt d'un verre qui résonne ; nous ressentons une espèce de frémissement qui cesse si nous approchons le doigt davantage ; en même temps le son s'éteint.

Le verre était donc animé d'un mouvement rapide de va-et-vient, ce que l'on exprime en disant qu'il *vibre*.

Le son est produit par les vibrations plus ou moins rapides des molécules qui forment les corps.

Propagation du son. — Sur la table plaçons quelques jetons de façon qu'ils forment une file continue ; frappons le premier jeton de la file, le dernier seul se déplace.

Le choc s'est donc propagé dans toute la longueur des jetons sans déplacer ceux qui occupent une position intermédiaire.

Or, il en est de même pour les *vibrations sonores*, lesquelles se transmettent de proche en proche, depuis le corps qui vibre jusqu'à l'oreille, sans que l'air interposé se *déplace*.

Toutefois, si cet air n'existait pas, la propagation du son *n'aurait pas lieu*.

Tous les corps, d'ailleurs, *conduisent le son* et d'aucuns le conduisent même beaucoup mieux et plus vite que l'air. De ce nombre sont l'eau, les bois, la terre dure, les pierres, certains métaux, la fonte.

Les tuyaux font de même, et ceci explique l'usage que l'on fait des *porte-voix* et des *tubes acoustiques* (*fig.* 289).

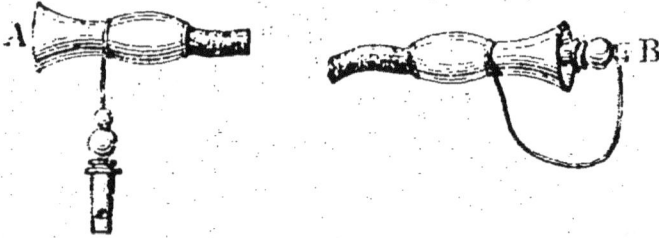

Fig. 289. — Tube acoustique.

Dans l'air, le son parcourt 340 mètres à la seconde; dans l'eau, sa vitesse est environ quatre fois plus grande.

Réflexion du son. — Quand les ondes sonores rencontrent un obstacle, *elles se réfléchissent* comme le font la lumière et la chaleur, et, si le son réfléchi est distinct et revient vers son point de départ, on dit qu'il y a *écho*.

L'expérience montre que l'écho ne se produit qu'autant qu'il y a au moins 17 mètres entre le point d'où le son est parti et l'obstacle qui le réfléchit.

Questions. — Indiquez les diverses manières de produire des sons. — Donnez des exemples. — Tous les corps peuvent-ils produire des sons? Montrez-le. — Que signifie l'expression *vibrer* appliquée à un corps sonore? — Que faut-il pour que le son produit arrive à l'oreille? — L'air est-il le seul conducteur du son? — Quel est le mode de propagation du son? — L'air se déplace-t-il sous l'influence de vibrations? — Quelle est la vitesse du son dans l'air? dans l'eau? — Que fait le son s'il rencontre un obstacle?

RÉSUMÉ. — On produit des sons en heurtant les corps solides, en les choquant ou en les frottant entre eux.

Les liquides et les gaz produisent aussi des sons, surtout s'ils rencontrent des corps solides : la pluie, le vent, le vol de l'insecte, la voix, les cris, etc. Dans les instruments à vent, le son est produit par l'ébranlement de l'air.

Tout son est engendré par les vibrations des molécules des corps, vibrations qui arrivent à l'oreille par l'intermédiaire d'un milieu conducteur, solide, liquide ou gaz.

En heurtant un obstacle, le son peut se réfléchir et produire un écho.

Exercices d'observation. — On applique l'oreille contre un poteau télégraphique; quelle est la cause de l'espèce de musique que l'on

L. et F. — *Sc. Ph. et N. (C. M. et S.).*   9 perçoit ? — Une personne parle haut dans la cour de la maison, une autre appelle par la fenêtre d'un des étages supérieurs; en vous supposant placé à un point intermédiaire entre les deux précédents, dites quelle sera la voix que vous percevrez le mieux et pour quelle raison. — Dans les clochers, on ménage des baies ouvertes à la hauteur des cloches; pour quelle cause ? — En temps de guerre, les cavaliers qui font une reconnaissance de nuit entourent d'une étoffe épaisse les sabots de leurs chevaux; pourquoi ? — Maurice est pêcheur, mais il est bavard; il siffle, parle ou chante continuellement; pour quelle raison ne prendra-t-il pas de poissons ?

Rédactions. — Quelles sont les diverses manières de produire des sons ? Montrez que dans tous les cas le son résulte des vibrations des molécules des corps.

ÉLECTRICITÉ ATMOSPHÉRIQUE

Expériences. — Prenons un cylindre de verre, de cire à cacheter ou de caoutchouc durci; assurons-nous qu'il est bien sec et frottons-le énergiquement avec de la flanelle ou du drap également sec. Approchons maintenant le cylindre de quelques corps légers, comme de la sciure de bois, des parcelles de papier, des bouts de paille, de la moelle de sureau. Ces corps sont attirés par le cylindre.

Le frottement a fait naître de l'électricité, laquelle attire les corps légers.

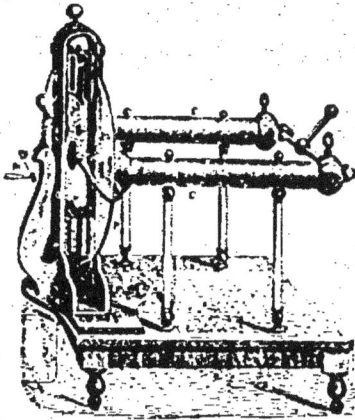

Fig. 290. — Machine électrique.

Faisons sécher d'autre part une feuille de papier fort, du papier à dessin par exemple, sur des charbons ardents, et frottons cette feuille également avec du drap. En approchant le doigt du papier nous ressentons une piqûre légère et il se produit une petite étincelle, mais visible seulement si on opère dans un milieu peu éclairé.

Les corps électrisés produisent des étincelles lumineuses dès qu'on les approche.

Avec les *machines électriques*, comme celles que possèdent les physiciens (*fig.* 290), on produit des étincelles beaucoup plus vives. Ces machines, assez compliquées d'ailleurs, engendrent de l'électricité par le frottement de plateaux de verre ou de caoutchouc durci contre des coussins de soie ou de crin.

Remarquons encore qu'il n'est pas nécessaire de toucher les corps pour les électriser, il suffit seulement d'approcher assez près le corps chargé d'électricité de celui sur lequel on veut agir. On dit que ce dernier s'électrise par influence.

Lorsqu'un corps est électrisé, il agit à distance sur les corps voisins et les électrise à leur tour. Ce mode d'électrisation est dit par influence.

Ainsi, lorsqu'un nuage orageux vient à passer assez près du sol, il agit par influence sur les corps répandus à la surface de la terre, particulièrement sur les corps élevés, arbres, édifices, lesquels se trouvent momentanément électrisés.

Fig. 291. — Arbre atteint par la foudre.

L'expérience a établi qu'en tout temps il existe dans l'air des quantités considérables d'électricité, à laquelle on a donné le nom d'*électricité atmosphérique*. Les savants ne sont pas d'accord sur son origine et c'est Franklin qui l'étudia pour la première fois en la soutirant aux nuages à l'aide d'un cerf-volant réuni à la terre par une corde conductrice. Cette électricité se manifeste pendant les orages d'une manière saisissante : les nuages, qui peu à peu envahissent le ciel, sont bientôt sillonnés par des *bandes de feu* qui se meuvent avec une vitesse extrême ; ce sont les *éclairs*. Ces derniers sont accompagnés de grondements auxquels on a donné le nom de *tonnerre*.

Effets de la foudre. — Le plus souvent, l'électricité atmosphérique éclate au sein même des nuages ou s'élance d'un
groupe de nuages sur un autre ; mais parfois aussi elle atteint
le sol, brise les arbres, démolit les édifices ou les incendie,
blesse ou tue les hommes et les animaux (*fig.* 291). Comme la
foudre frappe de préférence les objets élevés, il faut éviter,
en temps d'orage, de chercher
un abri au pied des meules,
sous les buissons ou les arbres,
surtout *s'ils sont isolés*. Il ne
faut pas davantage porter
sur l'épaule des objets métalliques, faux, fourches, fusils,
comme le font parfois les ouvriers agricoles ou les chas-
seurs surpris par l'orage en
rase campagne.

Franklin a fait remarquer
le premier que l'électricité
qui couvre un corps s'échappe
par les arêtes vives que ce
corps présente ; il a donc été
amené à penser que l'électricité ne pourrait s'accumuler
sur un édifice, si ce dernier
présentait une pointe métallique à sa partie supérieure.

Fig. 292. — Paratonnerre.

Cette pointe constitue un
paratonnerre (*fig.* 292); mais,
pour que cet appareil soit
vraiment protecteur, il importe que sa base communique
avec le sol au moyen d'une chaîne et que celle-ci aboutisse
en bas à une pièce d'eau, étang, mare, rivière, ou à une fosse
pleine de charbon de bois, pour absorber l'électricité, au cas
où la foudre atteindrait le paratonnerre.

Questions. — Quels corps faut-il frotter pour produire de l'électricité ?
— A quels signes reconnaît-on qu'un corps est électrisé ? — Qu'est-ce que
l'influence ? — Qu'appelle-t-on électricité atmosphérique ? — Qui l'a étudiée
d'abord et comment ? — Qu'est-ce que l'éclair ? le tonnerre ? — Quels sont

les effets généraux de la foudre? — Quelles précautions faut-il prendre en
temps d'orage? — Qu'est-ce que le paratonnerre et comment doit-il être
disposé?

RÉSUME. — En frottant du verre, de la cire, du caoutchouc durci,
on électrise ces corps; ils attirent alors à eux des substances légères
et donnent de petites étincelles dès qu'on les touche.

Tout corps électrisé agit par influence sur les corps qui l'entourent; ainsi les nuages orageux agissent sur le sol.

L'air contient toujours de l'électricité, elle se révèle à nous par
une lueur (éclair) et par un bruit (tonnerre). Il faut prendre certaines précautions pendant l'orage, et on peut préserver les édifices
de la foudre à l'aide de paratonnerres.

Exercices d'observation. — Minet n'aime pas qu'on lui frotte le
dos quand le temps est orageux, pour quelle raison? — L'éclair vient
de briller dans le ciel, y a-t-il à ce moment danger d'être foudroyé,
et pourquoi? — Pourquoi ne faut-il pas sonner les cloches pendant
l'orage? — On recommande de s'abstenir des appareils télégra-
phiques ou téléphoniques pendant les orages violents; pour quelle
cause?

Rédactions. — 1. Racontez vos impressions pendant un orage : éclairs,
tonnerre, chute de la foudre.
2. Les effets de la foudre. Précautions pendant l'orage. Paratonnerre.

LES AIMANTS. — LA PILE

Dans certaines mines de fer, notamment en Suède, on trouve
des échantillons de minerai qui ont la
propriété curieuse d'attirer et de retenir la limaille de fer avec laquelle on
les met en contact.

On a donné à ce minerai le nom
d'*aimant naturel*.

D'autre part, si, comme nous le faisons
ici, on frotte cet aimant naturel contre
des aiguilles ou des plumes d'acier, on
donne à ces objets les *propriétés ma-
gnétiques*, et ils deviennent des *aimants
artificiels*.

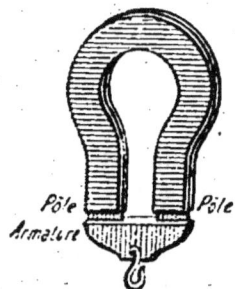

Fig. 293.
L'aimant attire le fer.

Nous le constatons en roulant ces derniers dans la limaille

de fer. Cette limaille s'attache, comme vous le voyez, à nos
aimants artificiels, et le maximum d'attraction s'observe aux
extrémités que l'on désigne sous le nom de *pôles* (*fig.* 293).

Procédons maintenant à quelques recherches :

1° A l'aide d'un fil, suspendons une aiguille aimantée à un
support.

**L'aiguille abandonnée à elle-même se déplace seule, et l'une de ses
extrémités se tourne vers le nord de la terre.**

Nous pouvons faire semblable remarque pour la plume
d'acier que nous avons posée sur un bouchon flottant dans
l'eau ;

2° Prenons dans les doigts une autre aiguille aimantée et
approchons-la de celle qui est suspendue.

**Il y a attraction ou répulsion entre les deux aiguilles suivant que la
seconde présente l'une ou l'autre de ses extrémités à la première.**

Il est facile de constater que, pour deux aiguilles, il y a *répulsion*
quand on met en présence les deux pointes qui, sous l'action de la
terre, se dirigent vers le nord ou vers le sud, et *attraction* dans le
cas contraire. On peut donc énoncer le
principe suivant :

Fig. 294.
Une boussole.

**Dans les aimants, deux pôles de même nom
se repoussent, et deux pôles de nom contraire
s'attirent.**

Enfin, la terre exerce sur les aimants une action directrice, une *orientation*, et la pointe de l'aimant qui se dirige
vers le nord de la terre est le pôle sud de cet
aimant.

Les aiguilles aimantées, placées sur un pivot sur lequel
elles peuvent tourner librement, servent donc à trouver la *direction du nord* et conséquemment les autres points cardinaux.
L'appareil qui donne cette direction se nomme *boussole* (*fig.* 294).

Électricité dynamique. — Nous avons vu, dans la leçon
précédente, que l'on obtient de l'électricité en frottant certains
corps les uns contre les autres, mais il est une autre méthode
pour produire de l'électricité. C'est Volta, savant italien, qui
découvrit cette méthode, et il donna le nom de *pile* à l'instru-

ment qu'il imagina (*fig.* 295). Depuis Volta (fin du xviiie siècle), les piles ont reçu de nombreuses modifications (*fig.* 296) et sont complètement différentes du modèle primitif; mais le principe qui les régit est toujours le même :

Lorsqu'on attaque chimiquement un corps par un autre, il y a production d'électricité.

Ainsi, dans la préparation de l'hydrogène, vous vous rappelez sans doute qu'on attaque du zinc au moyen d'eau renfermant un dixième d'acide sulfurique. Il se dégage de l'hydrogène, mais il se produit aussi de l'électricité que l'on a désignée sous le nom d'*électricité dynamique*, pour ne pas la confondre avec celle produite par frottement.

Nous allons construire une petite pile, ce sera plutôt un jouet qu'un instrument scientifique, mais suffisant tout de même pour constater quelques propriétés remarquables que possède ce genre d'électricité dont les applications aujourd'hui fort nombreuses vont sans cesse grandissant.

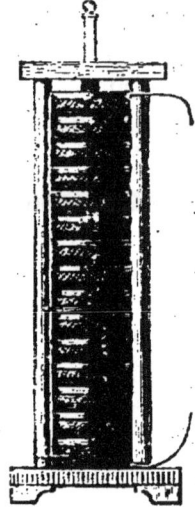

Fig. 295.
Pile de Volta.

Prenons une cartouche de chasse ayant servi, c'est-à-dire privée de son amorce; plaçons au fond du culot, et bien en contact avec la petite *pointe de cuivre* qui fait saillie en dehors, une pièce de deux

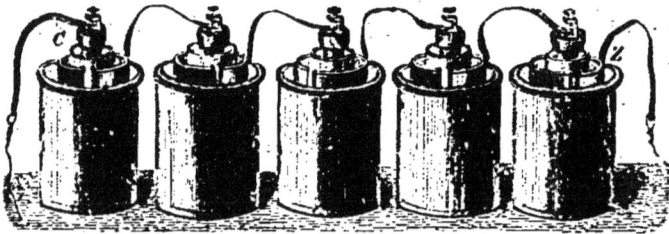

Fig. 296. — Piles électriques.

centimes en bronze, et achevons de remplir la cartouche avec un mélange de sciure de bois et de cristaux de couperose bleue (sulfate de cuivre). Enfonçons maintenant jusqu'aux deux tiers de la profondeur et au milieu du mélange un petit *cylindre de zinc*. Notre pile est prête et il suffit, pour la faire fonctionner, de mouiller le

mélange avec de l'eau acidulée, après avoir réuni, au moyen d'un
fil métallique, l'extrémité du zinc à la pointe de cuivre placée au
bas de la cartouche. On donne le nom de *pôle négatif* à l'extrémité
zinc et de *pôle positif* à l'extrémité cuivre; quant au fil, qui les
réunit, il se désigne par le terme *conducteur*.

L'eau acidulée attaque le zinc et il en résulte de l'électricité,
laquelle se dirige vers le pôle positif (cuivre), passe dans le conducteur pour atteindre le pôle négatif (zinc), traverse la pile et, arrivée
au cuivre, recommence un nouveau *circuit*. Ce mouvement de
l'électricité constitue le *courant électrique*, et il se continue tant que
le pôle positif est en communication avec le pôle négatif.

Pendant que la pile fonctionne, plaçons le conducteur qui réunit
les pôles au-dessus d'une aiguille aimantée mobile sur un pivot :

L'aiguille dévie et tend à se mettre en croix avec le conducteur.

Nous en concluons que les *courants électriques agissent sur les
aimants.*

Dans l'axe d'une bobine de bois, comme celles qui servent à
enrouler le fil à coudre, plaçons une pointe de fer assez longue,
puis enroulons le conducteur autour de la bobine en ayant soin
que les tours ne se touchent pas.

**Nous pouvons constater que le fer s'aimante fortement au passage
du courant et que cette aimantation cesse dès que le courant est inter-
rompu.**

On a donné à ce dispositif le nom d'*électro-aimant*, et il est bon de
remarquer que, si l'on avait placé dans l'axe de la bobine de bois
de l'acier au lieu de fer, l'aimantation persisterait dans cet acier,
même après le passage du courant.

Le courant électrique sert donc à aimanter artificiellement l'acier.

Parmi les nombreuses applications que l'on a faites des élec-
tro-aimants, on peut citer les *sonneries* et *avertisseurs électriques*, les *télégraphes*, les *téléphones*, les *dynamos*, l'*éclairage
électrique*, etc.

Principe du télégraphe (*fig.* 297). — Imaginons une *pile
électrique* placée au Havre par exemple, et un *électro-aimant*
placé à Paris. Des *fils conducteurs* réunissent les deux villes, et
à volonté on peut établir ou supprimer la communication. En
regard de l'électro-aimant se trouve un petit *levier de fer*
ma... au en place par un *ressort*.

Ceci posé, lançons au Havre le courant dans le conducteur

qui s'étend jusqu'à Paris, le fer de l'électro s'aimante, attire à
lui le petit levier de fer et le ressort se tend ; interrompant le
courant, l'aimantation cesse et, entraîné par le ressort, le levier
reprend sa place. Les mouvements du levier à Paris seront

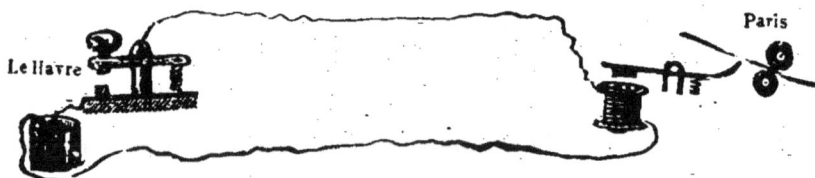

FIG. 297. — Principe du télégraphe.

brusques ou longs suivant qu'au Havre on aura lancé le courant d'une manière brève ou prolongée.

Or, les mouvements du levier ont une signification précise, suivant une
convention établie à l'avance, et ainsi s'explique la transmission des dé-
pêches.

Questions. — Parlez des aimants, de l'action directrice de la terre et de
celle d'un aimant sur un autre. — Qu'est-ce que la boussole ? — Quels sont
les éléments d'une pile? — Expliquez la marche du courant électrique
dans la pile et dans le fil conducteur qui réunit les pôles. — Comment pro-
duit-on un électro-aimant? — Donnez le principe du télégraphe.

RESUMÉ. — Les aimants attirent la limaille de fer; l'attraction
maximum se manifeste aux extrémités nommées pôles. Tout aimant
mobile est orienté par la terre et l'un de ses pôles se dirige vers le
nord. Cette action explique l'usage que l'on fait de la boussole.
La pile est un générateur d'électricité; elle comprend deux pôles
et un liquide, lequel agissant sur l'un des pôles détermine la production du courant. Le pôle attaqué est le zinc, il est dit négatif.
Le courant passant dans un fil isolé enroulé autour d'un axe
aura la propriété d'aimanter ce dernier : c'est l'électro-aimant.
Ce principe est riche en applications pratiques : moteurs électriques, sonneries, téléphone, télégraphe, éclairage, etc.

Exercices d'observation. — Louis a placé dans son plumier un petit
aimant en fer à cheval, il constate quelque temps après que les plumes
qui s'y trouvaient s'attachent les unes aux autres; pour quelle raison ? — Les ouvriers qui travaillent près des machines électriques
ont des montres dans lesquelles les aiguilles et les ressorts ne sont
pas en acier; en voyez-vous la raison ? — La foudre a frappé une

personne dans la rue; pourquoi la montre de cette personne est-elle
arrêtée juste au moment où l'accident s'est produit?

Rédactions. — **1.** Les aimants. Leurs propriétés. Action de la terre. La
boussole.

2. Dans une lettre à un ami, vous lui expliquez comment fonctionne le
télégraphe.

JUIN. — LA MOISSON

En aucun moment de l'année, plus qu'en cette fin de juin, la
terre n'a été ni aussi riche, ni aussi belle.

C'est la saison bénie de la moisson, des journées chaudes et
longues où le travailleur des champs, levé longtemps avant
l'aube, peine encore après que le soleil a disparu dans les rou-
geurs du couchant.

Son ardeur et son activité se mesurent à la grandeur de la
tâche; il ne goûtera de repos que lorsque ces riches moissons
auront pris le chemin des granges et des greniers.

Pour mener à bien cet énorme labeur, le plus noble et le
plus grand de tous, l'homme procède par des méthodes qui
diffèrent entre elles suivant le genre et l'étendue des cultures,
les ressources dont il dispose, la nature du sol, le climat.

Vous comprendrez sans peine que l'emploi de machines,
lesquelles en général facilitent singulièrement le travail de la
moisson, est rendu difficile dans un pays accidenté, au sol
irrégulier et ingrat, semé de roches et de cailloux.

Les engins puissants seront donc réservés aux grandes exploitations, aux terrains unis et bien nivelés qu'une longue et
intelligente pratique a rendus tels.

Dans les petites cultures, dans les terrains montagneux, dans
les sols pauvres et pierreux, la *moisson à la main*, à l'aide
d'instruments peu compliqués, est encore la plus employée.

D'ailleurs, il est des récoltes qui ne sauraient se faire autrement.

Pour le *lin* et le *chanvre*, on procède par *arrachage* et on fait
de même pour la *navette*, la *moutarde*, plantes qui fournissent
de l'*huile*.

Le *colza*, la *cameline* sont aussi des plantes oléagineuses;

on scie les tiges à l'aide de la *faucille*. On nomme ainsi une lame tranchante courbée en croissant et fixée à un manche court.

Arrachées ou coupées, les tiges de ces végétaux sont disposées sur des aires planes, où on les bat pour en tirer les graines.

Les *herbes* des prairies, les *trèfles*, la *luzerne*, le *sainfoin* et les autres plantes fourragères, comme le *pois*, la *vesce*, sont fauchées, étalées sur le sol, retournées souvent jusqu'à parfaite dessiccation.

FIG. 298. — Faucheuse.

Cette récolte se fait quand les plantes sont fleuries, époque où elles renferment le plus de matières nutritives sous le plus petit volume.

Le fauchage des plantes fourragères se fait à la main à l'aide d'une *faulx* ou à la machine en se servant d'une *faucheuse* (*fig.* 298).

La faulx est un instrument très répandu. Elle comprend une *lame d'acier* assez grande, fixée solidement à un manche en bois. L'ouvrier saisit ce dernier avec les mains et travaille debout, légèrement penché en avant. C'est l'outil le plus pratique pour le travail à la main. On l'emploie également pour faire la récolte du *blé* et celles de l'*orge*, du *seigle*, de l'*avoine*. Quant aux appareils mécaniques, employés soit pour les four- rages, soit pour les céréales, on leur donne le nom de *fau- cheuses* ou de *moissonneuses* (*fig.* 299).

La partie essentielle de la machine consiste en une *lame* ho- rizontale munie de *dents* tranchantes, triangulaires et très rapprochées. Cette lame est mue, quand la machine se déplace, d'un *mouvement de va-et-vient* d'autant plus rapide que les tiges à couper sont plus serrées et moins consistantes.

FIG. 299. — Moissonneuse.

C'est pour cette raison que les faucheuses pour fourrages fonctionnent plus vite que les moissonneuses pour céréales. On ajoute parfois à ces engins des **dispositifs** qui compliquent le fonctionnement : *râteaux* ramassant le foin à mesure qu'il est coupé, *javeleurs* disposant les tiges en nappes continues, ou les réunissant en gerbes qu'elles nouent comme on l'observe dans les *moissonneuses-lieuses*.

Une fois secs, les fourrages et les foins sont réunis en **bottes** que l'on met à l'abri.

Quant aux céréales, elles achèvent de sécher aux champs. On les dresse en tas nommés *moyettes*, les épis en l'air, recouverts ou non d'un chapeau. Plus tard on les rentre dans les granges ou on les dispose en *meules*. Le battage a lieu ensuite, à la main à l'aide du *fléau*, ou mieux à la *machine à battre* (*fig.* 300).

Questions. — Parlez de l'aspect que présente la campagne à la fin du mois de juin. — Quels sont les végétaux cultivés que l'on observe? — Quel est le mode de récolte le plus simple? — Comment fait-on la récolte du lin, du pavot, du colza? — Qu'est-ce que la faucille? — Existe-t-il des moyens rapides pour faire la moisson? — Peut-on toujours les employer? — Comment procède-t-on à la moisson des céréales? — Qu'est-ce que la faulx? — Quelle est la partie essentielle d'une faucheuse? d'une moissonneuse? — Que fait-on des récoltes une fois fauchées? — Que deviennent-elles définitivement?

Fig. 300. — Battage mécanique.

RÉSUMÉ. —La moisson commence quand juin s'achève. La terre est alors riche et belle, et c'est pour l'homme des champs une période d'activité et de labeur incessants.

On fauche les prairies, les plantes fourragères, on arrache le lin et le pavot, on scie à l'aide de la faucille les tiges du colza et celles des autres plantes oléagineuses. Le fauchage se fait à la faulx ou, dans les grandes exploitations, et quand le sol le permet, en se servant d'appareils mécaniques que l'on nomme faucheuses. C'est également dans ce mois que l'on commence aussi, pour se poursuivre dans le mois suivant, la moisson des céréales, seigle, blé, orge, avoine. On la pratique à la main ou à l'aide de moissonneuses. Sèches, les récoltes sont ensuite disposées en meules ou mises à l'abri dans les granges. Le battage des céréales se fait plus tard.

Exercices d'observation. — L'Amérique renferme beaucoup d'exploitations agricoles très étendues et la main-d'œuvre y est rare; d'autre part, c'est d'Amérique surtout que nous sont venues les premières machines agricoles; voyez-vous une relation entre ces deux faits? Dites laquelle. — Le travail des faucheuses est défectueux aux premières heures du jour ou lorsqu'il pleut; pour quelle raison? — Jacques a écrasé des graines de colza sur une feuille de papier; d'où vient que celle-ci est toute tachée? — Il vaut mieux battre de bonne heure les récoltes que de les conserver longtemps; pour quelle raison?

Rédactions. — 1. Aspect de la campagne au mois de juin.
2. Récoltes et conservation des fourrages et des céréales.

TABLE DES MATIÈRES

Pages.

La Matière. — Ses propriétés gé-
  nérales. — Les trois états des
  corps.. 1
L'air atmosphérique.......................... 5
Rôle de l'air dans la vie de l'homme,
  des animaux et des végétaux...... 9
Les vents...................................... 13
Pression atmosphérique.................... 17
Applications de la pression atmos-
  phérique...................................... 21
Le sol et le sous-sol......................... 26
Le jardin, création, disposition, en-
  tretien.. 30
L'eau sous les trois états.................. 35
Les propriétés de l'eau...................... 39
L'eau dans l'atmosphère................... 43
L'eau dans l'alimentation. — Usages
  de l'eau...................................... 48
L'eau dans la végétation.................. 52
Le travail de l'eau. — L'eau en
  géologie....................................... 57
Façons culturales. — Amende-
  ments... 61
Travaux de fin d'automne.................. 66
  I. — Petite culture...................... 66
  II. — Grande culture.................... 66
Les semailles................................. 69
Chaleur. — Dilatation...................... 71
Le thermomètre............................. 75
L'oxygène...................................... 78
L'hydrogène.................................... 81
Le carbone et les combustibles.... 83
  I. — Charbons naturels................ 84
  II. — Charbons artificiels............. 86
L'éclairage.................................... 88
Le chauffage.................................. 93

Pages.

Travaux d'hiver.............................. 97
La lumière..................................... 101
Rôle de la lumière chez les ani-
  maux et les végétaux................... 105
Le gaz carbonique et son rôle dans
  la nature..................................... 108
L'azote atmosphérique et l'azote
  organique.................................... 112
Soufre, phosphore et composés.... 114
Potasse, soude et composés.......... 118
La chaux et ses composés............ 122
Le fumier de la ferme et les en-
  grais.. 125
Les organes du mouvement chez
  l'homme, — ses os....................... 129
Les organes du mouvement. — Mus-
  cles et articulations.................... 133
Le système nerveux....................... 136
Les organes des sens..................... 139
La digestion.................................. 143
Les aliments................................. 147
La respiration................................ 150
Circulation du sang........................ 154
Les animaux.................................. 158
Les mammifères............................. 163
Les oiseaux................................... 173
Les reptiles, les batraciens et les
  poissons..................................... 182
Les insectes.................................. 187
Les autres invertébrés.................... 191
Les végétaux. — La racine............. 195
Les végétaux. — La tige................. 198
Les végétaux. — La feuille............. 200
Les fonctions végétales.................. 204
Les végétaux. — La fleur............... 208
Les végétaux. — Les fruits............. 211

Pages.

Modes de multiplication des végé-
taux........................... 214
Grandes divisions du règne végétal. 218
Les plantes utiles................. 222
Les plantes ornementales, médici-
nales, vénéneuses ou nuisibles... 226
Hygiène corporelle. — Conseils.... 230
La pesanteur. — La balance ordi-
naire.......................... 237

Pages.

Les leviers....................... 240
Propriétés des liquides. — Pres-
sions.......................... 243
Les forces motrices. — La vapeur. 247
Le son........................... 251
Électricité atmosphérique......... 254
Les aimants. — La pile.......... 257
La moisson...................... 262

Tours. — Imp. DESLIS FRÈRES, 6, rue Gambetta.

www.ingramcontent.com/pod-product-compliance
Lightning Source LLC
Chambersburg PA
CBHW070305200326
41518CB00010B/1892